Dirk Zielke

Elektronik

Elektronische Bauelemente und Schaltungskonzepte

4. Auflage

Bielefeld 2023

4. Auflage 2023

Copyright Dirk Zielke 2023

Weitere Angaben siehe Impressum

ISBN-13: 9798362553548

Vorwort

Ziel des Lehrbuches ist es, dem Leser die Fähigkeit zu vermitteln, elektronische Schaltungen zu verstehen und zu entwerfen. Dazu werden die Bauelementeeigenschaften von Dioden und Transistoren vorgestellt, sowie Standardschaltungen mit diesen Bauelementen diskutiert.

Zu jedem Kapitel sind verschiedene Übungsaufgaben angehangen, deren Lösungen am Ende des Buches zu finden sind.

Das Lehrbuch ist die Grundlage für das Vorlesungsmodul Elektronik 1, welches im Bachelorstudiengang Elektrotechnik an der FH Bielefeld im 2. Semester läuft. Es setzt Grundkenntnisse auf dem Gebiet der passiven elektronischen Bauelemente und deren Schaltungstechnik voraus.

Das Modul Elektronik 1 enthält folgende Themenschwerpunkte:
- Diodenanwendungen
- Bipolartransistoren
- Feldeffekt-Transistoren
- Transistoren als Schalter in Schaltnetzteilen

Weiterhin gehören zum Modul Elektronik 1 noch drei Praktikumsversuche:
- Versuch 1:   Gleichrichterschaltungen,
- Versuch 2:   Verstärkerschaltung mit Bipolartransistor,
- Versuch 3:   Schaltwandler,

deren Anleitungen jedoch nicht Teil dieses Lehrbuches sind.

Ein wichtiger Bestandteil der Schaltungsentwicklung ist die Simulation elektronischer Schaltungen. Im Buch wird für die dafür vorgestellten Beispiele der Schaltungssimulator LTSPICE[1] genutzt. Eine kurze Aufstellung der verschiedenen Bauelementemodelle ist am Ende des Buches aufgeführt.

---

[1] LTSPICE V17, Analog Devices, Ink, 2022

Inhaltsverzeichnis

1 Halbleiter

Halbleiter sind Werkstoffe, bei denen die Leitfähigkeit zwischen den Werten von Leitern und Isolatoren liegt. Interessant wird diese Materialart durch die Möglichkeit, ihre Leitfähigkeit gezielt zu variieren. So kann zum Beispiel Silizium durch eine geringe Verunreinigung mit Phosphor von seiner Ausgangsleitfähigkeit mit $5 \cdot 10^{-6}$ S/cm auf einen Wert von $1 \cdot 10^{3}$ S/cm gebracht werden.

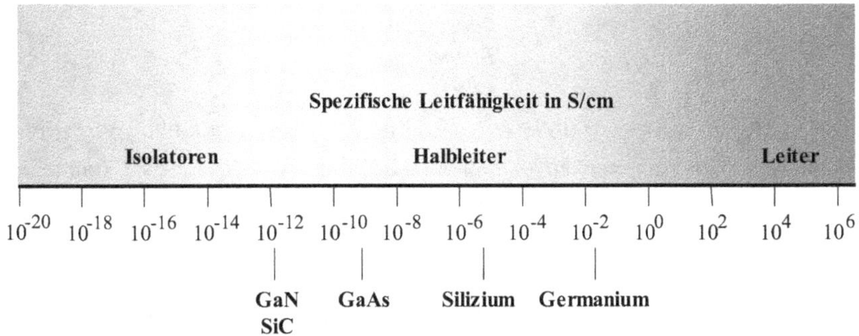

Abb. 1.1: *Spezifische intrinsische Leitfähigkeit von Halbleitern*

1.1 Eigenhalbleiter

Halbleiter haben qualitativ dieselbe Bandstruktur wie Isolatoren. Das heißt, dass das Valenzband voll besetzt ist, das Leitband leer ist und zwischen den beiden Bändern sich eine Bandlücke befindet. Im Unterschied zu den Isolatoren ist die Bandlücke jedoch maximal 3,5 eV groß. Dabei wird der Wert 3,5 eV vor allem durch die aktuell technische und technologische Machbarkeit beim Einsatz von Halbleitern definiert.

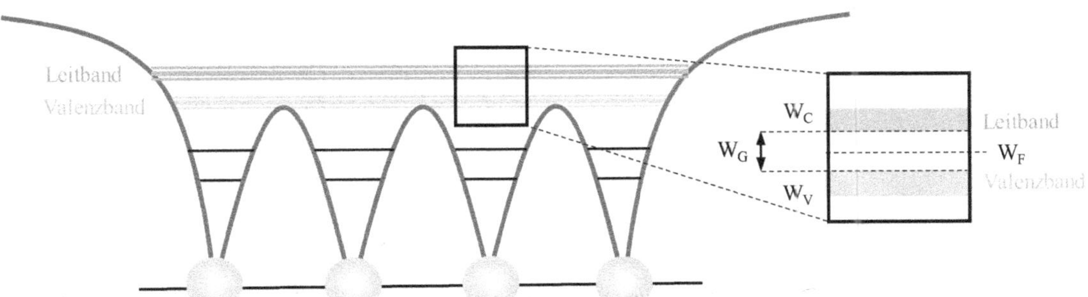

Abb. 1.2: *Entwicklung des Bändermodells eines Halbleiters aus dem Potentialtopfmodell*

Für den Stromtransport im Halbleiter ist das oberste besetzte Energieniveau (Valenzband) und das darauffolgende leere Energieniveau (Leitband) ausschlaggebend.

Thermische Generierung von freien Ladungsträgern

Im Grundzustand (T = 0 K) gibt es im perfekten Halbleiterkristall keine freien Ladungsträger. Die Elektronen im Valenzband sind gebunden und das Leitband ist leer. Führt man dem Halbleiter thermische Energie zu, indem man ihn erwärmt, erhalten die Elektronen eine mittlere thermische Energie:

$$W_{Th} = k\,T \qquad\qquad [1]$$

mit W_{Th} - *Mittlere thermische Energie*
      k - *Boltzmannkonstnate*
      T - *Temperatur*

Bei Raumtemperatur besitzen die Elektronen im Halbleiter eine mittlere Energie von 0,026 eV. Da diese Energie viel niedriger ist als die Bandlücke der meisten Halbleiter (z.B. Silizium $W_G = 1{,}1$ eV), könnte kein Elektron die Bandlücke überspringen und ins Leitband gelangen. Der Halbleiter wäre ein vollständiger Isolator.

In der Realität schwanken die thermischen Energien der einzelnen Elektronen jedoch um den Mittelwert. Die statistische Verteilung der Energien der einzelnen Elektronen kann mit der Fermi-Verteilung beschrieben werden. Daraus folgt, dass mit einer kleinen Wahrscheinlichkeit die Elektronen deutlich höhere Energie besitzen als ihr Mittelwert und so in geringer Anzahl doch in das Leitband gelangen können.

$$f(W) = \cfrac{1}{1 + e^{\frac{W - W_F}{kT}}} \qquad [2]$$

mit $f(W)$ - *Wahrscheinlichkeit als Funktion*
               der Energie W
    W - *Energie des Elektrons*
    k - *Boltzmannkonstante*
    T - *Temperatur*
    W_F - *Ferminiveau*

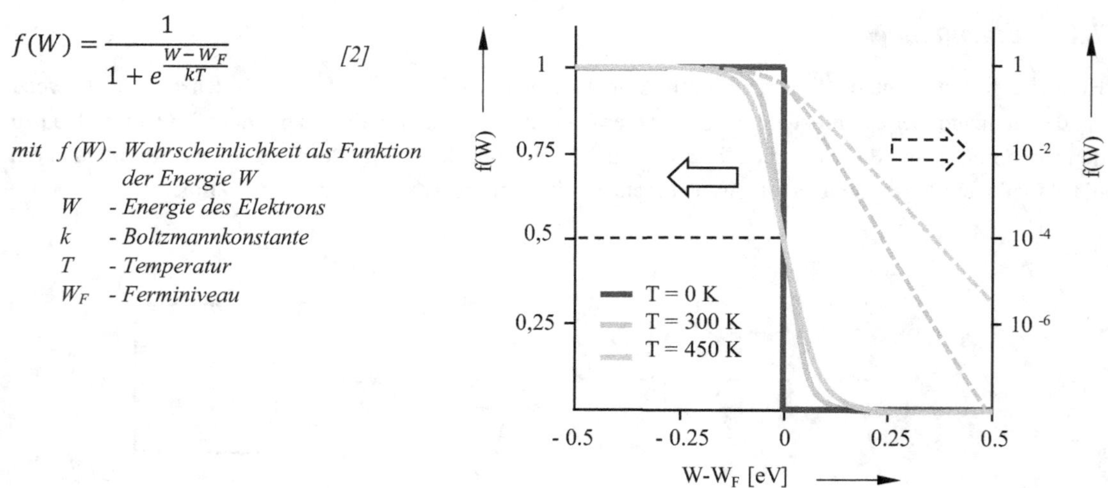

Abb. 1.3:   Besetzungswahrscheinlichkeit von Zuständen durch Elektronen in Abhängigkeit von ihrer energetischen Entfernung zum Ferminiveau

Abb. 1.3 zeigt die Fermiverteilung für verschiedene Temperaturen. Bei Raumtemperatur (T = 300 K) ist die Wahrscheinlichkeit, dass ein Elektron die Energie von $W_F + 0{,}55$ eV besitzt, nur $5{,}5 \cdot 10^{-10}$. Bei einer effektiven Elektronendichte von $1{,}8 \cdot 10^{19}\,\text{cm}^{-3}$ im Valenzband des Siliziums schaffen immer noch 10^{10} Elektronen pro cm^3 den Sprung in das Leitband und bedingen eine Leitfähigkeit des Halbleitermaterials. Man spricht hierbei von der intrinsischen Ladungsträgerdichte (n_i) und der intrinsischen Leitfähigkeit (κ_i) des Halbleitermaterials. Die intrinsische Ladungsträgerdichte ist stark temperaturabhängig und steigt exponentiell mit der Temperatur an.

$$n_i^2(T) = N_C \cdot N_V \cdot e^{-\frac{W_G}{kT}} \qquad [3]$$

mit n_i - Intrinsische Ladungsträgerdichte [cm⁻³]
N_C - Effektive Zustandsdichte im Leitungsband
N_V - Effektive Zustandsdichte im Valenzband
k - Boltzmannkonstante; $k = 8{,}62 \cdot 10^{-5}$ eV/K
W_G - Bandabstand
T - Temperatur [K]

Springt ein Elektron vom Valenzband in das Leitband, hinterlässt es im Valenzband ein fehlendes Elektron. Diese freie Stelle kann von einem anderen Elektron aus dem Valenzband besetzt werden, so dass ein Ladungstransport im Valenzband stattfinden kann. Man modelliert diesen Transportmechanismus mit einem Quasiteilchen, dem Defektelektron (Löcher). Das Defektelektron hat eine positive Ladung und eine eigene Beweglichkeit (μ_p). Im Eigenhalbleiter (intrinsischer Halbleiter) ist die Ladungsträgerdichte der freibeweglichen Elektronen (n) und der Defektelektronen (p) gleich groß und entspricht der intrinsischen Ladungsträgerdichte (n_i).

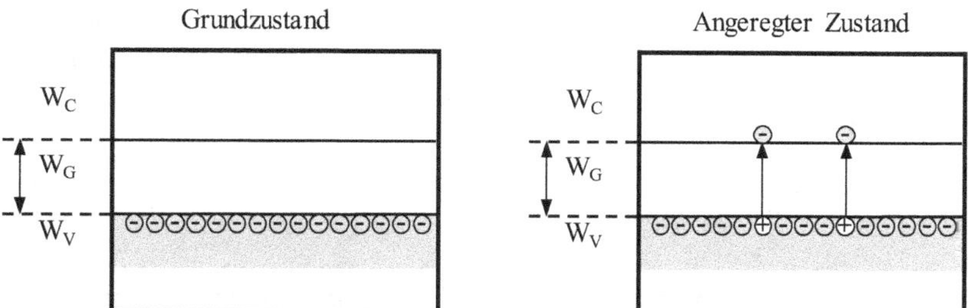

Abb. 1.4:   Entstehung von Elektronen/Lochpaaren durch thermische Generation

Der Stromtransport im Halbleiter erfolgt durch Elektronen und Defektelektronen. Elektronen bewegen sich entgegen der technischen Stromrichtung, Defektelektronen mit ihr. Stellt man die Driftbewegungen im Bänderdiagramm dar, kommt es aufgrund einer angelegten Spannung (U) zu einer Verkippung der Bänder um den Betrag e·U.

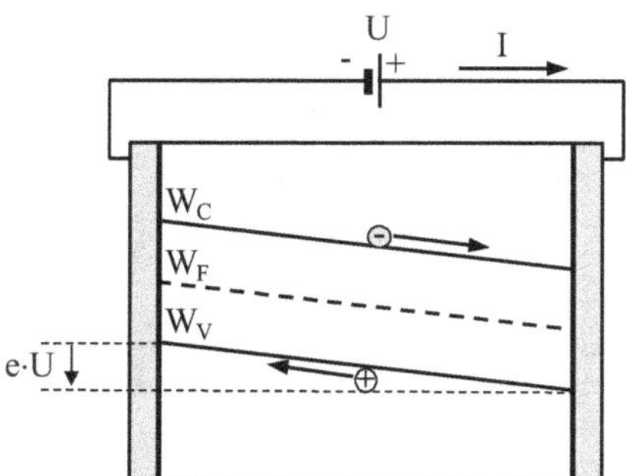

Abb. 1.5:   Qualitative Darstellung der Driftbewegungen von Ladungsträgern im homogenen Halbleiter mittels Bandverkippung im Bänderdiagramm

Trotz der unterschiedlichen Bewegungsrichtung von Elektronen und Löchern addieren sich ihre Stromanteile aufgrund der entgegengesetzten Ladungen. Die elektrische Leitfähigkeit von Eigenhalbleitern ergibt sich somit aus:

$$\kappa = e \cdot (\mu_n \cdot n + \mu_p \cdot p) \qquad [4]$$

$$mit \quad n_i = n = p$$

$$\kappa = e \cdot n_i \cdot (\mu_n + \mu_p) \qquad [5]$$

mit
κ - *Spezifische Leitfähigkeit [S/cm]*
n, p - *Ladungsträgerkonzentration [cm^{-3}]*
n_i - *Intrinsische Ladungsträgerdichte [cm^{-3}]*
μ_n - *Beweglichkeit der Elektronen [cm^2/Vs]*
μ_p - *Beweglichkeit der Löcher [cm^2/Vs]*

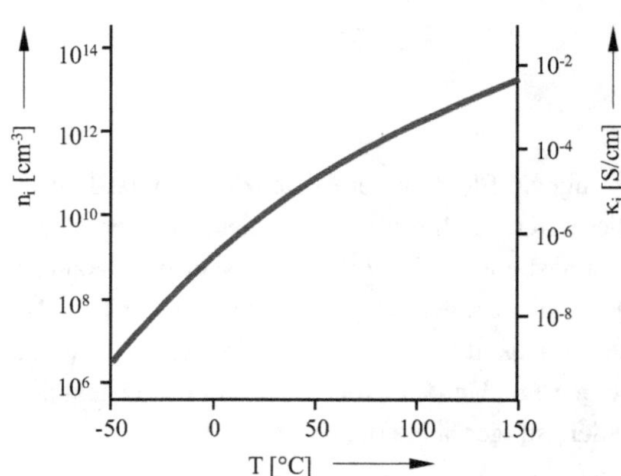

Abb. 1.6:   *Temperaturabhängigkeit der intrinsischen Ladungsträgerdichte (n$_i$) und der Leitfähigkeit (κ$_i$) von Silizium*

Tab. 1.1 zeigt die Parameter von Halbleitermaterialien, die zur Realisierung elektronischer Bauelemente kommerziell eingesetzt werden.

	Bindungstyp	Kristall-gitter	W_g [eV]	Intrinsic-Dichte n_i [cm^{-3}]	Beweglichkeit μ_n μ_p [cm^2/Vs]		Intrinsische Leitfähigkeit κ [S/cm]
Germanium	Kovalent	Diamant	0,66	$2,5 \cdot 10^{13}$	3900	1900	$2 \cdot 10^{-2}$
Silizium	Kovalent	Diamant	1,1	$1,5 \cdot 10^{10}$	1350	480	$5 \cdot 10^{-6}$
GaAs	AIII-BV-Verbindung ionisch-kovalent	Zink-blende	1,4	$1,8 \cdot 10^{6}$	8500	400	$2 \cdot 10^{-9}$
SiC	Kovalent	Hexa-gonal	3,2	$2 \cdot 10^{-8}$	900	100	$< 10^{-12}$
GaN	AIII-BV-Verbindung ionisch-kovalent	Hexa-gonal	3,5	$1,9 \cdot 10^{-10}$	1200	200	$< 10^{-12}$
Kupfer (zum Vergleich)	Metallisch	Kubisch Flächen-zentriert	-	$8 \cdot 10^{22}$	50	-	$6 \cdot 10^{5}$

Tab. 1.1:   *Parameter von kommerziell genutzten Halbleitermaterialien für T = 300 K*

Die überwiegende Anzahl von elektronischen Bauelementen werden heutzutage mittels Silizium hergestellt. Es hat gute elektronische Eigenschaften (W_g, μ), ist gut verfügbar und technologisch sehr rein herstellbar. Vor allem hat es aber ein Oxid (SiO_2), das ausgezeichnete elektrische Eigenschaften besitzt und chemisch sehr stabil ist.

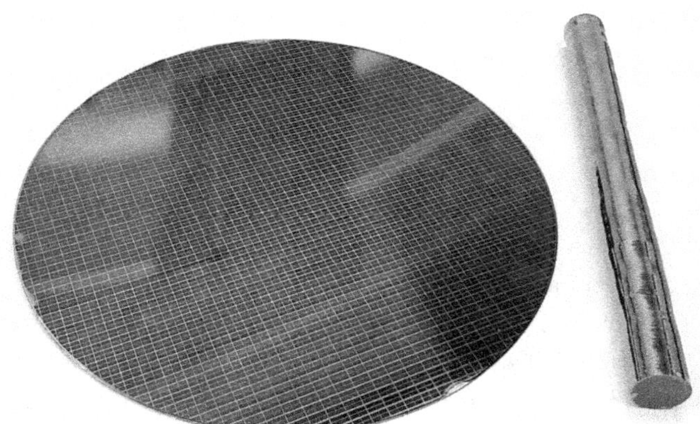

Abb. 1.7:   Siliziumingot (1") und präparierte 12"-Siliziumscheibe mit elektronischen Schaltkreisen

Abb. 1.7 zeigt einen Siliziumingot mit einem Durchmesser von 25 mm aus dem Jahre 1969. Diese Ingots werden mittels Czochralski-Verfahrens aus der Siliziumschmelze gezogen und anschließend in Wafer zersägt. Der Durchmesser der eingesetzten Siliziumwafer hat sich in den letzten Jahren kontinuierlich erhöht. So werden heutzutage Wafer mit einem Durchmesser von 300 mm eingesetzt und es gibt erste Wafer mit 400 mm Durchmesser im industriellen Einsatz. Obwohl der technologische Anspruch in der Waferherstellung und der anschließenden Präparation der elektronischen Schaltkreise (ICs) auf dem Wafer sich mit Vergrößerung des Scheibendurchmessers deutlich erhöht, ist die Einsparung durch das mehr an Fläche und damit durch die Erhöhung der Anzahl von ICs pro Wafer finanziell lohnenswert.

Für Hochfrequenzanwendungen wird meistens Galliumarsenid (GaAs) als Halbleitermaterial genutzt. Es hat eine deutlich bessere Beweglichkeit der Elektronen gegenüber Silizium und ermöglicht damit einen schnelleren Ladungsauf- und Abbau. Technologisch ist GaAs schwerer zu händeln als Silizium. Zum einen führen geringfügige Änderungen des Mischungsverhältnisses zwischen Gallium und Arsen zu Dotierungseffekten, zum anderen sind die Oxidationsprodukte des GaAs nicht stabil.

Für Leistungsbauelemente kommen Halbleiter mit großer Bandlücke zum Einsatz (SiC, GaN). Sie haben den Vorteil, dass sie auch bei höheren Temperaturen eine relativ geringe Eigenleitung aufweisen. Sind Siliziumbauelemente auf Grund der Eigenleitung meist nur bis 120 °C einsatzfähig, kann man mit SiC-Transistoren einen Temperaturbereich bis 175 °C abdecken. Weiterhin haben SiC-Bauelemente gegenüber Siliziumtransistoren deutlich höhere Durchbruchsfeldstärken, was den Betrieb bei höheren Betriebsspannungen ermöglicht.

1.2   Störstellenhalbleiter

Eine Möglichkeit der Beeinflussung der Leitfähigkeit von Halbleitern ist die Dotierung. Bei ihr werden durch geringe Verunreinigungen im Halbleiterkristall die Leitfähigkeiten erhöht.

Tab. 1.2 zeigt die Dotierungsmöglichkeiten von Silizium. Dotiert man Silizium mit Phosphor-Atomen erhält man einen n-Halbleiter. Phosphor ist 5-wertig. Das heißt, dass fünf Außenelektronen für die Bindung zur Verfügung stehen. Baut man ein Phosphor-Atom in das Siliziumkristall ein, wird es sich mit vier Außenelektronen der umliegenden Siliziumatome verbinden. Ein Elektron findet dabei keinen Bindungspartner. Es ist nur noch sehr leicht an das Phosphoratom gebunden (0,044 eV) und bei Raumtemperatur frei beweglich.

In der Praxis wird Silizium mit einer Dotierungskonzentration von 10^{14} bis 10^{19} cm^{-3} eingesetzt. Damit wird maximal jedes tausendste Siliziumatom ausgetauscht. Da jedes Phosphoratom ein Elektron abgibt, ist die Elektronendichte im n-Halbleiter gleich der Dotierungskonzentration. Der geringe zusätzliche Anteil an Elektronen durch thermische Generation kann bei Raumtemperatur vernachlässigt werden.

Die ebenfalls durch thermische Generationsprozesse bedingte relativ geringe Defektelektronenkonzentration wird zusätzlich durch Rekombinationsprozesse verringert. Man spricht deshalb im n-Halbleiter bei den Elektronen von Majoritätsladungsträgern und den Defektelektronen von Minoritätsladungsträgern. Die Leitfähigkeit von dotierten Halbleitern wird ausschließlich von den Majoritätsladungsträgern bestimmt.

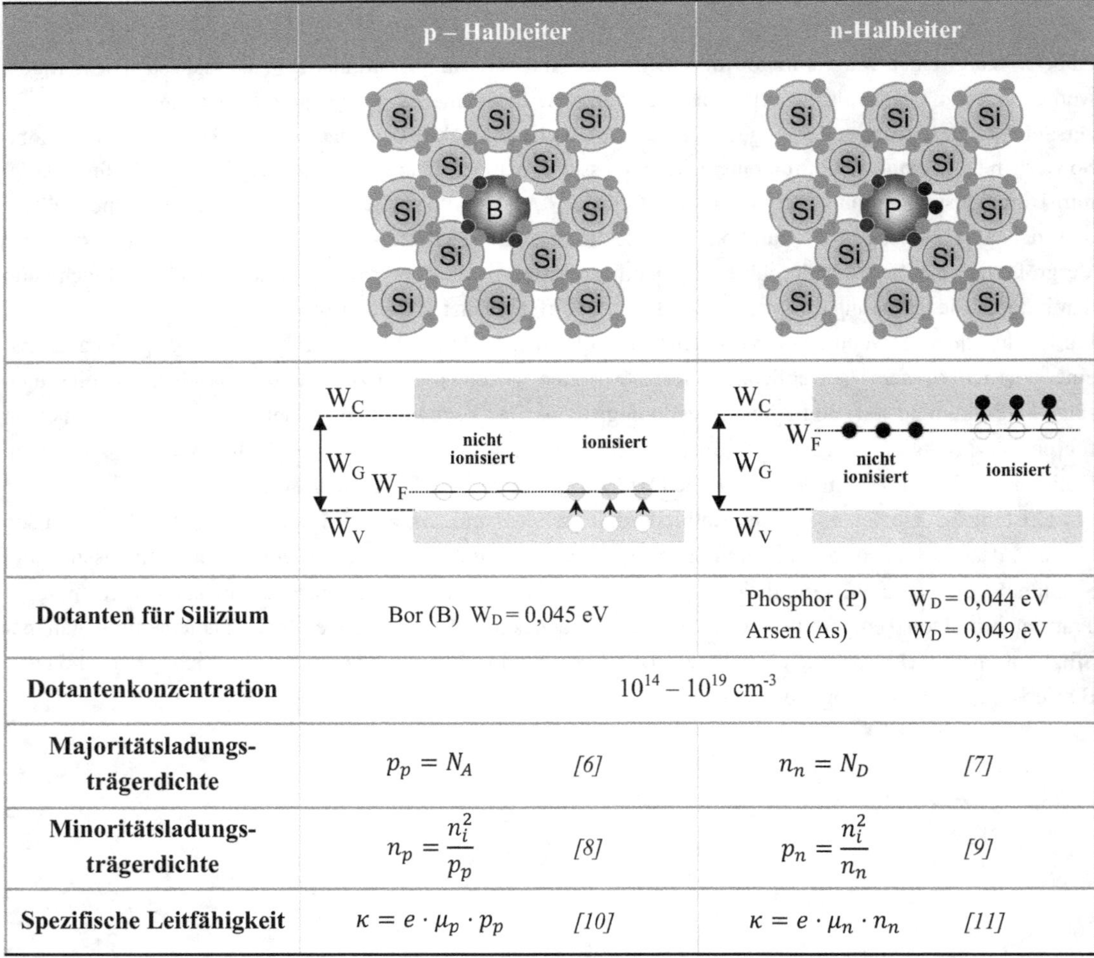

	p – Halbleiter	n-Halbleiter
Dotanten für Silizium	Bor (B) $W_D = 0{,}045$ eV	Phosphor (P) $W_D = 0{,}044$ eV Arsen (As) $W_D = 0{,}049$ eV
Dotantenkonzentration	$10^{14} - 10^{19}$ cm^{-3}	
Majoritätsladungs-trägerdichte	$p_p = N_A$ *[6]*	$n_n = N_D$ *[7]*
Minoritätsladungs-trägerdichte	$n_p = \dfrac{n_i^2}{p_p}$ *[8]*	$p_n = \dfrac{n_i^2}{n_n}$ *[9]*
Spezifische Leitfähigkeit	$\kappa = e \cdot \mu_p \cdot p_p$ *[10]*	$\kappa = e \cdot \mu_n \cdot n_n$ *[11]*

Tab. 1.2:   Übersicht der Eigenschaften eines p- und n-Halbleiters am Beispiel von Silizium

Neben Phosphor kommt im Silizium auch Arsen zur Herstellung n-leitender Halbleitergebiete zum Einsatz. Dotiert man hingegen Silizium mit Bor, erhält man p-leitende Gebiete. Da Bor nur 3-wertig ist, liefert jedes Boratom eine unbesetzte Bindungsstelle im Siliziumkristall. Die Defektelektronenkonzentration im Valenzband ist somit gleich der Borkonzentration. Defektelektronen sind im p-Halbleiter die Majoritätsladungsträger.

Abb. 1.8 zeigt exemplarisch das Temperaturverhalten schwach dotierter Halbleitergebiete. Im normalen Arbeitsbereich von Siliziumbauelementen (-40 °C $\leq$ T $\leq$ 120 °C) ist die Konzentration der Majoritätsladungsträger konstant. Mit steigender Temperatur nimmt die thermische Generation von Ladungsträgern exponentiell zu und dominiert die Ladungsträgerkonzentrationen (Eigenleitung). Senkt man die Temperatur im Silizium unter -150 °C können nicht mehr alle Störstellen ionisiert werden und es kommt zu einem starken Rückgang der Ladungsträgerkonzentration (Störstellenreserve).

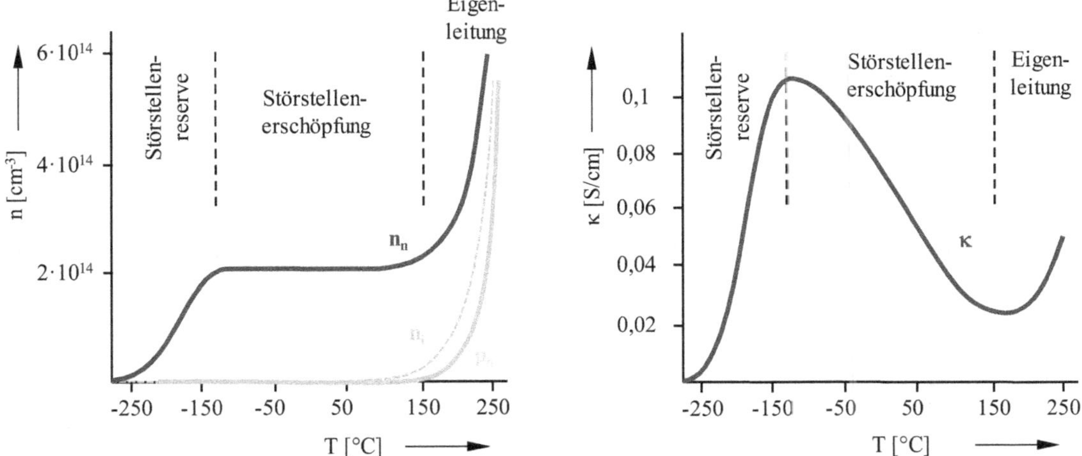

Abb. 1.8: Temperaturabhängigkeit der Ladungsträgerkonzentrationen und der spezifischen Leitfähigkeit von dotiertem Silizium ($N_D = 2\cdot10^{14}$ cm^{-3})

Dotierte Halbleiter haben im Bereich der Störstellenerschöpfung, aufgrund der abnehmenden Mobilität der Ladungsträger mit steigender Temperatur, in der Regel einen negativen Temperaturkoeffizenten. Je größer die Dotantenkonzentration im Halbleiter ist, desto kleiner wird dieser Effekt.

Neben einer Grundkonzentration an Dotanten, die während der Siliziumherstellung erzeugt wurde, werden Dotanten durch Diffusions- und Implantationsprozesse in das Siliziumkristall eingebracht. Die Eindringtiefe beträgt maximal 1 bis 2 µm. Mit den genannten Technologien können auf einem Siliziumchip Gebiete unterschiedlicher Dotierung realisiert werden.

1.1 pn-Halbleiterübergang

Bringt man zwei Halbleiterregionen mit unterschiedlicher Dotierung in Kontakt, rekombinieren an der Grenzfläche die Majoritätsladungsträger der beiden Regionen miteinander. Es entsteht ein Gebiet ohne frei bewegliche Ladungsträger. Übrig bleiben nur die ionisierten Rumpfatomen der Dotanten (B$^-$, P$^+$), die eine feste Raumladung darstellen (Raumladungszone).

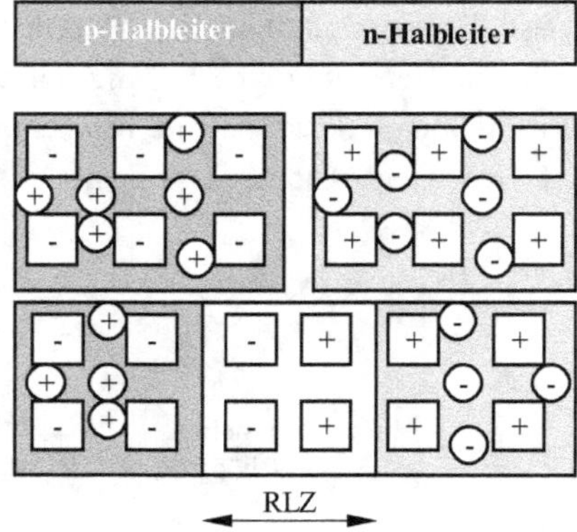

Abb. 1.9:   Schematische Darstellung der Bildung einer Raumladungszone (RLZ) an einem pn-Halbleiterübergang

Durch Integration der Ladung über die Breite der Raumladungszone (d_{RLZ}), erhält man die in diesem Gebiet vorhandene elektrische Feldstärke. Durch nochmalige Integration bekommt man die Spannungsdifferenz (U_{Diff}) zwischen dem n- und dem p-Gebiet.

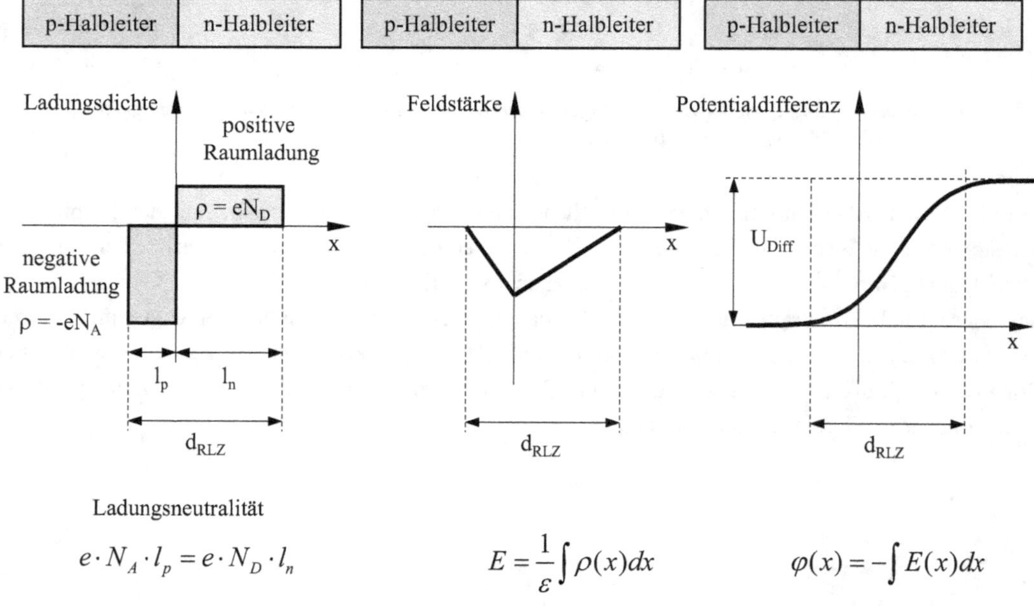

$$e \cdot N_A \cdot l_p = e \cdot N_D \cdot l_n \qquad\qquad E = \frac{1}{\varepsilon}\int \rho(x)dx \qquad \varphi(x) = -\int E(x)dx$$

Abb. 1.10: Herleitung der Diffusionsspannung (U_{Diff}) durch zweimalige Integration der Raumladung

Da die Elektronen- und Defektelektronendichten immer kleiner als die Zustandsdichte im jeweiligen Band sind, ist die Diffusionsspannung nach Gl. [13] immer etwas kleiner als die Bandlückenspannung (W_G/e).

$$U_{Diff} = \frac{W_G}{e} + \frac{kT}{e}\ln\frac{n_n p_p}{N_C N_V} \qquad [12]$$

mit U_{Diff} - *Diffusionsspannung*
W_G - *Bandlücke*
n_n - *Elektronendichte im n-Gebiet*
p_p - *Löcherdichte im p-Gebiet*
N_C - *Effektive Zustandsdichte im Leitungsband*
N_V - *Effektive Zustandsdichte im Valenzband*

Besser bestimmen lässt sie sich über die intrinsische Ladungsträgerdichte (n_i) mit:

$$U_{Diff} = \frac{kT}{e}\ln\frac{p_p n_n}{n_i^2} \qquad [13]$$

U/I-Kennlinie

Mit Hilfe des Bänderdiagramms eines pn-Übergangs lässt sich qualitativ die Strom-Spannungsbeziehung einer Halbleiterdiode erklären. Abb. 1.11 zeigt auf der linken Seite das Bänderdiagramm eines pn-Übergangs im spannungslosen Zustand. Das Leit- und Valenzband ist im Bereich der Raumladungszone um die Diffusionsspannungsenergie ($e \cdot U_{DIFF}$) verschoben.

Legt man eine kleine Spannung in Durchflussrichtung (mittlere Abbildung) an den pn-Übergang an, ergibt sich ein sehr kleiner Strom hervorgerufen durch die Elektronen des n-Gebiets, die den Potentialwall innerhalb der Raumladungszone überspringen. Es bildet sich nur ein minimaler Strom aus, weil nur wenige Elektronen bei Raumtemperatur die notwendige Energie besitzen. Für die Defektelektronen der p-Seite gilt dies analog. Erhöht man die Spannung U_D, kommt es zur Verringerung der Energiestufe zwischen p- und n- Gebiet. Dadurch können mehr Elektronen die Potentialbarriere überwinden und der Strom steigt exponentiell an. Theoretisch würde der Strom unendlich groß werden, wenn die außen angelegte Spannung gleich der Diffusionsspannung ist. In diesem Fall gibt es keine Potentialbariere mehr und der Widerstand des pn-Übergangs wäre gleich null. In der Realität werden in diesem Fall die Widerstände der Bahngebiete relevant und begrenzen den Strom durch den pn-Übergang.

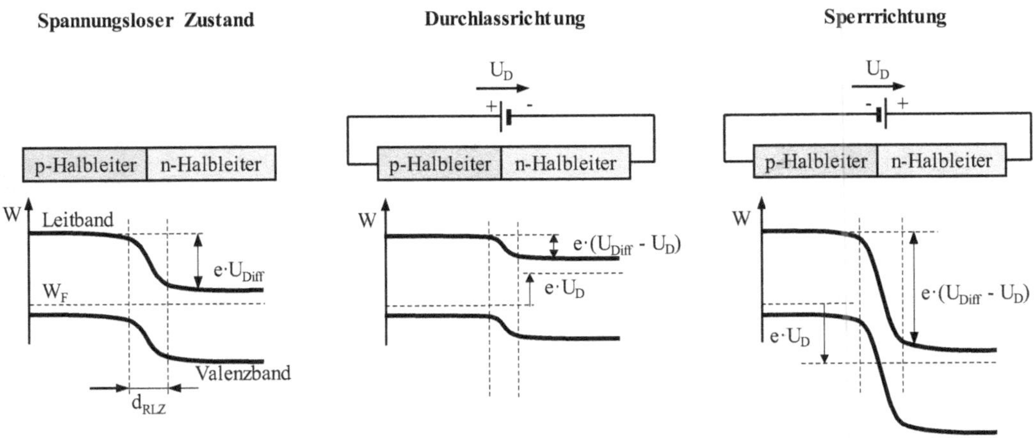

Abb. 1.11: Bänderdiagramm eines pn-Halbleiterübergangs und Beeinflussung durch Anlegen einer externen Spannung

Im Sperrfall vergrößert sich durch die angelegte Spannung die Potenzialbarriere. Der Reststrom wird in diesem Falle nur von der Bandlücke bestimmt, da diese nun leichter als die Potentialbarriere zu überspringen ist. Es stellt sich ein konstanter Sperrsättigungsstrom ein.

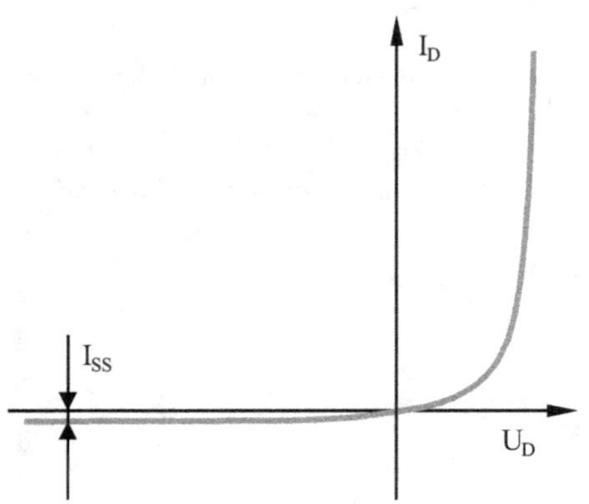

$$I_D = I_{SS}\left(e^{\frac{U_D}{n \cdot U_T}} - 1\right) \qquad [14]$$

mit U_D *- Spannung am pn-Übergang*
  I_D *- Strom durch den pn-Übergang*
  I_{SS} *- Sperrsättigungsstrom*
  n *- Emissionskoeffizient*
  U_T *- Temperaturspannung*
    $U_T = 25{,}8\ mV\ bei\ T = 300\ K$

Abb. 1.12: Ideale Diodenkennlinie mit exponentiellem Verlauf (Shockley-Modell)

Der exponentielle Verlauf des Stroms am pn-Übergang lässt sich mit Gl. [14] beschreiben. Neben der Abhängigkeit des Stroms (I_D) von der angelegten Spannung (U_D) und dem Sperrsättigungsstrom (I_{SS}) ist er auch eine Funktion der Temperatur (U_T) und des Emissionskoeffizienten (n). Letzterer ermöglicht eine verbesserte Beschreibung der UI-Kennlinie für verschiedene Dotantenkonzentrationen. Ist der pn-Übergang auf einer Seite stark dotiert und der Strom nur durch die Majoritätsladungsträger (Elektronen oder Löcher) bestimmt, tendiert der Emissionsfaktor gegen eins. Sind dagegen beide Zonen hoch dotiert, existiert sowohl ein signifikanter Elektronen- als auch Löcherstrom. Unter diesen Umständen kann es zu einer Rekombination der Ladungsträger in der Raumladungszone kommen, was bedeutet, dass die Ladungsträger jeweils nur noch die halbe Potentialbarriere überspringen müssen. In diesem Fall geht der Emissionsfaktor gegen zwei.

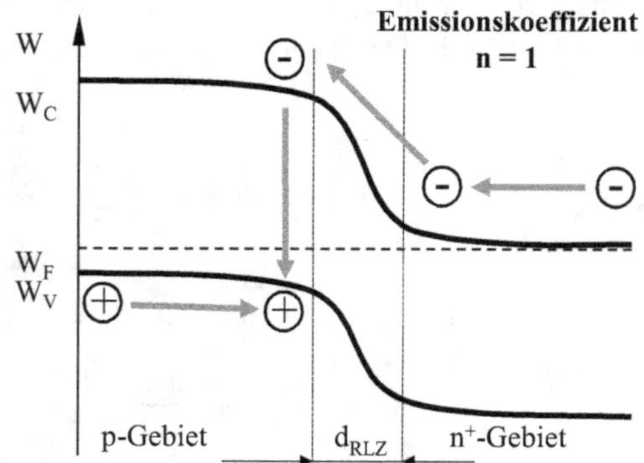

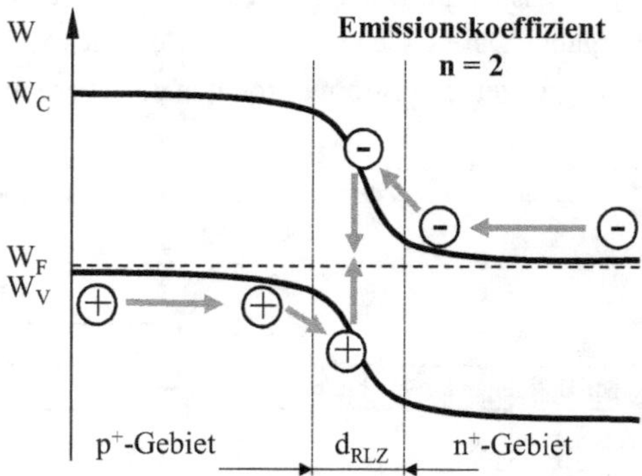

Abb. 1.13: Stromkomponenten am einseitig hochdotierten pn-Übergang (hier im Beispiel hochdotiertes n⁺-Gebiet)

Abb. 1.14: Stromkomponenten am beidseitig hochdotierten pn-Übergang

2 Dioden

Halbleiterdioden beruhen auf dem Effekt der Wechselwirkung zweier unterschiedlich dotierter Halbleiterregionen (pn-Übergang). Sie wirken idealerweise auf den Stromfluss wie ein Ventil. Legt man an die Anode
der Diode eine positive Spannung an, wird der Strom ungehindert durch das Bauelement geleitet. Bei einer
negativen Spannung an der Anode wird der Strom durch die Diode dagegen vollständig gesperrt.

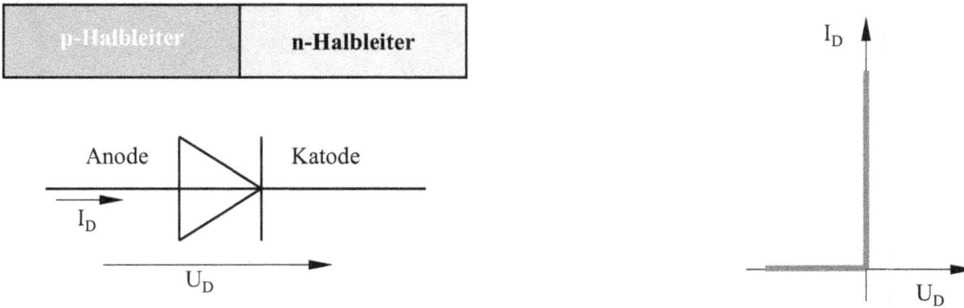

Abb. 2.1:   Aufbau einer Halbleiterdiode   Abb. 2.2:   U-I-Charakteristik einer idealen Diode

2.1 Diodenkennlinie

Abb. 2.5 zeigt den realen Verlauf einer Diodenkennline. Im Durchflussbereich erhält man für kleine
Spannungen einen exponentiellen Verlauf des Stroms in Abhängigkeit von der angelegten Spannung. Dieser
entspricht dem Spannungs-Strom-Verhalten des pn-Übergangs (Gl. [14]). Erhöht man die Diodenspannung
in den Bereich der Diffusionsspannung des pn-Übergangs, geht der Verlauf in eine lineare Abhängigkeit
über. Hervorgerufen wird dieser durch die Bahnwiderstände der dotierten Gebiete. Bei einer weiteren
Erhöhung der Diodenspannung kann es zu einer Stromsättigung kommen, bedingt durch die
Stromtragfähigkeit der Leitbahngebiete. Meist liegt dieser Bereich jedoch außerhalb des durch den Hersteller
spezifizierten Arbeitsbereich der Dioden. Aus diesem Grund ist die Abflachung der Diodenkennlinie in
Abb. 2.5 nicht mit dargestellt.

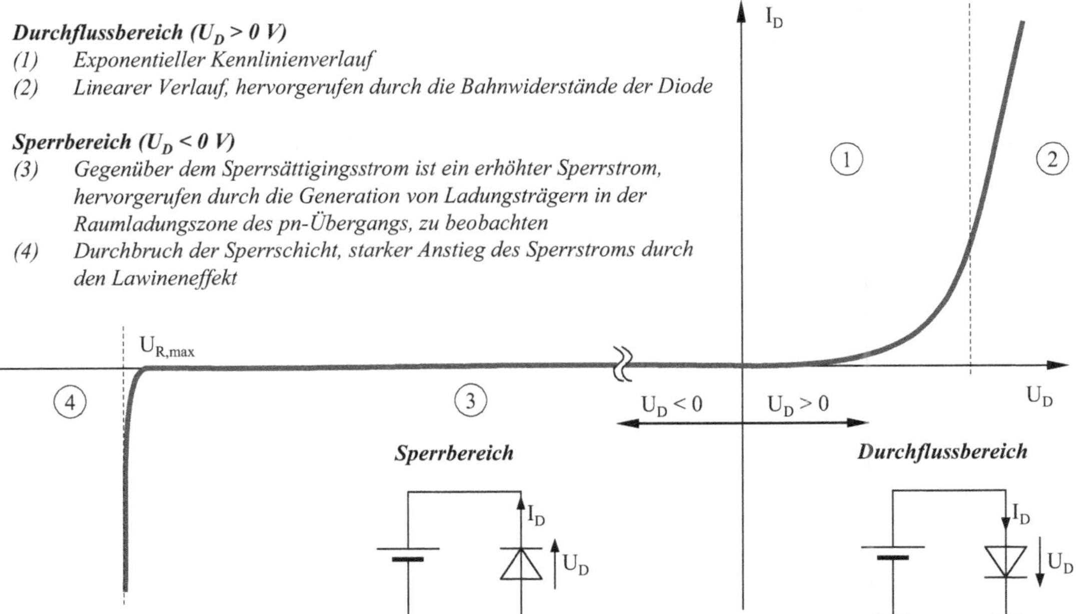

Abb. 2.3:   Kennlinie einer realen Halbleiterdiode

Polt man die Spannung um, kommt man in den Sperrbereich. Er zeichnet sich durch einen sehr kleinen Sperrstrom aus, der sich aus dem Sperrsättigungsstrom des gesperrten pn-Übergangs und eines Stromes, hervorgerufen durch die Generation von Ladungsträgern in der Raumladungszone des pn-Übergangs, zusammensetzt. Letzterer ist signifikant, weil generierten Ladungsträger durch das in der Raumladungszone bestehende elektrische Feld in unterschiedliche Richtungen beschleunigt und so räumlich getrennt werden. Man erhält damit einen zusätzlichen Stromfluss in Sperrichtung, der deutlich größer als der eigentliche Sperrsättigungsstrom ist.

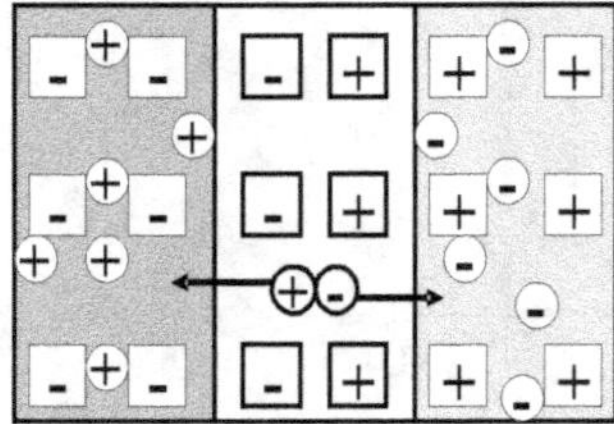

Abb. 2.4:   Generation von Ladungsträgern in der Raumladungszone

Über einen weiten Bereich der gesperrten Diode ist der Sperrstrom konstant. Erreicht die angelegte Spannung die Durchbruchspannung nimmt der Strom durch die Diode sprunghaft zu. Hervorgerufen wird dieser Durchbruchsstrom durch einen Lawineneffekt. Elektronen in der Raumladungszone werden während ihrer Drift durch das in dieser Zone bestehende elektrische Feld beschleunigt und nehmen damit kinetische Energie auf. Reicht diese Energie aus, um bei einer Wechselwirkung mit den Rumpfatomen des Siliziumgitters ein weiteres Elektron aus der Elektronenhülle herauszuschlagen und dieses dann erneut zu beschleunigen, kommt es zu einer Vervielfachung der freien Ladungsträggern und damit zum steilen Anstieg des Sperrstroms.

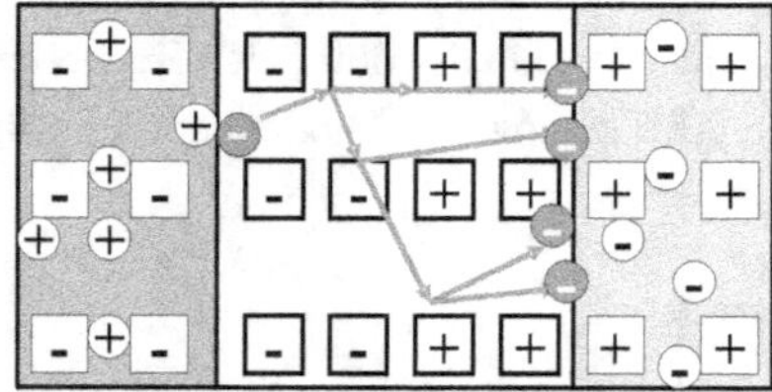

Abb. 2.5:   Lawineneffekt

Der elektrische Durchbruch ist nicht zerstörend und vollständig reversibel. Kontrolliert man den Durchbruchstrom kann der Lawineneffekt für elektronische Schaltungen genutzt werden, wie zum Beispiel bei der Z-Dioden.

Begrenzt man den Durchbruchstrom nicht, kommt es zum Überschreiten der maximal zulässigen Leistung des Bauelements. Dies führt zu einer thermischen Überastung und zu einer dauerhaften Schädigung der Diode.

Abb. 2.6 zeigt die Kennlinien von Kleinleistungsdioden unterschiedlicher Halbleitermaterialien. Je nach Bandlücke des Halbleitermaterials ist der Bereich an dem der Übergang in den linearen Bereich übergeht unterschiedlich. Für Silizium mit einer Bandlücke mit $W_G = 1{,}1$ eV ergibt sich der Knickpunkt im Bereich um 0,6 V und für Germanium mit $W_G = 0{,}66$ eV bei etwa 0,3 V. Bei den Leuchtdioden ist die Farbe des emmitierten Lichtes streng mit dem Bandabstand gekoppelt. So benötigt man für blaues Licht einen Bandabstand von $W_G = 3{,}1$ eV und damit eine Diodenspannung von mindestens 3 V um sie zum Leuchten zu bringen. Für grüne und rote LEDs ist die benötigte Spannung etwas geringer.

Die in diesem Diagramm aufgeführte Shottky- Diode basiert auf einem Metall-Halbleiter- Übergang und wird in einem speziellen Kapitel behandelt. Sie zeichnen sich durch eine sehr geringe Flussspannung aus, die in diesem Beispiel im Bereich um 0,2 V liegt.

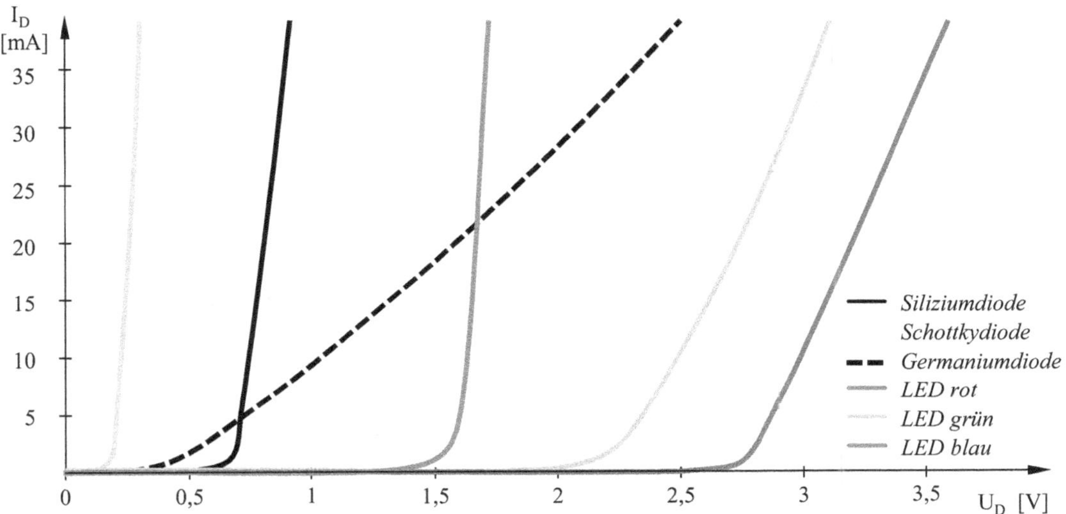

Abb. 2.6: Kennlinien verschiedener Kleinleistungsdioden und Leuchtdioden

2.2 Statisches Diodenmodell für den Durchflussbereich

Für die Modellierung des elektrischen Verhaltens von Dioden gibt es verschiedene Modelle, die je nach Komplexität die Eigenschaften der Diode mehr oder weniger genau beschreiben. Das einfachste Modell ist das in Abb. 2.7 dargestellte Modell einer idealen Diode. Für Diodenspannungen kleiner null ist der Diodenstrom gleich null und für den Durchflussbereich ($I_D > 0$) ist die Diodenspannung gleich null.

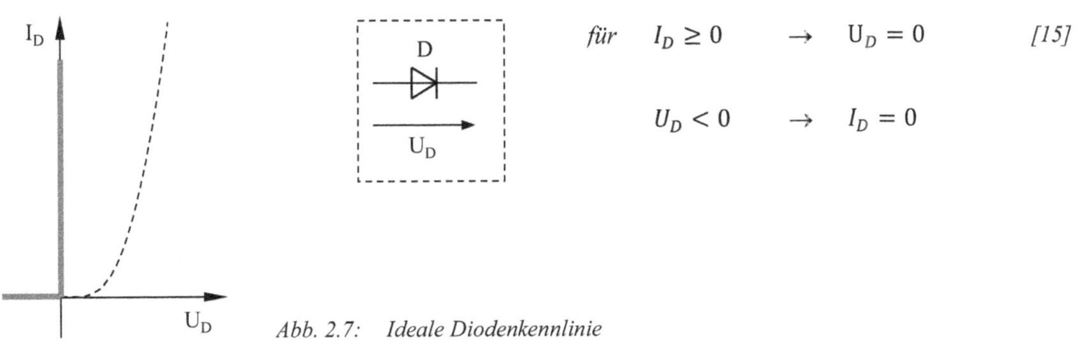

$$\text{für} \quad I_D \geq 0 \quad \rightarrow \quad U_D = 0 \qquad [15]$$

$$U_D < 0 \quad \rightarrow \quad I_D = 0$$

Abb. 2.7:   Ideale Diodenkennlinie

Ein etwas detaillierteres Modell ist das Konstantspannungsmodell. Hier wird im Durchflussbereich die Flussspannung (U_F) als Parameter eingefügt, die die Kennlinie der idealen Diode um diese auf der x-Achse verschiebt.

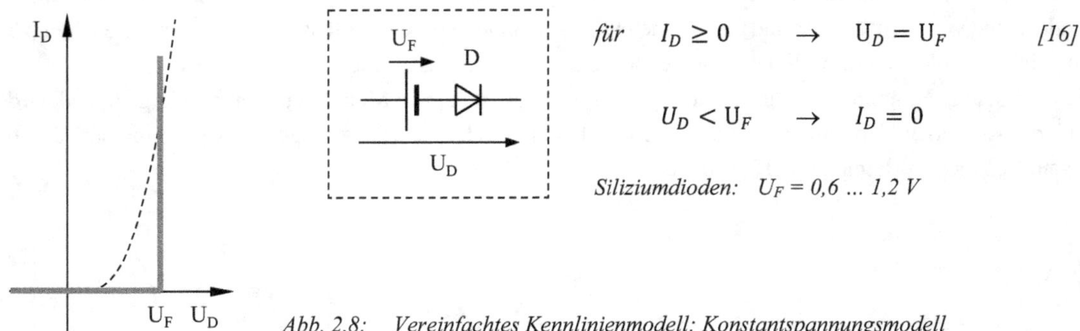

$$\text{für} \quad I_D \geq 0 \quad \rightarrow \quad U_D = U_F \qquad [16]$$

$$U_D < U_F \quad \rightarrow \quad I_D = 0$$

Siliziumdioden: $U_F = 0{,}6 \ldots 1{,}2 \ V$

Abb. 2.8:   Vereinfachtes Kennlinienmodell: Konstantspannungsmodell

Das Knickspannungsmodell fügt in das Konstantspannungsmodell den Bahnwiderstand der Diode mit ein, so dass ab der Flussspannung ($U_{F,0}$) die Kennlinie den Anstieg des Bahnwiderstandes (R_B) bekommt.

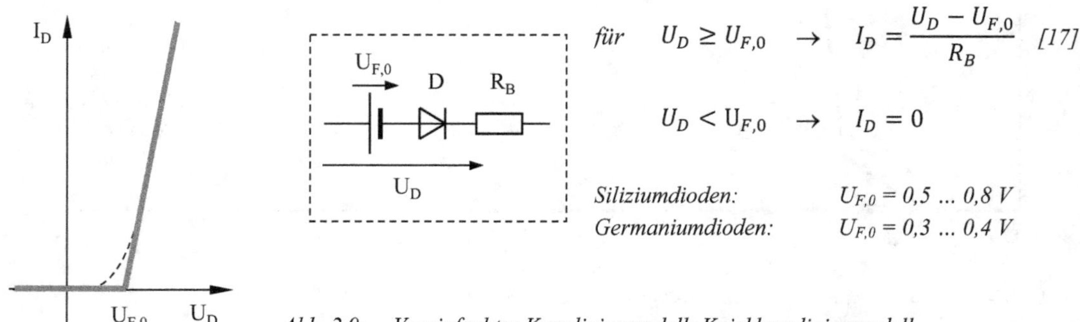

$$\text{für} \quad U_D \geq U_{F,0} \quad \rightarrow \quad I_D = \frac{U_D - U_{F,0}}{R_B} \quad [17]$$

$$U_D < U_{F,0} \quad \rightarrow \quad I_D = 0$$

Siliziumdioden: $U_{F,0} = 0{,}5 \ldots 0{,}8 \ V$
Germaniumdioden: $U_{F,0} = 0{,}3 \ldots 0{,}4 \ V$

Abb. 2.9:   Vereinfachtes Kennlinienmodell: Knickkennlinienmodell

Nimmt man den exponentiellen Verlauf der Diode plus den Bahnwiderstand in ein Modell, erhält man Gl. [18]. Es ist von den beschrieben Modellen das genauste, jedoch ist die Berechnung des Diodenstroms in Abhängigkeit von der angelegten Diodenspannung analytisch nicht möglich. Eine Lösung des Problems ist ein interativer Ansatz, der in Schaltungssimulatoren genutzt wird.

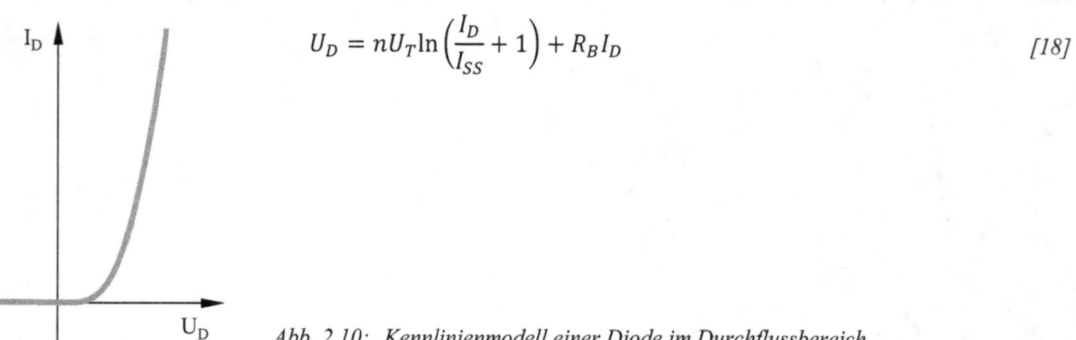

$$U_D = n U_T \ln\left(\frac{I_D}{I_{SS}} + 1\right) + R_B I_D \qquad [18]$$

Abb. 2.10:   Kennlinienmodell einer Diode im Durchflussbereich

Thermisches Verhalten

Erwärmt man eine Diode oder erwärmt sich die Diode durch die in ihr umgesetzte Verlustleistung, kommt es zur Verschiebung der Kennliniendaten. Im Durchflussbereich kann man dieses Verhalten durch eine Temperaturabhänigkeit der Flussspannung (U_F) beschreiben. Mit steigender Temperatur fällt die Flussspannung bei Halbleiterdioden aufgrund der Verringerung der Diffusionsspannung (U_{Diff}) am pn-Übergang.

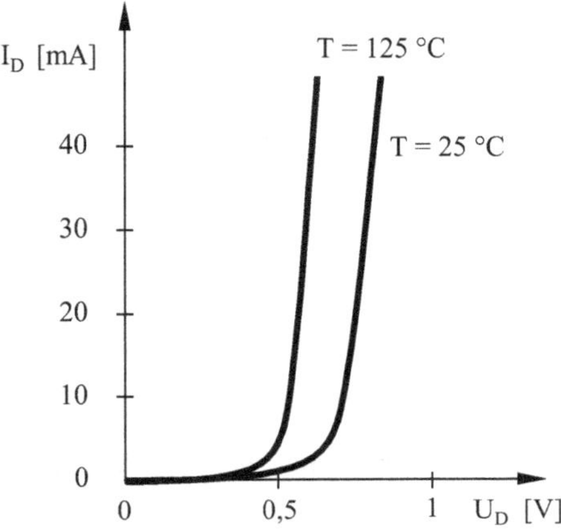

$$\frac{dU_F}{dT} = d_T \qquad [19]$$

Silizium: $d_T \approx -1{,}7\ mV/K$ (für T = 300K)

Abb. 2.11: Abhängigkeit der Durchflusskennlinie von der Sperrschichttemperatur am Beispiel einer Siliziumdiode

Im Sperrbereich der Diode kommt es aufgrund der Erhöhung der Ladungsträgergeneration mit wachsender Temperatur zu einem exponentiellen Anstieg des Sperrstroms (I_R).

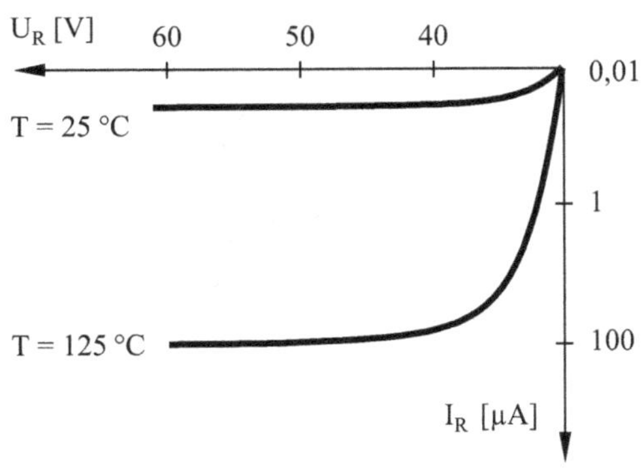

$$I_R = I_R(T_0) \cdot e^{[c_i(T-T_0)]} \qquad [20]$$

Silizium: $c_i \approx 0{,}08\ K^{-1}$ (für T = 300K)

Abb. 2.12: Abhängigkeit des Sperrstroms von der Sperrschichttemperatur

2.3 Dynamisches Diodenmodell

Schaltverhalten

Das dynamische Verhalten einer Diode beeinflussen zwei parasitäre Kapazitäten, die Sperrschichtkapazität (C_j) und die Diffusionskapazität (C_T).

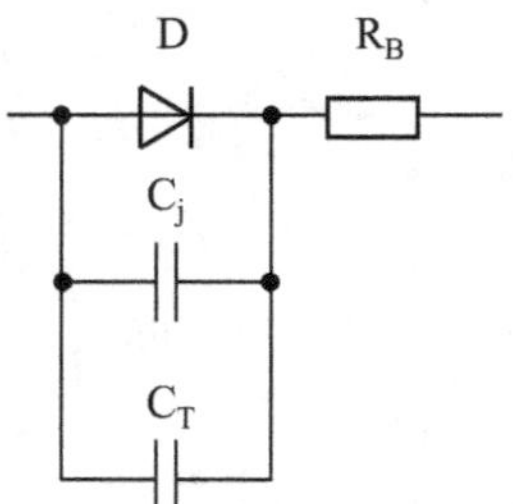

Abb. 2.13: Dynamisches Ersatzschaltbild einer Diode

Die Sperrschichtkapazität wird durch die Trennung der Ladungsträger in der Raumladungszone erzeugt. Ändert man die Spannung an einer Diode, wird die Breite der Raumladungszone verändert. Mit steigender positiver Spannung verringert sich die Breite und mit wachsender negativer Spannung vergrößert sie sich. Damit ändert sich analog auch die Sperrschichtkapazität gemäß Gl. [22].

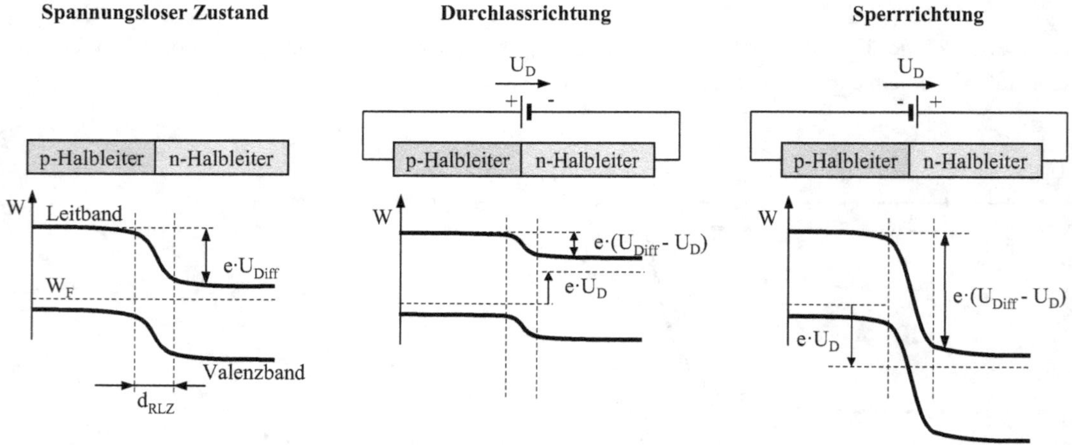

Abb. 2.14: Änderung der Breite der Raumladungszone in Abhängigkeit der angelegten Spannung

$$d_{RLZ} = \sqrt{\frac{2\varepsilon_r\varepsilon_0}{e}\left(\frac{1}{N_A}+\frac{1}{N_D}\right)\cdot\left(U_{Diff}-U_D\right)} \qquad [21]$$

$$C_j = \frac{\varepsilon_r\varepsilon_0\,A_j}{d_{RLZ}} \qquad [22]$$

mit
U_{Diff} - Diffusionsspannung
N_A - Dotierungskonzentration im p-Gebiet
N_D - Dotierungskonzentration im n-Gebiet
d_{RLZ} - Breite der Raumladungszone
U_D - Extern an die Diode angelegte Spannung
A_j - Fläche des pn-Übergangs
C_j - Sperrschichtkapazität

Die Diffusionskapazität (C_T) entsteht durch die Ladungsträgerakkumulation an der Sperrschicht, hervorgerufen durch einen Stromfluss durch die Diode. Abb. 2.16 zeigt die Ladungsträgerdichten an einem pn-Übergang, der in Flussrichtung gepolt ist. Dabei wird der Stromfluss durch die jeweiligen

Majoritätsladungsträger (n_n und p_p) getragen. Sie überwinden die Raumladungszone und rekombinieren auf der anderen Seite der Raumladungszone. Das führt dazu, dass es bei einer in Flussrichtung gepolten Diode zu einer Akkumulation von Ladungsträgern im Umfeld der Raumladungszone kommt. Ändert man den Strom durch die Diode, ändern sich auch die Ladungsträgerkonzentrationen, was zu einem Umladestrom führt und einem kapazitiven Verhalten entspricht.

Besonders markant ist der Einfluss der Diffusionskapazität beim Umschalten der Diode aus dem Fluss- in den Sperrbereich. Bevor der Sperrstrom auf null fällt, muss die gesamte Ladungsmenge Q_{Diff} zuvor abgebaut werden.

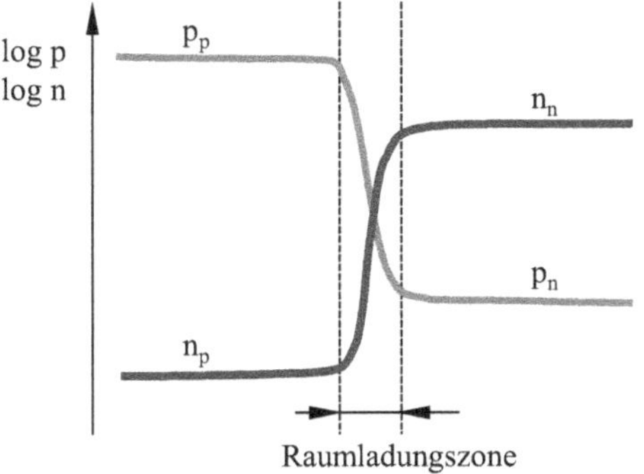

Abb. 2.15: *Ladungsträgerkonzentration am gesperrten pn-Übergang*

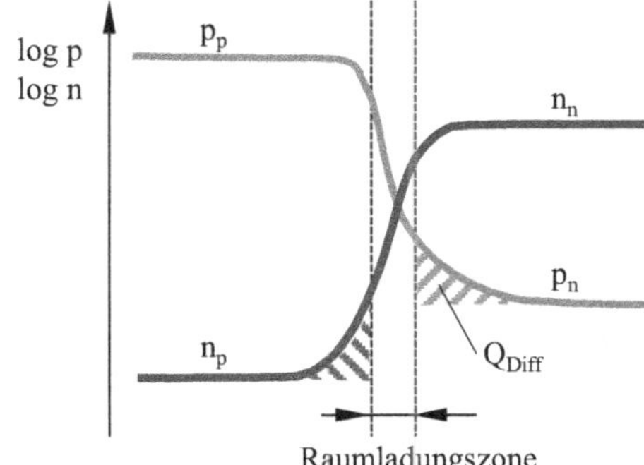

Abb. 2.16: *Ladungsträgerkonzentration für einen in Flussrichtung gepolten pn-Übergang*

In Abb. 2.17 ist das Schaltverhalten einer Diode dargestellt. In dem Beispiel wird die Diode mit einer positiven Spannung zuerst in den Durchflussbereich geschaltet und anschließend mit einer negativen in den Sperrbereich.

Den Einfluss der Sperrschichtkapazität ist an den Umschaltpunkten zu erkennen. Beim Einschalten der Diode wird die Breite der Raumladungszone verringert und es kommt zu einer Entladung der Sperrschichtkapazität. Dies zeigt sich an einem Überschwingen des Stromes und einem verzögerten Spannungsaufbaus an der Diode.

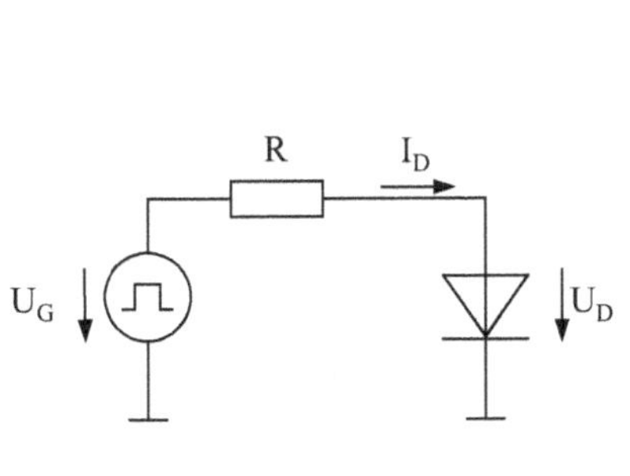

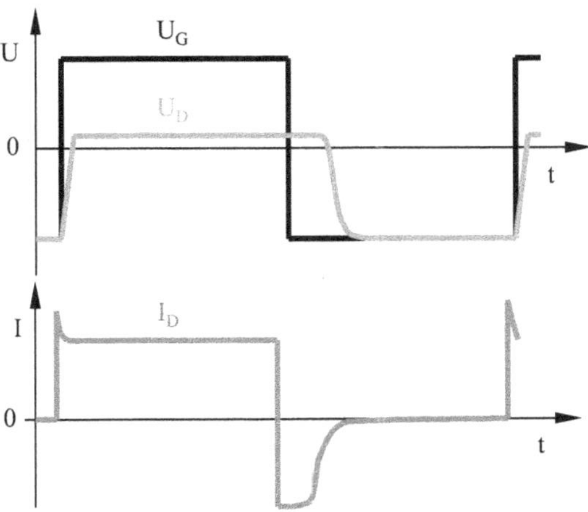

Abb. 2.17: *Schaltverhalten einer Halbleiterdiode*

Auch beim Ausschalten der Diode macht sich das Aufladen der Sperrschichtkapazität durch einen verzögerten Spannungsabfall (t_F) an der Diode bemerkbar. Hier kommt es zusätzlich noch zu einer zeitlichen

Verschiebung (t_S) aufgrund der Diffusionsladungen. Erst wenn diese vollständig abgebaut sind, vollzieht sich der eigentliche Umschaltprozess.

Die Ladungsträger der Speicherladung müssen nach dem Umschalten der Diode die Sperrschicht nicht mehr passieren. Aus diesem Grund entspricht der Sperrstrom während der Speicherzeit meist dem zuvor aufgetretenen Durchflussstrom mit umgekehrten Vorzeichen. Auch die Spannung an der Diode ändert sich im Umschaltmoment erst einmal nicht und die Diode bleibt während der Sperrverzögerungszeit scheinbar in Flussrichtung gepolt.

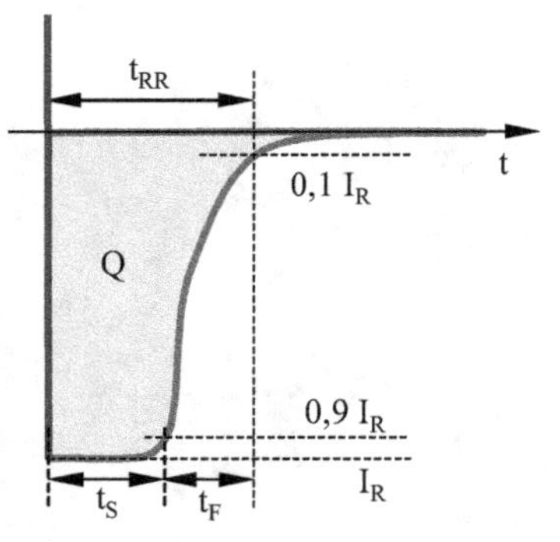

mit t_{RR} -   *Sperrverzögerungszeit*
        t_S -   *Speicherzeit, hervorgerufen durch Diffusionsladungen (Q_{Diff}) (siehe Abb. 2.16)*
        t_F -   *Sperrerholzeit, hervorgerufen durch Sperrschichtkapazität (C_S) (siehe Gl. [22])*

Abb. 2.18:   Zeiten beim Umschalten der Diode in den Sperrbereich

Kleinsignalverhalten

Wird eine Diode in einem nur sehr kleinen Bereich der Diodenkennlinie betrieben, kann zur Vereinfachung der Beschreibung des Bauelementeverhaltens ein Kleinsignalmodell genutzt werden. Ein typisches Beispiel ist in Abb. 2.19 gezeigt. Hier wird durch eine Gleichspannung (U_{AP}) die Diode in den linearen Durchflussbereich gebracht. Die additive Wechselspannung (u_g) ändert den Strom durch die Diode nur in einem sehr kleinen Bereich um den Arbeitspunkt. Sieht man sich die Stromänderung aufgrund der Spannungsänderungen durch u_g an, hat die Diode für die Wechselspannung ein rein ohmsches Verhalten und kann mit einem Widerstand als Kleinsignalmodell beschrieben werden.

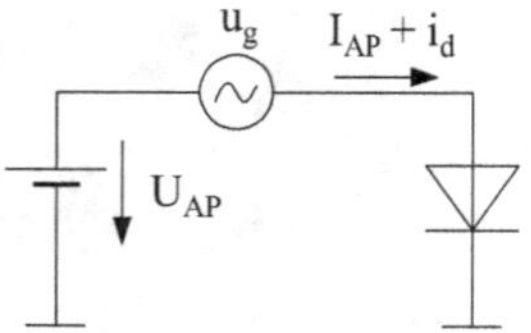

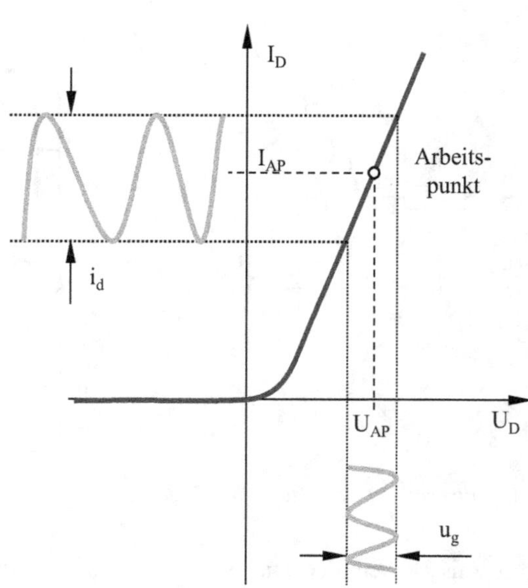

Abb. 2.19:   Kleinsignalverhalten (quasistatisch) bei überlagerter Gleichspannung

Kleinsignalmodelle linearisieren die Kennlinie eines Bauelements im Bereich um einen Arbeitspunkt. Für den Gültigkeitsbeich des Kleinsignalmodells ist der maximal zugelassene Fehler der Linearisierung verantwortlich. So ist dieser bei der Diode im linearen Teil über einen großen Abschnitt mit einem sehr kleinen Fehler beaufschlagt. Im exponentiellen Teil ist der Gültigkeitsbereich einer linearen Approximation dagegen sehr klein.

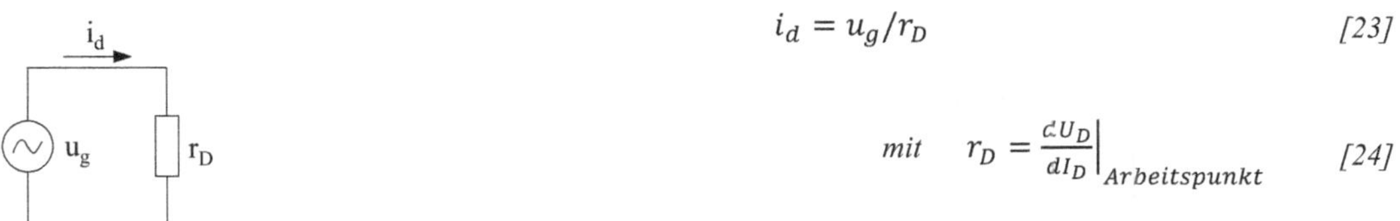

$$i_d = u_g / r_D \qquad [23]$$

$$mit \quad r_D = \left. \frac{dU_D}{dI_D} \right|_{Arbeitspunkt} \qquad [24]$$

Abb. 2.20: Kleinsignalersatzschaltbild

Absolute Maximalwerte von Diodenparametern (Absolut Maximal Ratings)

Der statische Arbeitsbereich einer Diode wird durch verschiedene Parameter begrenzt. Das sind zum einen die maximalen Ströme im Durchflussbereich. Hier werden im Datenblatt der maximal zulässige mittlere Strom ($I_{F,AV}$) und der einmalig maximale Strom ($I_{F,SM}$) angegeben. Letzterer wird bei Einschaltprozessen erreicht, bei denen Kapazitäten einmalig aufgeladen werden.

Die maximale Verustleistung ($P_{V,max}$) einer Diode ist durch die maximale Sperrschichttemperatur und den thermischen Widerstand des Gehäuses gegeben. Sie variiert je nach Kühlmethode (z. B. mit oder ohne Kühlkörper).

Für den Sperrbereich wird eine maximale Sperrspannung (U_R) im Datenblatt angeben, bei dem ein definierter Sperrstrom erreicht wird. Für einmalige Überschreitungen kann eine höhere Sperrspannung akzeptiert werden ($U_{R,max}$), die meist durch die maximale Verlustleistung der Diode definiert ist.

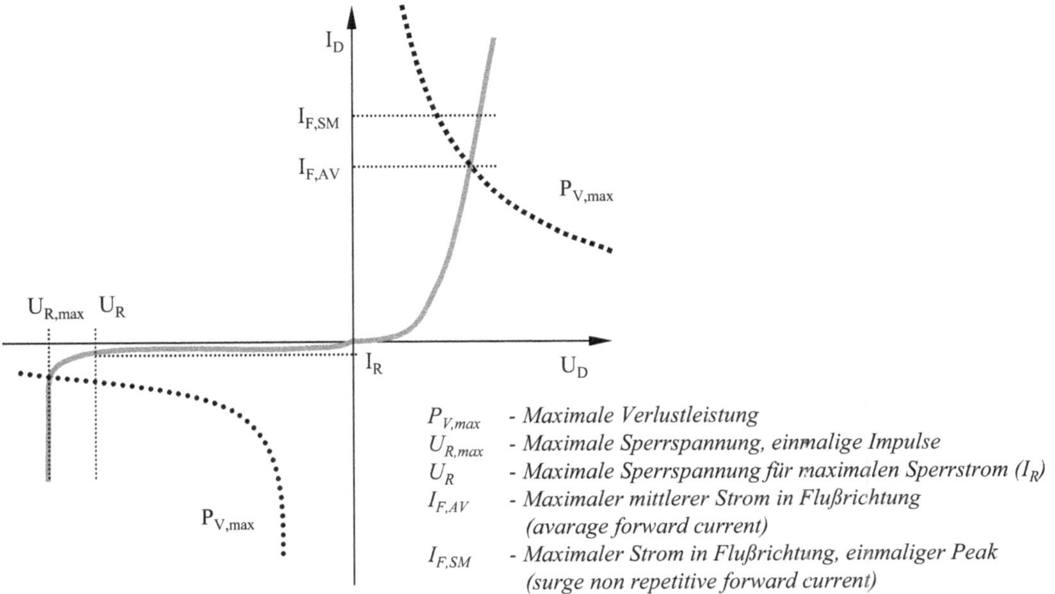

$P_{V,max}$ — Maximale Verlustleistung
$U_{R,max}$ — Maximale Sperrspannung, einmalige Impulse
U_R — Maximale Sperrspannung für maximalen Sperrstrom (I_R)
$I_{F,AV}$ — Maximaler mittlerer Strom in Flußrichtung (avarage forward current)
$I_{F,SM}$ — Maximaler Strom in Flußrichtung, einmaliger Peak (surge non repetitive forward current)

Abb. 2.21: Darstellung der absoluten Maximalwerte einer Diode im Kennlinienfeld

2.4 Diodentypen

Silizium-Halbleiterdioden sind für unterschiedliche Aufgabenstellungen und mit darauf abgestimmten unterschiedlichen Parametern erhältlich. Sie stehen dabei in unmittelbarer Konkurenz zu Schottkydioden und SiC-Dioden.

Siliziumdioden zeichnen sich gengenüber Schottky-Silizium-Dioden durch eine hohe Sperrspannung bei gleichzeitig niedrigen Sperrströmen aus. Darüberhinaus sind sie tendenziell preiswerter als Schottkydioden. Für den Schaltbetrieb müssen bei Siliziumdioden die relativ großen Sperrerholungszeiten beachtet werden. Außerdem haben Siliziumdioden eine Flußspannung im Bereich von 0,7 bis 2 V und liegen damit über denen von Schottkydioden.

Im Leistungsbereich konkurrieren die Siliziumdioden mit SiC-Schottkydioden. Durch den größeren Bandabstand von Siliziumkarbid können bei diesen Sperrspannungen analog von Siliziumdioden erreicht werden. Darüber hinaus besitzen sie sehr geringe Speicherzeiten beim Umschalten der Diode und einen größeren Temperaturbereich.

Waren bis dato Siliziumdioden mit einer maximalen Betriebstemperatur von 150°C erhältlich, sind im Zuge der SiC-Konkurenz heute Siliziumdioden mit bis zu 175°C erhältlich.

Typische Werte Si-Diode

Typ	$I_{F,max}$	$I_{R,max}$	$U_{F,max}$	U_R	t_{rr}	Anwendung
BAV99 [2]	150 mA	2,5 µA	1,25 V	70 V	6 ns	Kleinsignaldiode
BYT 03-400 [3]	3 A	20 µA	1,4 V	400 V	25 ns	Universaldiode
BYT60P-1000 [4]	60 A	6 mA	1,8 V	1000 V	170 ns	Gleichrichterdiode
VS-EPH6007L-N3 [5]	60 A	30 µA	1,8 V	650 V	65 ns	Gleichrichterdiode mit kurzer Speicherzeit

Tab. 2.1:   Vergleich der Parameter verschiedener Siliziumdioden (T = 25 °C)

---

[2] Datenblatt BAV 99, Vishay Intertechnology, Inc., 2010

[3] Datenblatt BYT 03-400, STMicroelectronics, 2001

[4] Datenblatt BYT60P-1000, SGS-Thomson, 1999

[5] Datenblatt VS-EPH6007L-N3, Vishay, 2018

2.5 Z-Diode

Z-Dioden sind spezielle Dioden, bei denen der Durchbruch schon bei relativ kleinen Spannungen auftritt. Erreicht wird dies durch eine hohe Dotierung sowohl der n- als auch der p-Zone. Aufgrund der hohen Ladungsträgerkonzenzentrationen auf beiden Seiten der Raumladungszone ist ihre räumliche Ausdehnung relativ gering. Dies führt schon bei kleinen Sperrspannungen zu großen Feldstärken in der Raumladungszone und zu einem sprunghaften Anstieg des Sperrstroms durch den Lawineneffekt. Neben diesem Durchbruchmechanismus tritt bei Z-Dioden durch die geringe Ausdehnung der Raumladungszone auch ein Tunnelstrom (Zenereffeffkt) auf. Elektronen können aus dem Valenzband des p-Gebiets in das Leitband des n-Gebiets tunneln und so einen starken Anstieg des Sperrstroms verursachen.

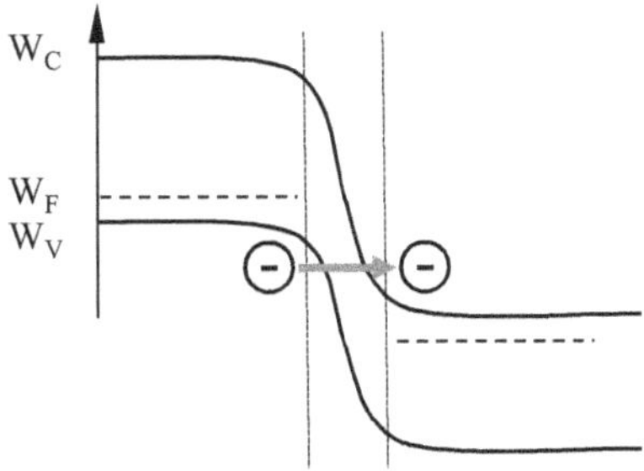

Abb. 2.22: *Tunneleffekt (Zenereffekt)*

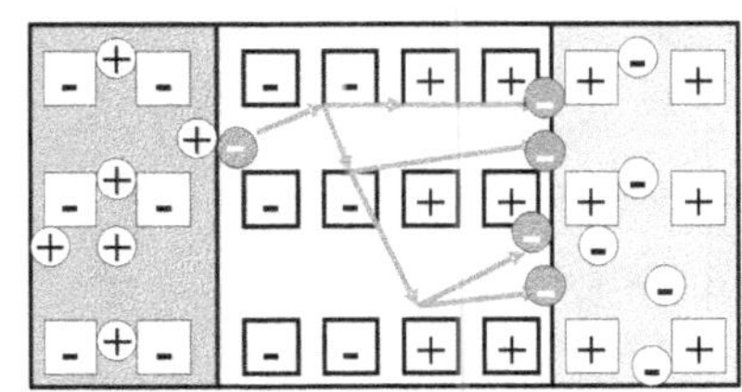

Abb. 2.23: *Lawineneffekt*

Z-Dioden werden in Sperrrichtung betrieben. Damit haben die Durchbruchströme (I_Z) und die Durchbruchspannung (U_Z) positive Vorzeichen.

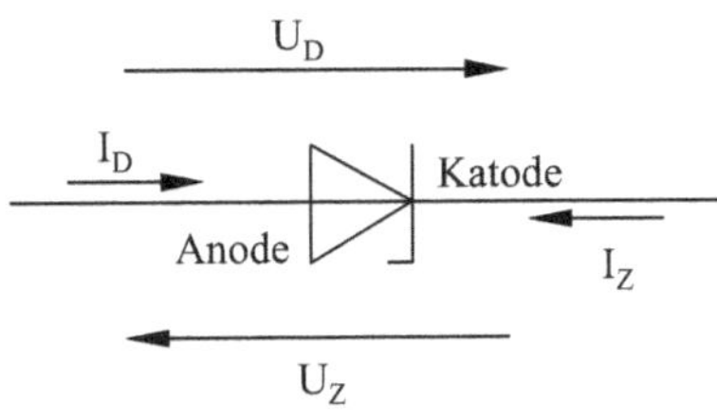

Abb. 2.24: *Ströme und Spannungen an einer Z-Diode*

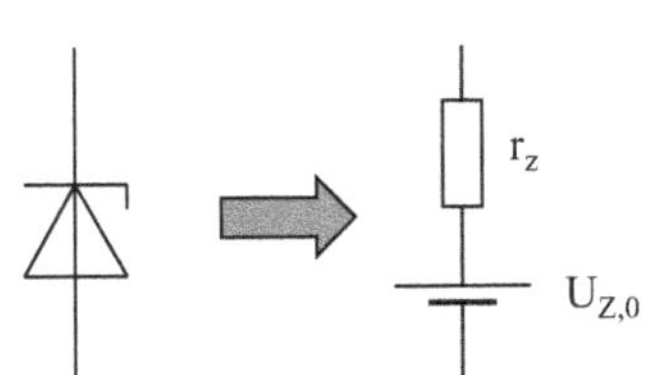

Abb. 2.25: *Ersatzschaltbild einer Z-Diode*

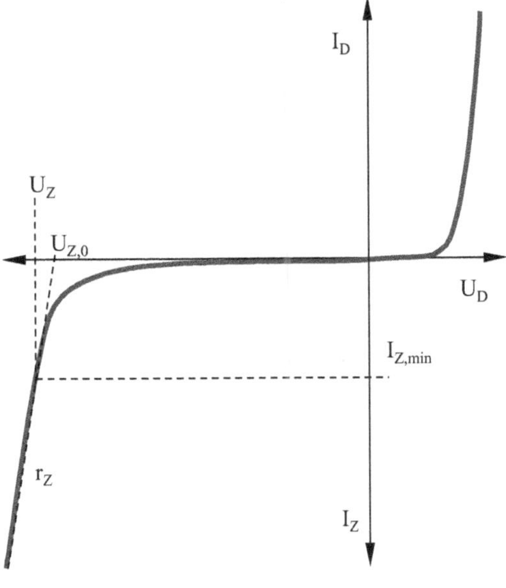

Abb. 2.26: *Kennlinie einer Z-Diode*

Für Spannungen größer der Z-Spannung ($U_{Z,0}$) besitzt die Z-Diode einen linearen Kennlinienverlauf, der durch den Innenwiderstand (r_z) definiert ist. Um den linearen Bereich sicher zu erreichen, wird ein Mindeststrom ($I_{Z,MIN}$) benötigt. Ab diesem kann das Diodenverhalten der Z-Diode durch ein Knickspannungsmodell ($U_{Z,0}$, r_z) gut beschrieben werden.

Für Z-Dioden mit kleinen Z-Spannungen ($U_Z > 5,6$ V bei Silizium) überwiegt der Zenereffekt mit einem negativen Temperaturkoeffizienten und relativ hohen Innenwiderstand (r_z). Für Spannungen größer 5,6 V ist der Lawineneffekt dominant. Er besitzt einen positiven Temperaturkoeffizienten. Im Schnittpunkt beider Arbeitsbereiche wird theoretisch ein Temperaturkoeffizient von Null erreicht und ein minimaler Innenwiderstand der Z-Diode.

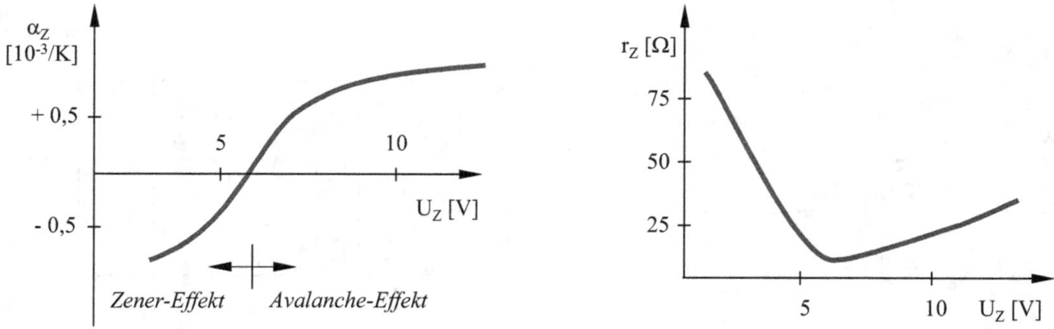

Abb. 2.27:   Temperaturkoeffizient und Innenwiderstands von Z-Dioden

Z-Dioden werden hauptsächlich für höhere Spannungen als Spannungsbegrenzer eingesetzt. Sie können für eine Verlustleistung von einigen Watt ausgelegt werden.

Für Spannungen unter 5 V werden Z-Dioden heutzutage meist durch Bandgap-Elemente ersetzt. Sie besitzen einen geringeren Temperaturkoeffizienten, eine definierte Durchbruchspannung und einen geringeren Mindeststrom.

Typ	U_Z	$I_{Z,min}$	U_F	r_z	α_z	$P_{V,max}$
BZG05C3V3	3,3 V	80 mA	1,2 V	20 Ω	- 50·10^{-6} K^{-1}	3 W
BZG05C5V6	5,6 V	45 mA	1,2 V	7 Ω	40·10^{-6} K^{-1}	3 W
BZG05C12	12 V	20 mA	1,2 V	9 Ω	80·10^{-6} K^{-1}	3 W
BZG05C100	105 V	2,7 mA	1,2 V	350 Ω	100·10^{-6} K^{-1}	3 W

Tab. 2.2:   Parameter der Z-Diodenserie BZG05[6]

---

[6] Datenblatt BZG05, Vishay Intertechnology, Inc, 2004

2.6 Schottkydiode

Schottkydioden sind Metall-Halbleiterübergänge, bei denen sich aufgrund der Energieniveaus des Halbleiters und des Metalls eine Potenzialbarriere bildet. Sie zeichnen sich durch eine geringe Flussspannung und kurze Schaltzeiten aus. Damit sind sie hervorragend geeignet für Schaltanwendungen bis in den mittleren Spannungs- und Leistungsbereich. Sperrspannungen oberhalb von 100 V sind jedoch mit Silizium-Schottkydioden schwer realisierbar.

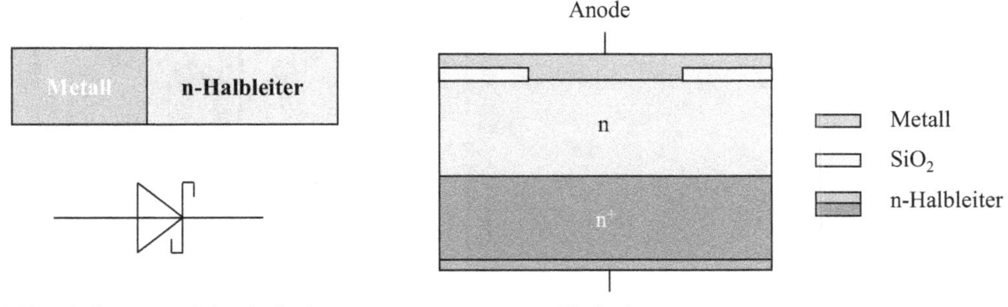

Abb. 2.28: Aufbau einer Schottkydiode

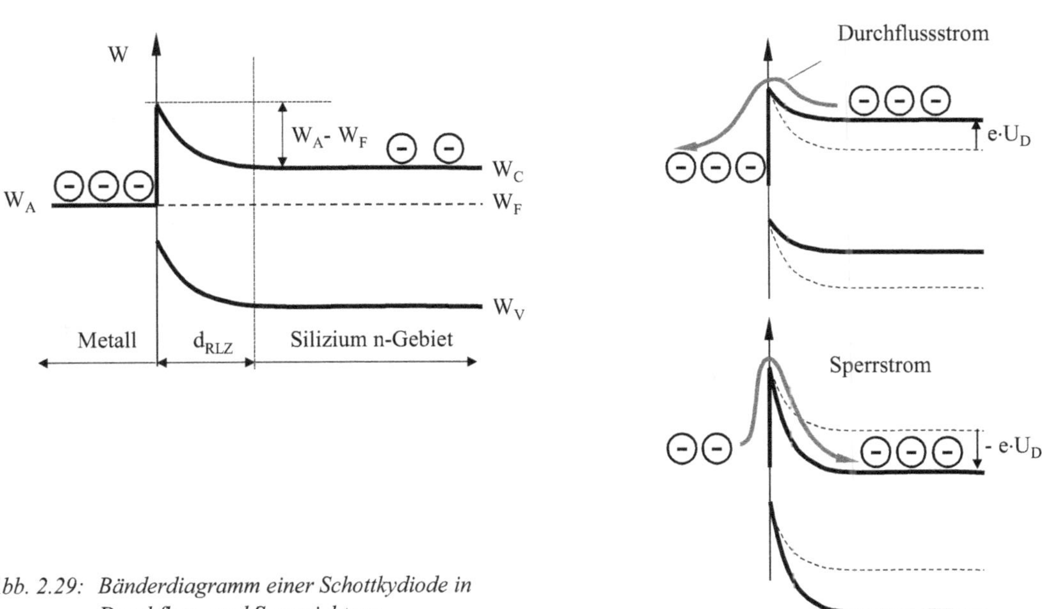

Abb. 2.29: Bänderdiagramm einer Schottkydiode in
           Durchfluss- und Sperrrichtung

Weil der Strom in Schottkydioden fast ausschließlich von den Majoritätsladungsträgern (Elektronen) bestimmt wird, muss beim Umschalten vom Durchfluss- in den Sperrbereich keine Diffusionsladung abgebaut werden. Damit entfällt die Speicherzeit bei Schottkydioden, wodurch sie deutlich schneller umschalten können als normale Siliziumdioden.

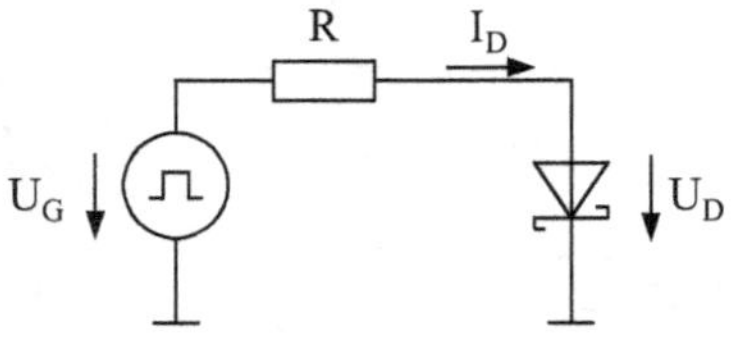

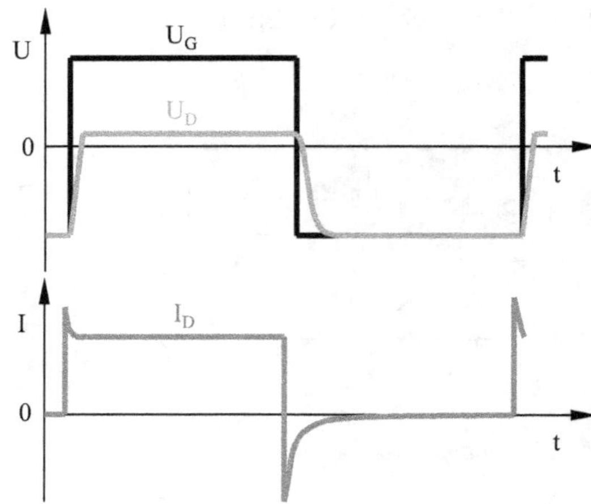

Abb. 2.30:   Schaltverhalten einer Schottkydiode

Seit einigen Jahren erobern SiC-Schottkydioden den Markt. Sie besitzen aufgrund des größeren Bandabstands gegenüber Siliziumdioden eine deutlich höhere Sperrspannung. Des Weiteren können sie bis zu 175 °C Sperrschichttemperatur betrieben werden, was sie zu idealen Bauelementen der Leistungselektronik macht.

Typ	$I_{F,max}$	$I_{R,max}$ $T = 25\ °C$	$U_{F,max}$	U_R	C_r	Anwendung
RB521CS30L[7]	100 mA	10 µA	0,35 V	30 V	8 pF	Kleinleistungs-Schottkydiode
VS-401[8]	400 A	20 mA	0,78 V	45 V	10 nF	Schottky-Gleichrichterdiode
IDWD30G120C5[9]	30 A	248 µA	1,4 V	1200 V	140 pF	SiC- Schottkydiode

Tab. 2.3:   Vergleich der Parameter verschiedener Schottkydioden

---

[7] Datenblatt RB521CS30L, NXP Semiconductors, 2011
[8] Datenblatt VS-401, Vishay Intertechnology, Inc, 2012
[9] Datenblatt C3D10170H, Cree, 2011

2.7 Gleichrichterschaltungen

Gleichrichterschaltungen wandeln eine Wechselspannung in eine Gleichspannung. Meist besitzen sie im Ausgang einen Glättungskondensator, der die pulsierende Gleichspannung der reinen Gleichrichtung puffert und so eine zeitlich stabile Ausgangsspannung liefert.

Gleichrichterschaltungen werden hauptsächlich zur Erzeugung der Versorgungsspannung von elektronischen Schaltungen bei Netzbetrieb genutzt. Daneben können sie zur Detektion von Signalpegeln von sinusförmigen Eingangsspannungen oder im Leistungsbereich zur Umwandlung von Wechselspannung in Gleichspannung zur verlustarmen Übertragung von Energie über Hochspannungsleitungen eingesetzt werden.

| | | Eingangsgrößen | |
		Wechselspannung	Gleichspannung
Ausgangsgrößen	Wechselspannung	Transformator	Wechselrichter
	Gleichspannung	Gleichrichter	DC-DC Wandler

Abb. 2.31: Übersicht über die verschiedenen Wandlerprinzipien zwischen Gleich- und Wechselspannung

Für die Beschreibung von Gleichrichterschaltungen sind neben dem eigentlichen Gleichrichterblock die Eigenschaften der Eingangswechselspannungsquelle und des Verbrauchers wichtige Parameter.

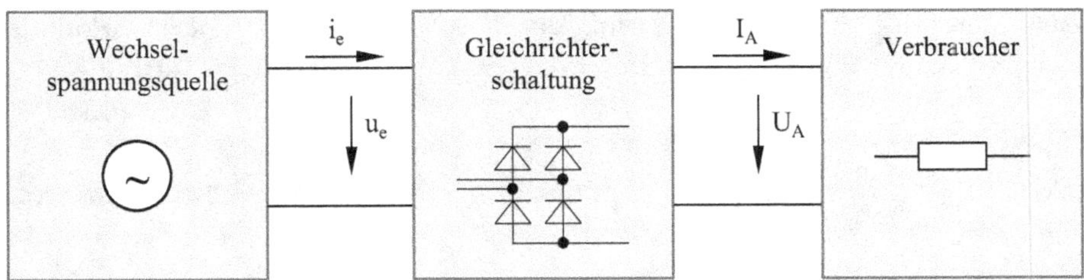

Abb. 2.32: Funktionsblöcke zur Beschreibung einer Gleichrichterschaltung

Beschreibung der Wechselspannungsquelle

Reale Wechselspannungsquellen können im einfachsten Fall durch eine Leerlaufspannung und einen Innenwiderstand beschrieben werden.

Bezieht man die Wechselspannung direkt aus dem 230 V-Netz gibt es für die Innenwiderstände Normvorgaben. Summiert man in Abb. 2.33 die ohmschen und induktiven Anteile quadratisch, erhält man einen resultierenden Innenwiderstand für den Netzbetrieb von 0,47 Ω.

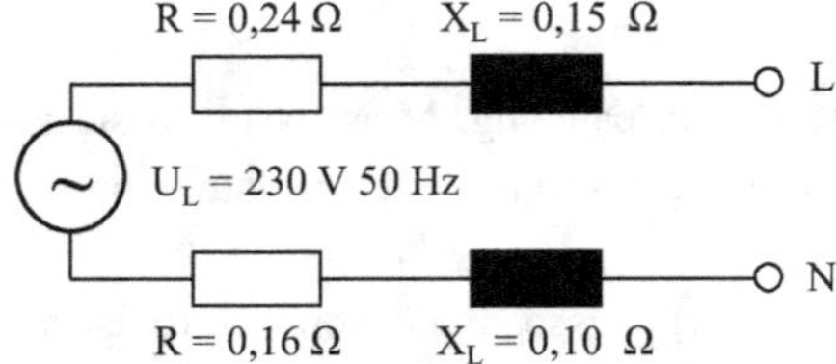

Abb. 2.33: Netzimpedanzen nach EN 61000-3-3

Sehr häufig wird die Netzspannung, bevor sie gleichgerichtet wird, durch einen Transformator auf ein niedrigeres Spannungsniveau gebracht. Der Einsatz von Transformatoren hat den Vorteil, dass die Ausgangsspannung galvanisch von der Netzspannung getrennt ist.

Ein gängiges Format bei Transformatoren der unteren Leistungsklasse sind quadratische Eisenkern-Transformatoren mit einer M-Form der Trafobleche. Für sie findet sich im Datenblatt ein Verlustfaktor, der den Quotienten aus Leerlaufspannung und Nennspannung angibt. Die Nennspannung ist die Spannung am Ausgang, die bei einer Belastung mit dem Nennstrom zustande kommt. Nennspannung und Nennstrom bilden den optimalen Arbeitspunkt des Transformators, in dem er die maximale Leistung überträgt.

$$f_V = \frac{U_L}{U_N} \qquad [25]$$

$$R_i = \frac{U_L - U_N}{I_N} = \frac{U_N\,(f_v - 1)}{I_N} \qquad [26]$$

$$
\begin{aligned}
\text{mit}\quad &U_N && \text{- Nennspannung, Effektivwert}\\
&I_N && \text{- Nennstrom, Effektivwert}\\
&U_L && \text{- Leerlaufspannung, Effektivwert}\\
&f_V && \text{- Verlustfaktor}\\
&R_i && \text{- Innenwiderstand}
\end{aligned}
$$

Kerntyp (Seitenlänge)	Nenn-leistung	Verlust-faktor	Primäre Windungszahl	Prim. Draht-Durchmesser	Norm. Sekund. Windungszahl	Norm. Sekund. Draht-durchmesser
	P_N [W]	f_V	W_1	d_1 [mm]	W_2/U_2 [1/V]	$d_2/\sqrt{I_2}$ [mm/$\sqrt{A}$]
M42	4	1,31	4716	0,09	28,00	0,61
M55	15	1,20	2671	0,18	14,62	0,62
M65	33	1,14	1677	0,26	8,68	0,64
M74	55	1,11	1235	0,34	6,24	0,65
M85a	80	1,09	978	0,42	4,83	0,66
M85b	105	1,06	655	0,48	3,17	0,67
M102a	135	1,07	763	0,56	3,72	0,69
M102b	195	1,05	513	0,69	2,45	0,71

Tab. 2.4:   Typische Daten von M-Kerntransformatoren für eine Primärspannung von U_{eff}=230 V, f_N=50 Hz [10]

---

[10] U. Tietze, Ch. Schenk, Halbleiterschaltungstechnik, 11. Auflage, 1999

Einweggleichrichtung

Die einfachste Form der Gleichrichtung ist die Einweggleichrichtung mit einer Diode. Während der positiven Halbwelle ist die Diode in Flussrichtung gepolt und während der negativen gesperrt. Man erhält so am Ausgang eine pulsierende Gleichspannung, die um die Diodenspannung vermindert ist. Da bei dieser Schaltung keine Speicherbausteine (Kapazitäten oder Induktivitäten) beteiligt sind, ist der Strom durch die Diode gleich dem Ausgangsstrom und synchron mit der Eingangsspannung.

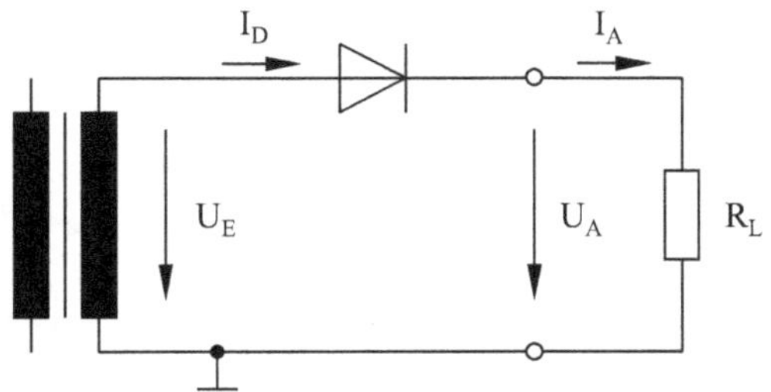

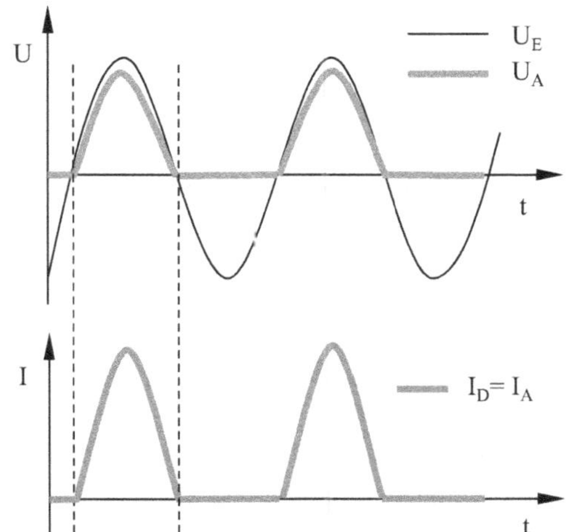

Abb. 2.34:   Strom- und Spannungsverlauf am
Einweggleichrichter

Um aus der pulsierenden Gleichspannung am Ausgang des Einweggleichrichters eine konstante Ausgangsspannung zu erzeugen, muss zum einen die Zeit der negativen Halbwelle gepuffert und zum anderen das Sinussignal während der positiven Halbwelle gemittelt werden. Diese Pufferung und Glättung erfolgt mit einem Kondensator parallel zum Ausgang. Abb. 2.35 zeigt den Strom- und Spannungsverlauf an einem Einweggleichrichter mit Glättungskondensator. Während der negativen Halbwelle, bei der die Diode gesperrt ist, liefert der Kondensator den kompletten Ausgangsstrom. Durch die Entladung des Kondensators kommt es zu einer Verringerung der Kondensatorspannung und damit zu einem Absinken der Ausgangsspannung. Man erhält so neben der eigentlich erwünschten konstanten Gleichspannung eine überlagerte Brummspannung.

Der Stromfluss über die Diode findet nur während des Teils der positiven Halbwelle statt, bei der die Eingangsspannung größer als die Spannung über den Glättungskondensator ist. Während dieser Zeit wird über den Diodenstrom der Kondensator aufgeladen und gleichzeitig der Ausgangsstrom zur Verfügung gestellt. Daraus ergibt sich, dass der maximale Diodenstrom größer ist als der mittlere Ausgangsstrom. Diese Stromspitze tritt wiederholt mit jeder Halbwelle auf und wird periodischer Spitzenstrom (I_{DS}) genannt.

Für Gleichrichterdioden wird neben dem periodischen Spitzenstrom ebenfalls ein einmaliger maximaler Strom angegeben. Dieser tritt bei Einschaltvorgängen auf. Ist der Kondensator beim Einschalten komplett entladen und der Einschaltzeitpunkt liegt zufällig auf dem Maximum der positiven Eingangsspannungshalbwelle, erhält man eine Stromspitze, die nur durch den Innenwiderstand der Eingangsquelle und der Diode begrenzt wird. Um solche Stromspitzen zu vermeiden wird häufig in Stromversorgungsschaltungen in den Eingangszweig ein Heißleiter oder eine aktive Elektronik integriert.

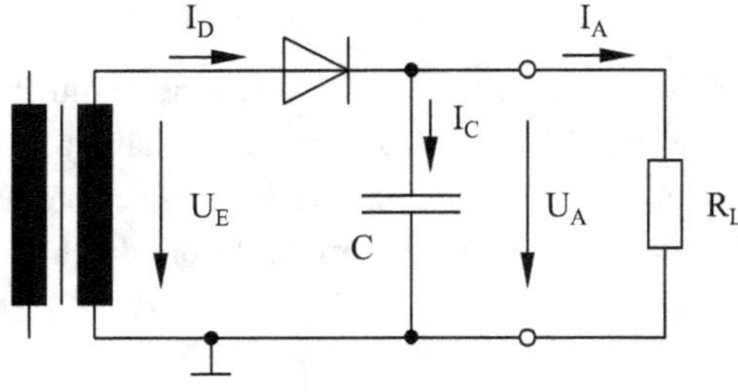

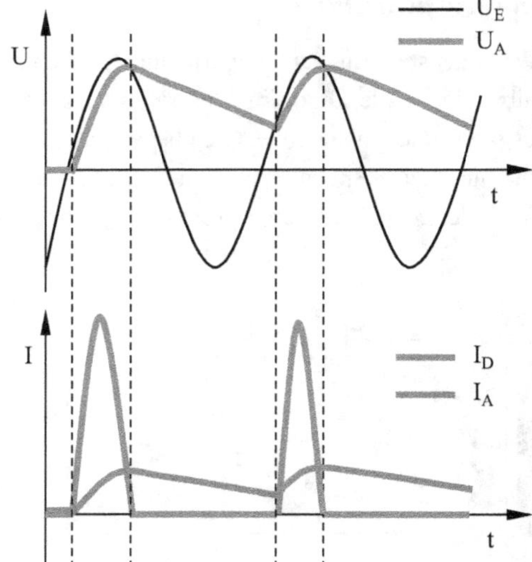

Abb. 2.35: Strom- und Spannungsverlauf am Einweggleichrichter mit Glättungskondensator

Zur Berechnung der Ausgangsspannungen und Ströme sowie zur Dimensionierung von Gleichrichterschaltungen können die nachfolgenden analytischen Lösungen herangezogen werden. Dafür wird ein mehrstufiges Modell genutzt. Die Leerlaufspannung ($U_{A,0}$) ist die Gleichspannung am Ausgang des Gleichrichters, die entsteht, wenn die Gleichrichterschaltung ohne Last ($R_L = \infty$, $I_A = 0$ A) betrieben würde. Im zweiten Schritt wird die Ausgangsspannung unter Last ($U_{A,\infty}$) berechnet und im dritten die Brummspannung.

Leerlaufspannung:	$U_{A,0} = \sqrt{2} \cdot U_{L,eff} - U_D$	*[27]*
Mittlere Lastausgangsspannung:	$U_{A,\infty} = U_{A,0} \left(1 - \sqrt{\dfrac{R_i}{R_L}} \right)$	*[28]*
Brummspannung:	$U_{Br,SS} = \dfrac{I_A}{C \cdot f_N} \left(1 - \sqrt[4]{\dfrac{R_i}{R_L}} \right)$	*[29]*
Minimale Ausgangsspannung:	$U_{A,min} = U_{A,\infty} - \dfrac{2}{3} U_{Br,SS}$	*[30]*
Maximale Sperrspannung:	$U_{D,Sperr} = 2\sqrt{2} \cdot U_{L,eff}$	*[31]*
Maximaler Diodenstrom: (einmalig)	$I_{D,max} < \dfrac{U_{A,0}}{R_i}$	*[32]*
Periodischer Spitzenstrom:	$I_{DS} \leq \dfrac{U_{a,0}}{\sqrt{R_i R_L}}$	*[33]*

Tab. 2.5:   Analytische Gleichungen zur Berechnung von Strömen und Spannungen am Einweggleichrichter

Brückengleichrichter

Beim Brückengleichrichter werden beide Halbwellen genutzt. Während der positiven Halbwelle fließt der Strom über D_1 und D_4, während der negativen über D_2 und D_3.

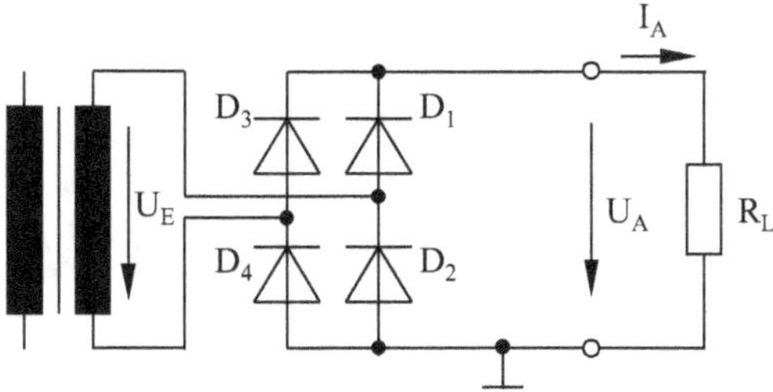

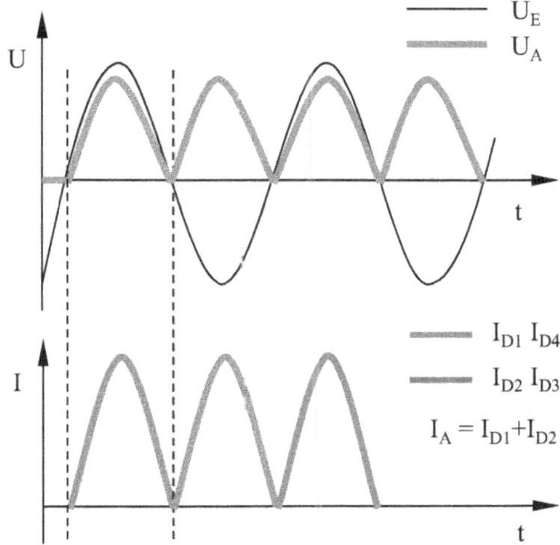

Abb. 2.36: Strom- und Spannungsverlauf am
Brückengleichrichter

In diesem Fall werden beide Halbwellen gleichgerichtet, womit die Zeit in der der Kondensator den Ausgangsstrom liefern muss deutlich geringer ist. Dies hat zur Folge, dass die Welligkeit der Ausgangsspannung gegenüber der Einweggleichrichtung sich verringert.
Brückengleichrichter werden sehr häufig eingesetzt und sind als integriertes Bauteil kommerziell erhältlich.

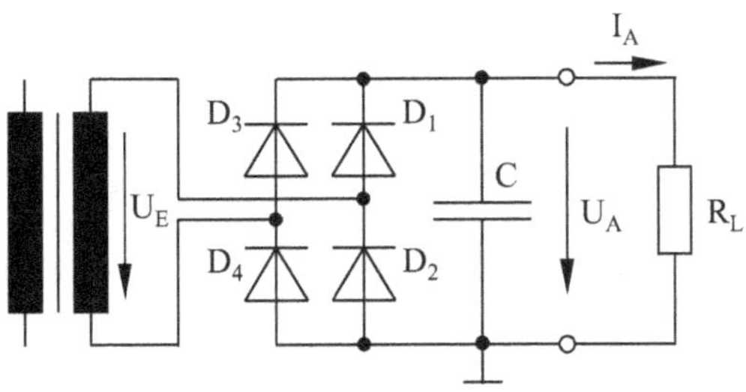

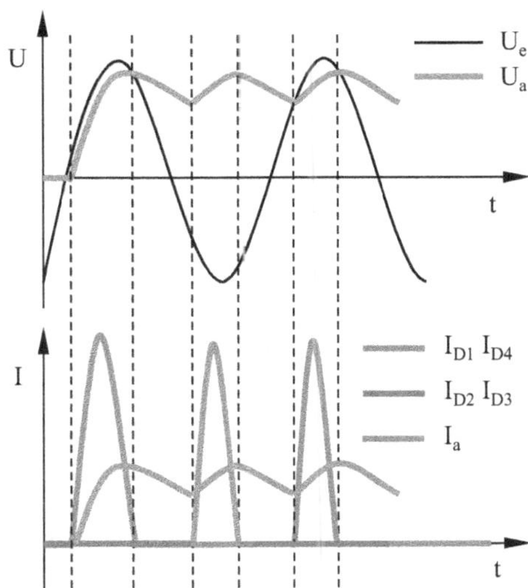

Abb. 2.37: Strom- und Spannungsverlauf am
Brückengleichrichter mit
Glättungskondensator

Leerlaufspannung:	$U_{A,0} = \sqrt{2} \cdot U_{L,eff} - 2 \cdot U_D$	*[34]*
Mittlere Lastausgangsspannung:	$U_{A,\infty} = U_{A,0}\left(1 - \sqrt{\dfrac{R_i}{2R_L}}\right)$	*[35]*
Brummspannung:	$U_{Br,SS} = \dfrac{I_A}{2C \cdot f_N}\left(1 - \sqrt[4]{\dfrac{R_i}{2R_L}}\right)$	*[36]*
Minimale Ausgangsspannung:	$U_{A,min} = U_{A,\infty} - \dfrac{2}{3}U_{Br,SS}$	*[37]*
Maximale Sperrspannung:	$U_{D,Sperr} = \sqrt{2} \cdot U_{L,eff}$	*[38]*
Maximaler Diodenstrom: **(einmalig)**	$I_{D,max} < \dfrac{U_{A,0}}{R_i}$	*[39]*
Periodischer Spitzenstrom:	$I_{DS} \leq \dfrac{U_{a,0}}{\sqrt{2R_i R_L}}$	*[40]*

Tab. 2.6: Analytische Gleichungen zur Berechnung von Strömen und Spannungen am Brückengleichrichter mit Glättungskondensator

Zweiweggleichrichter

Zweiweggleichrichter haben ein ähnliches Verhalten wie Brückengleichrichter. Sie bestehen aus zwei um 180° gedrehten Eingangssignalen und einer jeweiligen Einweggleichrichtung der beiden Signale. Der Vorteil der Schaltung gegenüber Brückengleichrichtern ist, dass nur jeweils einmal die Diodenspannung zwischen Eingangs- und Ausgangsspannung abfällt. Man erkauft sich diesen Vorteil durch den Mehraufwand von zwei Sekundärtrafowicklungen.

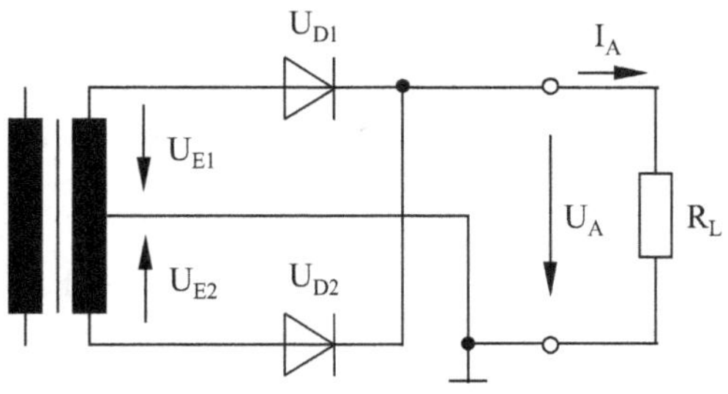

Abb. 2.38:   Strom- und Spannungsverlauf am
                    Zweiweggleichrichter

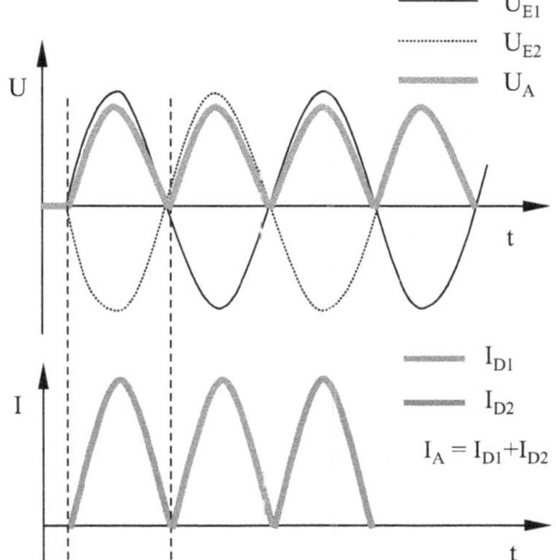

Für die Berechnung der Ausgangsspannungen des Zweiweggleichrichters mit Glättungskondensator erhält man analog der Einweg- und Brückengleichrichtung folgende analytische Lösungen.

Leerlaufspannung:	$U_{A,0} = \sqrt{2} \cdot U_{L,eff} - U_D$	[41]
Mittlere Lastausgangsspannung:	$U_{A,\infty} = U_{A,0}\left(1 - \sqrt{\dfrac{R_i}{2R_L}}\right)$	[42]
Brummspannung:	$U_{Br,SS} = \dfrac{I_A}{2C \cdot f_N}\left(1 - \sqrt[4]{\dfrac{R_i}{2R_L}}\right)$	[43]
Minimale Ausgangsspannung:	$U_{A,min} = U_{A,\infty} - \dfrac{2}{3}U_{Br,SS}$	[44]
Maximale Sperrspannung:	$U_{D,Sperr} = 2\sqrt{2} \cdot U_{L,eff}$	[45]
Maximaler Diodenstrom: (einmalig)	$I_{D,max} < \dfrac{U_{A,0}}{R_i}$	[46]
Periodischer Spitzenstrom:	$I_{DS} \leq \dfrac{U_{a,0}}{\sqrt{2R_iR_L}}$	[47]

Tab. 2.7:   Analytische Gleichungen zur Berechnung von Strömen und Spannungen am Zweiweggleichrichter mit
                   Glättungskondensator

2.8 Spannungsstabilisierung

Durch Gleichrichterschaltungen erhält man eine Gleichspannung, die sowohl von der Höhe der Eingangs-spannung als auch der Last abhängig ist. Da man für die Versorgung von elektronischen Schaltungen eine stabile Versorgungsspannung benötigt, wird eine zusätzliche Spannungsstabilisierung für diesen Einsatzfall notwendig.

Spannungsstabilisierung mittels Z-Diode

Die einfachste Spannungsstabilisierung ist die mittels einer Z-Diode. Bei einer vorgegebenen Spannung bricht die Sperrschicht der Diode durch und es kommt zu einem Stromfluss durch die Diode. Zusammen mit dem Vorwiderstand R_V wird dadurch im Idealfall die Ausgangsspannung auf die Durchbruchspannung der Z-Diode begrenzt und so eine stabilisierte Ausgangsspannung zur Verfügung gestellt.

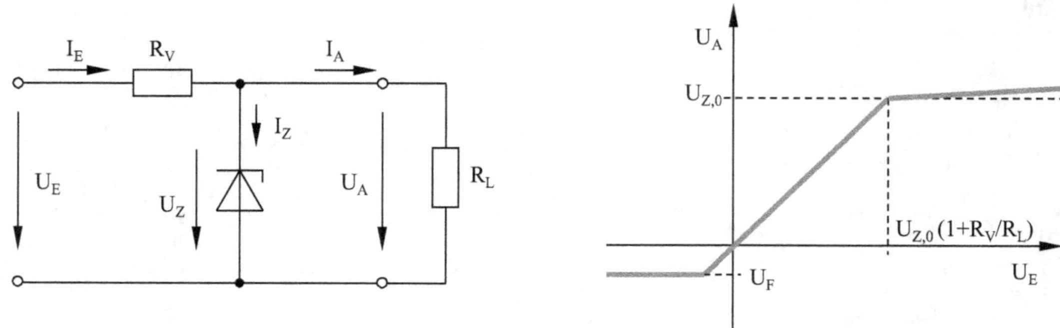

Abb. 2.39: Spannungsstabilisierung mit Z-Diode

Nutzt man für die Z-Diode das Knickspannungsmodell, erhält man für die Ausgangsspannung folgende Funktion:

Ausgangsspannung:
$$U_A = \frac{U_E + R_V/r_z \cdot U_{Z,0}}{1 + \dfrac{R_V}{r_z} + R_V/R_L} \qquad [48]$$

Mit Hilfe dieser Funktion kann man zwei Parameter bestimmen, die für die Beschreibung einer realen Spannungsstabilisierung genutzt werden können, den Glättungsfaktor und den Innenwiderstand der Schaltung.
Der Glättungsfaktor beschreibt den Einfluss der Eingangsspannung auf die Ausgangsspannung. Leitet man die Ausgangsspannung in Gl. [48] nach U_E ab, erhält man eine analytische Funktion zur Beschreibung dieses Parameters.

Glättungsfaktor der
Stabilisierungsschaltung:
$$G = \frac{dU_E}{dU_A} = 1 + \frac{R_V}{r_z//R_L} \qquad [49]$$

Der Innenwiderstand der Stabilisierungsschaltung beschreibt den Einfluss des Ausgangsstroms auf die Ausgangsspannung. Man erhält ihn durch Ableitung von Gl. [48] nach I_A.

Innenwiderstand der Stabilisierungsschaltung:

$$R_i = -\frac{dU_A}{dI_A} = R_V // r_Z \qquad [50]$$

Beide Parameter sind bei der Z-Diodenstabilisierung vor allem durch den Innenwiderstand der Z-Diode (r_z) bestimmt.

Für die Dimensionierung von R_V in der Schaltung nach Abb. 2.39 gibt es zwei Ansätze. Beim ersten wird R_V so dimensioniert, dass der vom Hersteller vorgegebene Minimalwert des Stroms durch die Z-Diode nicht unterschritten wird. Der dafür zu untersuchende Fall ist durch die minimale Eingangsspannung ($U_{E,min}$) und dem maximalen Laststrom ($I_{A,max}$) gegeben.

$$R_V = \frac{U_{E,min} - U_A}{I_{z,min} + I_{A,max}} \qquad [51]$$

$$mit \qquad I_{A,max} = \frac{U_A}{R_{L,min}}$$

$$und \qquad U_A = U_{z,0} + r_z \cdot I_{z,min}$$

Im zweiten Ansatz ist R_V so zu dimensionieren, dass die maximale Verlustleistung der Z-Diode nicht überschritten wird. Dieser Fall tritt bei der maximalen Eingangsspannung und dem minimalen Ausgangsstrom auf.

Da im Datenblatt meist nur die maximale Verlustleistung der Z-Diode angegeben wird, muss zuerst der maximale Strom durch die Diode berechnet werden.

$$P_V = I_{z,max} \cdot U_{z,max} \qquad [52]$$

$$P_V = I_{z,max} \cdot \left(U_{z,0} + I_{z,max} \cdot r_z\right) \qquad [53]$$

mit
P_V - Maximale zulässige Verlustleistung der Z-Diode
$I_{z,max}$ - Maximal zulässiger Strom durch die Z-Diode
$U_{z,0}$ - Z-Spannung der Z-Diode
r_z - Innenwiderstand der Z-Diode

Stellt man Gl. [53] nach $I_{z,max}$ um, erhält man den maximal zulässigen Strom durch die Diode.

$$I_{z,max} = -\frac{U_{z,0}}{2r_z} + \sqrt{\frac{P_V}{r_z} + \left(\frac{U_{z,0}}{2r_z}\right)^2} \qquad [54]$$

Damit ist es möglich den Vorwiderstand zu dimensionieren. Für den Fall, dass der minimale Ausgangsstrom gleich Null ist (Leerlauffall), erhält man für die Dimensionierung von R_V:

$$R_V = \frac{U_{E,max} - U_{z,0}}{I_{z,max}} - r_z \qquad [55]$$

Bandgap-Referenzspannungsquelle

Bandgap-Referenzen sind elektronische Schaltungen, die sich wie Z-Dioden verhalten. Sie werden für die Stabilisierung von Spannungen genutzt, bei denen nur ein geringer Ausgangsstrom benötigt wird. Die Referenzspannungen liegen meistens im Bereich von ein bis vier Volt und weisen aufgrund der internen Schaltung typischerweise Referenzspannungen eines Vielfachen von 1,024 V oder 1,2 V auf.

Bandgap-Referenzen besitzen gegenüber Z-Dioden eine deutlich kleinere Streuung der Ausgangsspannung, einen geringeren Temperaturkoeffizienten und einen geringeren Innenwiderstand. Außerdem können Bandgap-Referenzen mit einem deutlich niedrigeren Querstrom betrieben werden.

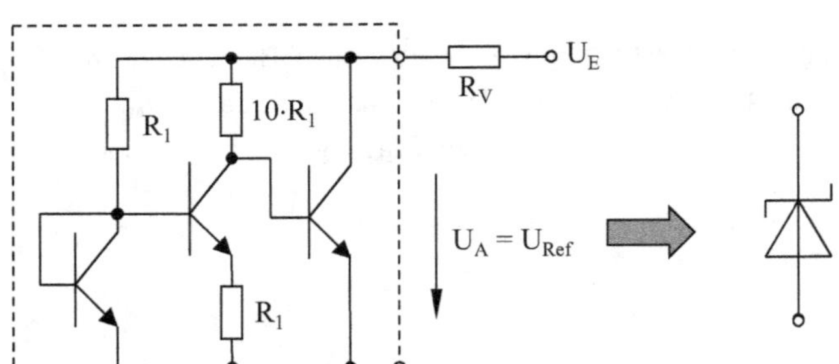

Abb. 2.40: Beispielhafte Innenschaltung und Schaltzeichen einer Bandgap-Referenz

Typ	U_Z	$I_{Z,min}$	$I_{Z,max}$	r_z	α_z	$u_{Noise\,(rms)}$ (10 Hz $\leq$ f $\leq$ 10 kHz)
AD 1580B [11]	1,225 V	50 µA	10 mA	0,5 Ω	$\pm\,50\cdot10^{-6}$ K^{-1}	20 µV
LM 385-1.2 [12]	1,205 V	15 µA	20 mA	1,0 Ω	$\pm\,150\cdot10^{-6}$ K^{-1}	60 µV
ADR 5040 [13]	2,048 V	50 µA	15 mA	0,2 Ω	$\pm\,10\cdot10^{-6}$ K^{-1}	120 µV

Tab. 2.8:   Typische Werte von Bandgap-Referenzen

Abb. 2.41 zeigt den typischen Einsatz einer Bandgap-Referenz zur Erzeugung einer Referenzspannung (4,096 V) für einen AD-Wandler. Durch den Vorwiderstand stellt sich ein Querstrom von 50 µA ein und mit dem 0,1 µF Kondensator parallel zur Bandgap-Referenz wird das Rauschen der Referenzspannung minimiert sowie Stromspitzen aus dem V_{REF}-Eingang gepuffert.

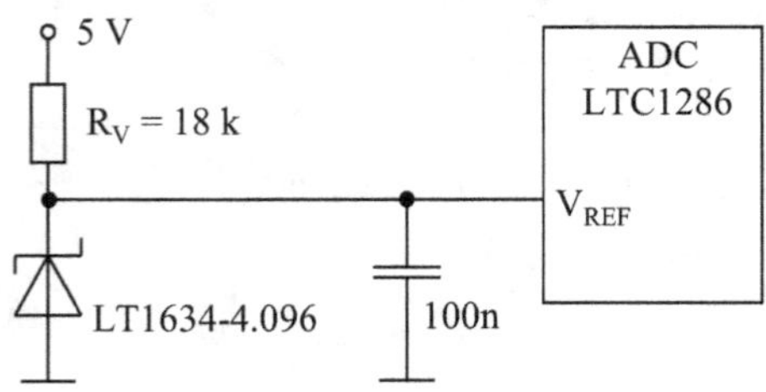

Abb. 2.41: Referenzspannungserzeugung für einen Analog-Digital-Wandler mittels Bandgap-Referenz [14]

---

[11] Datenblatt AD1580B, Analog Devices, Inc., 2008
[12] Datenblatt LM385-1.2, National Semiconductor, 2008
[13] Datenblatt ADR 5040, Analog Devices, Inc.,2007
[14] Datenblatt LT1634, Analog Devices, Inc., 1998

Linearregler

Für die Spannungsstabilisierung von elektronischen Schaltungen können integrierte Linearregler genutzt werden. Sie variieren ihren Längswiderstand so, daß unabhängig von der Eingangsspannung und des Ausgangsstromes eine konstante Ausgangsspannung zur Verfügung steht.

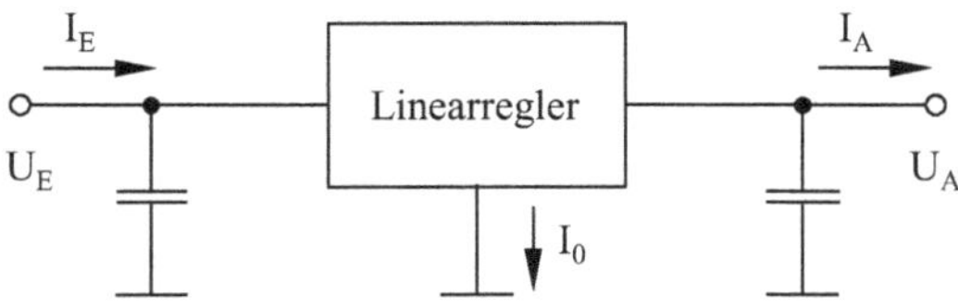

Abb. 2.42: Prinzipschaltbild eines Linearreglers

Um die Ausgangsspannung regeln zu können, muss die Eingangsspannung größer als die Ausgangsspannung sein. Je nach Regler liegt die Mindestspannungsdifferenz zwischen Ausgang und Eingang (Dropout-Spannung) im Bereich von 30 mV bis zu 3 V. Bei Schaltkreisen mit Dropout-Spannungen unter 1 V spricht man von Low-Dropout Voltage Regulators (LDO)

Dropout-Spannung:
$$U_{Dropout} = (U_E - U_A)|_{Min} \qquad [56]$$

Die maximal zulässige Eingangsspannung ist gegeben durch die Spannungsfestigkeit und die maximal zulässige Verlustleistung des Linearreglers. Dabei ergibt sich die Verlustleistung zu einem kleinen Teil aus der Eigenstromversorgung des Linearreglers (I_0) und zu einem überwiegenden Teil aus der Spannungsdifferenz zwischen Ein- und Ausgangsspannung multipliziert mit dem Ausgangsstrom.

Verlustleistung Linearregler:
$$P_V = (U_E - U_A) \cdot I_A + U_E \cdot I_0 \qquad [57]$$

Beim Linearregler wird die Abhängigkeit der Ausgangsspannung von der Eingangsspannung durch den Glättungsfaktor beschrieben. Für die Lastabhängigkeit der Ausgangsspannung wird statt eines Innenwiderstands die maximale Ausgangsspannungsvariation in den Datenblättern angegeben.

Glättungsfaktor (Ripple Rejection):
$$G = \frac{u_E}{u_a} = \frac{\Delta U_E}{\Delta U_A} \qquad [58]$$

Ausgangsspannungsvariation:
(Load Regulation)
$$|\Delta U_A| = |-R_i \cdot \Delta I_A| \qquad [59]$$

Typ	U_A	$I_{A,max}$	$U_{Dropout}$	G f = 100 Hz	$|\Delta U_A|$
µA78xx [15] xx = 5, 6, 8, 10, 12, 15, 18, 24 V	xx Festspannung, je nach IC-Bezeichnung	1,5 A	2 V	73 dB	18 mV
TPS7A57 [16]	0,7 ... 6 V	5 A	75 mV	100 dB	2 mV

Tab. 2.9: Typische Werte von Linearreglern

---

[15] Datenblatt µA78xx, Texas Instruments, 2012
[16] Datenblatt TPS7A57, Texas Instruments, 2022

2.9 Spannungsvervielfacher

Die Delonschaltung besteht aus zwei Einweggleichrichtern, wobei der eine die positive und der andere die negative Halbwelle gleichrichtet. Die Ausgangsspannung wird über die zwei Ausgänge der Einweggleichrichter abgenommen, so dass die doppelte Ausgangsspannung verglichen mit einer normalen Gleichrichtung zur Verfügung steht.

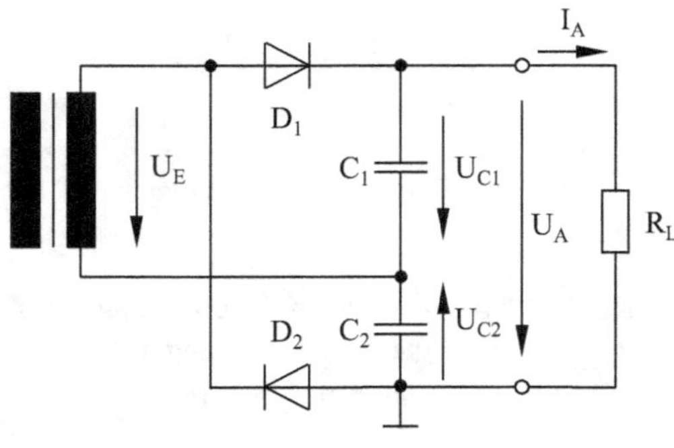
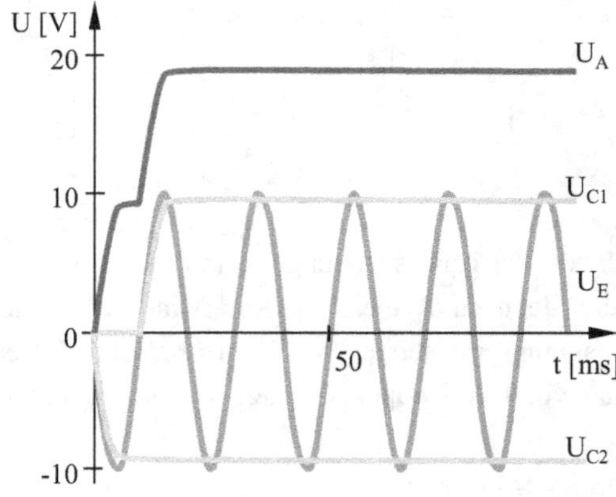

Abb. 2.43: Delonschaltung

Leerlaufspannung:
$$U_{A,0} = 2 \cdot (\sqrt{2}U_{E,eff} - U_F)$$
[60]

Die Villardschaltung arbeitet nach dem Prinzip der Ladungspumpe. Während der negativen Halbwelle wird über D_1 der Kondensator C_1 auf $\hat{U}_E$ aufgeladen. Anschließend wird das Potential von C_1 während der positiven Halbwelle um weitere $\hat{U}_E$ angehoben. Über D_2 fließt die Ladung auf C_2 bis beide Kondensatoren denselben Spannungspegel haben. Sind beide gleich groß, erhält man im ersten Pumpschritt $\hat{U}_E$ an C_2. Beim zweiten Pumpschritt lädt sich C_1 wieder auf $\hat{U}_E$ auf und wird während der positiven Halbwelle wieder auf $2 \cdot \hat{U}_E$ angehoben. Weil C_2 nun schon auf $\hat{U}_E$ aufgeladen ist, erhält man nachdem sich die Spannungspegel von C_1 und C_2 ausgeglichen haben an C_2 $1,5 \cdot \hat{U}_E$. Nach beliebig vielen Pumpzyklen nähert sich die Spannung über C_2 im Idealfall $2 \cdot \hat{U}_E$ an. In der Realität wird dieser Wert nicht erreicht, da die Flussspannungen über den Dioden abgezogen werden müssen.

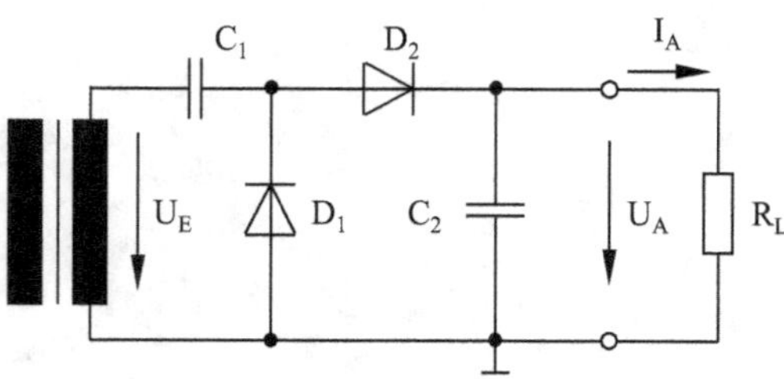
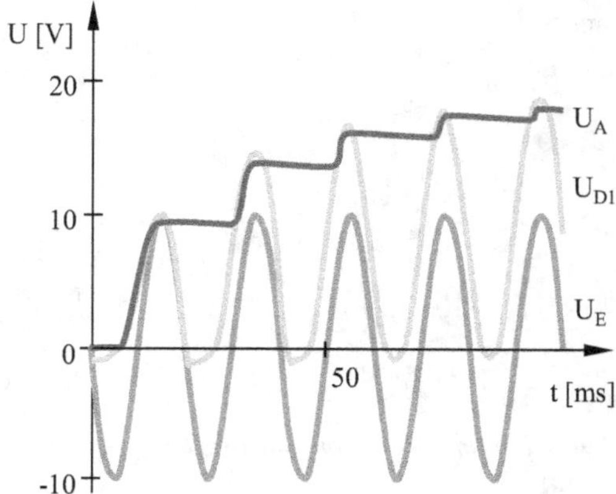

Abb. 2.44: Villardschaltung

Die Villardschaltung ist kaskadierbar, so dass theoretisch beliebig hohe Ausgangsspannungen erzeugt werden können. Dabei ist von Vorteil, dass die Kondensatoren und Dioden für eine maximale Spannung von nur $2 \cdot \hat{U}_E$ ausgelegt werden müssen.

Durch ihren recht hohen Innenwiderstand, wird sie oft zur Erzeugung von Hilfsspannungen mit relativ niedrigen Stromverbrauch genutzt.

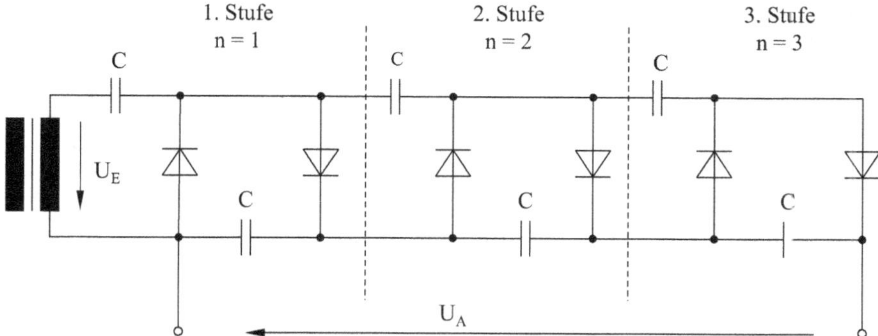

Abb. 2.45: Kaskadierte Villardschaltung

Eingangsspannung	Sinus	Rechteck
Leerlaufspannung	$U_{A,0} = 2 \cdot n \cdot (\sqrt{2} \cdot U_{E,eff} - U_F)$ [61]	$U_{A,0} = n \cdot (U_{E,SS} - 2 \cdot U_F)$ [62]
Lastausgangsspannung	$U_{A,L} = U_{A,0} - \dfrac{I_A}{f \cdot C}(\dfrac{2}{3}n^3 + \dfrac{1}{4}n^2 + \dfrac{1}{12}n)$	[63]

Tab. 2.10: Analytische Gleichungen für Spannungen an Villardschaltungen

Villardschaltungen können als DC/DC-Wandler genutzt werden. Hierfür wird die Eingangsgleichspannung durch eine Zerhacker in eine Rechteckspannung umgewandelt und anschließend durch die Villardschaltung auf ein höheres Ausgangspotential gepumpt. Die in Abb. 2.46 dargestellten Schalter werden in realen Zerhackerschaltungen durch eine FET-Brückenschaltung ersetzt.

$$U_{E,SS} = 2 \cdot U_{GL} \qquad\qquad [64]$$

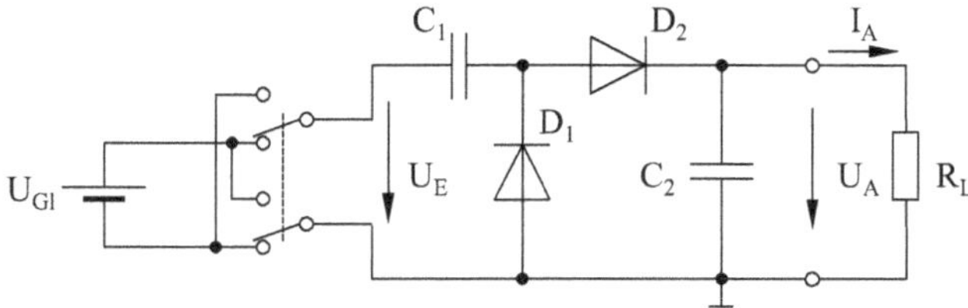

Abb. 2.46: Erzeugung einer Rechteckeingangsspannung aus einer Gleichspannung durch eine Zerhackerschaltung

2.10 Übungsaufgaben - Diode

Aufgabe 1.1

Bestimmen Sie die Spannungen und Ströme der unten angegebenen Schaltung.

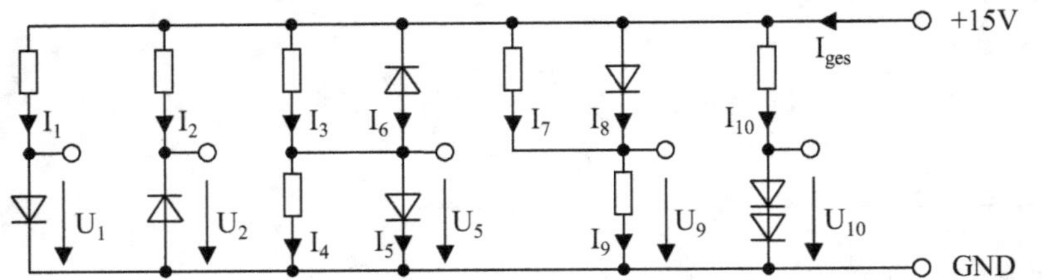

Schaltungsparameter:
R = 1 kΩ

Diodenparameter:
U_F = 0,7 V

Aufgabe 1.2

Gegeben ist folgende Eingangsschaltung zum Schutz vor Über- und Unterspannungen:

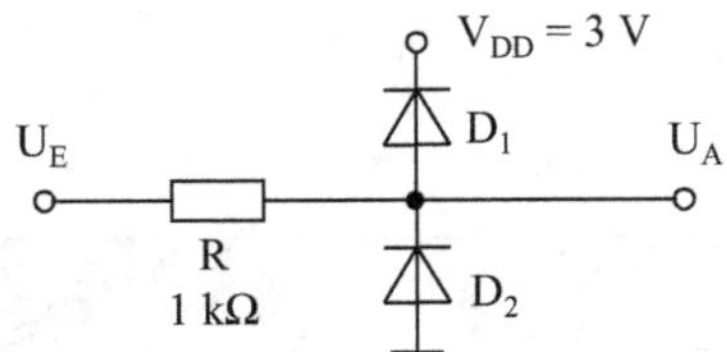

Diodenparameter: U_F = 1 V

Zeichnen Sie für die im unteren Diagramm gegebene Eingangsspannung (U_E) die resultierende Ausgangsspannung (U_A) ein.

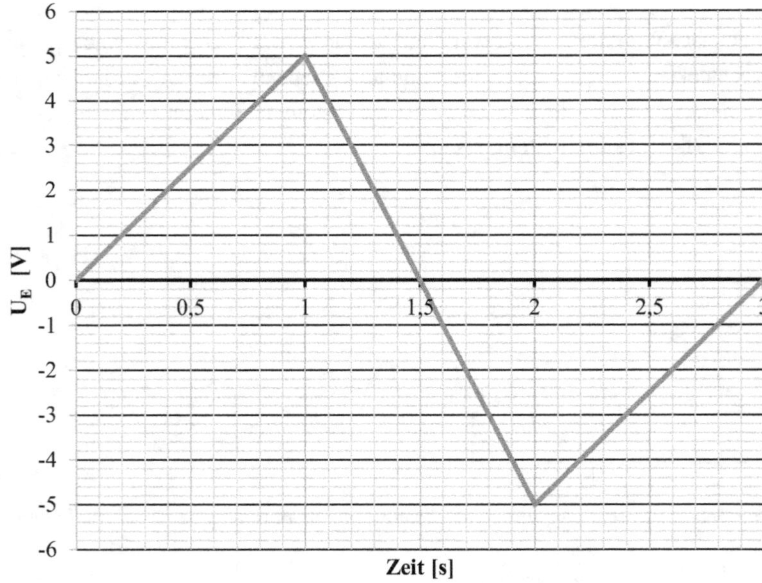

Aufgabe 1.3

1. Bestimmen Sie aus der Diodenkennlinie die Flussschwellspannung $U_{F,0}$ und den Bahnwiderstand R_B.
2. Bestimmen Sie den Arbeitspunkt der Diode für die dargestellte Schaltung bei $U_E = 2$ V.

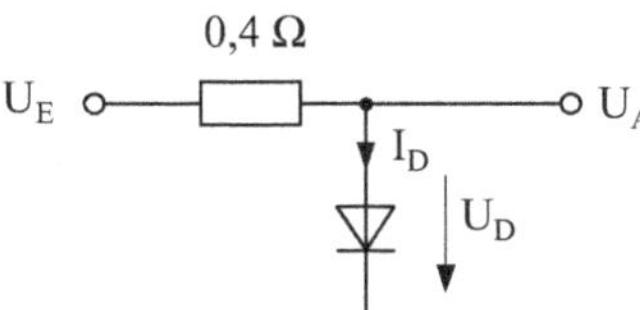

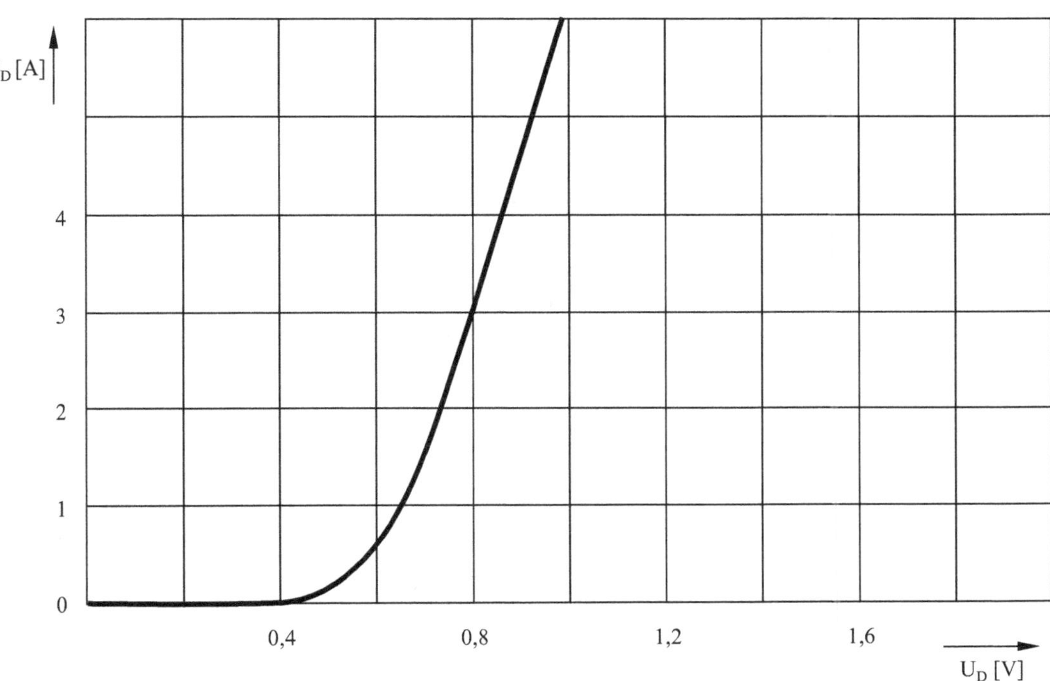

3. Skizzieren Sie Ausgangsspannung in Abhängigkeit von der Eingangsspannung für die dargestellte Schaltung.

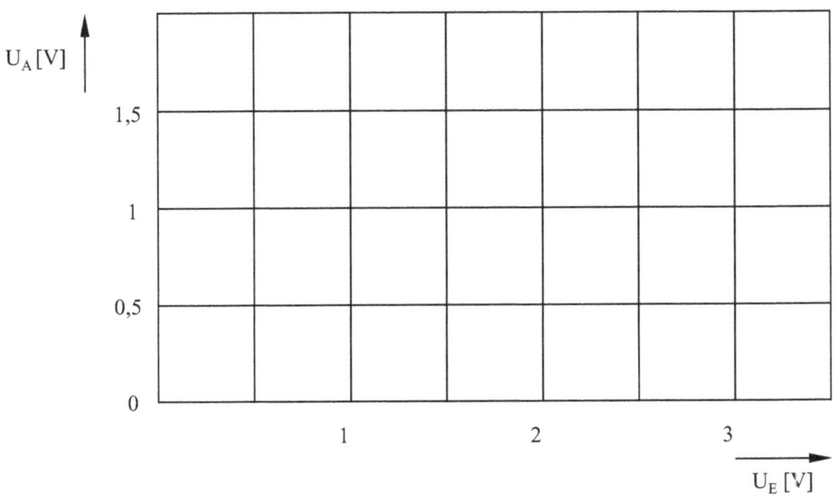

Aufgabe 1.4

Eine Gleichrichterschaltung soll mit einem Netztransformator gespeist werden, der eine Nennspannung von $U_N = 12$ V und eine Nennleistung von $P_N = 15$ W besitzt. Sein Verlustfaktor beträgt $f_V = 1{,}2$. Die eingesetzten Dioden haben eine Flussspannung $U_F = 0{,}7$ V.

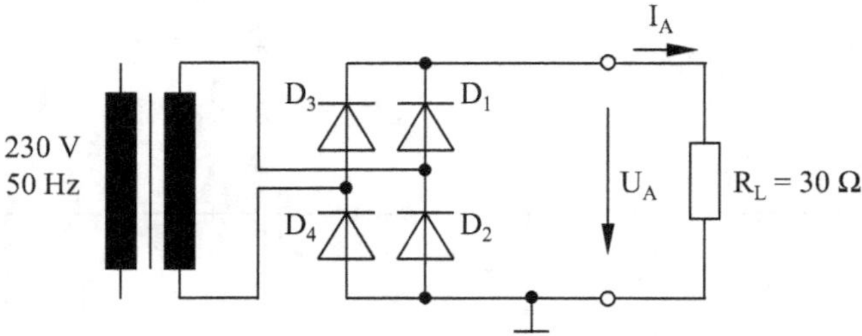

1. Skizzieren Sie die Ausgangsspannung U_A.
2. Skizzieren Sie die Ausgangsspannung für den Fehlerfall, dass die Diode D_3
    a. hochohmig wird ($R_D = \infty$) sowie
    b. einen Kurzschluss hat ($R_D = 0$).
3. Parallel zu R_L soll ein Kondensator $C_L = 2200$ µF geschaltet werden. Berechnen Sie die Ausgangsspannung $U_{A,\infty}$ sowie die minimale Ausgangsspannung $U_{A,min}$.

Aufgabe 1.5

Ein Brückengleichrichter soll eine Gleichspannung bereit stellen, bei der die minimale Ausgangsspannung $U_{A,min} = 7$ V ist. Der maximale Ausgangsstrom beträgt $I_A = 1$ A. Die Restwelligkeit $U_{BR,SS}$ soll maximal 1,5 V groß sein.

1. Bestimmen Sie den benötigten Kerntyp (M-Kern).
2. Bestimmen Sie die Nennspannung U_N und den Nennstrom I_N des Transformators. Zur Vereinfachung sei der Innenwiderstand des Transformators mit $R_I = 0{,}58\ \Omega$ gegeben.
3. Berechnen Sie die Windungszahl W_2 und den Drahtdurchmesser d_2.
4. Dimensionieren Sie den Glättungskondensator.
5. Wie groß ist die maximale Spannung am Kondensator, wenn der Ausgangsstrom sich in den Grenzen von $0 < I_A < 1$ A bewegt.

Transformatordaten: Typische Daten von M-Kerntransformatoren (siehe Tab. 2.4)
Diodendaten: $U_F = 0{,}7$ V

Aufgabe 1.6

Die Abbildung zeigt eine Spannungsstabilisierung mit einer Z-Diode sowie die Kennlinie der Z-Diode.

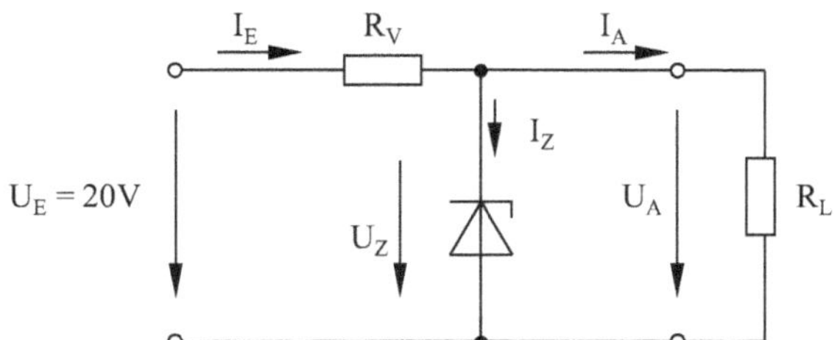

Diodenparameter

$P_{V,max} = 400$ mW

$I_{Z,min} = 10$ mA

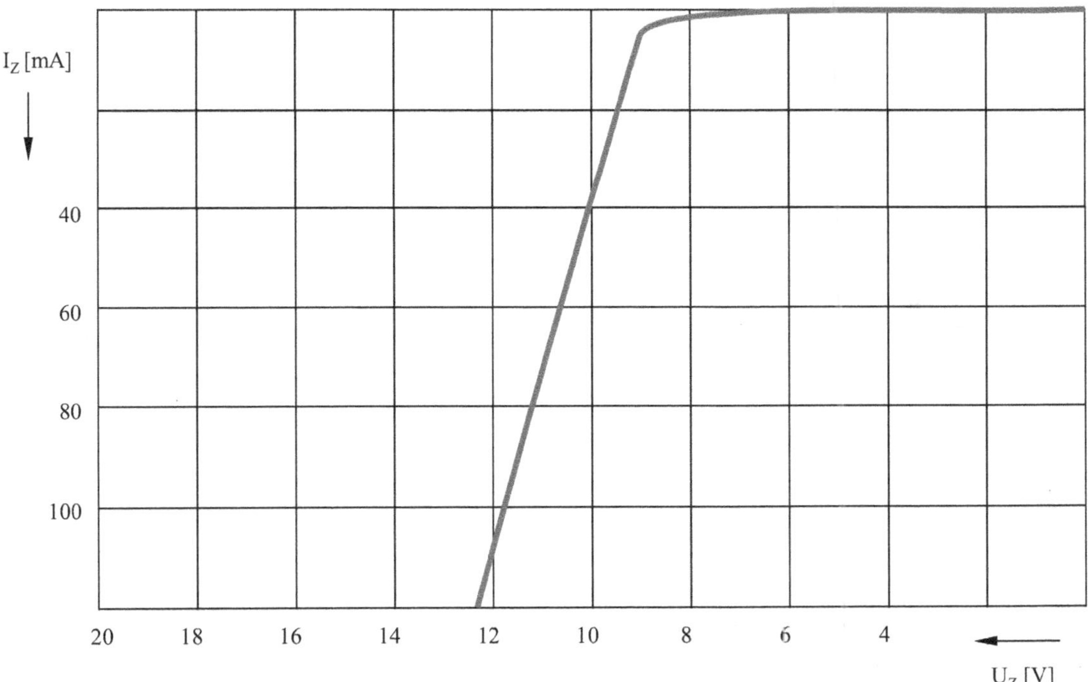

1. Ermitteln Sie mit Hilfe der Kennlinie der Z-Diode den Vorwiderstand R_V unter der Voraussetzung, dass $R_L = \infty$ ist und die über der Z-Diode abfallende Verlustleistung gleich $P_{V,max}$ ist.

2. Wie groß ist der maximale Laststrom $I_{A,max}$, wenn $I_{Z,min}$ nicht unterschritten werden soll? Welchen Wert hat der minimale Lastwiderstand R_L?

3. Die Stabilisierungsschaltung soll durch eine mittels Brückengleichrichter erzeugte Gleichspannung gespeist werden. Welchen Effektivwert muss die Eingangswechselspannung besitzen, damit die Gleichspannung am Eingang der Stabilisierungsschaltung zu keinem Zeitpunkt unter 20V fällt.

   Parameter Brückengleichrichterschaltung: $C = 1000$ µF, $f_N = 50$ Hz, $R_I = 10$ Ω, $U_F = 0{,}8$ V

4. Wie hoch sind die Ausgangsbrummspannung U_A nach der Stabilisierungsschaltung und der Glättungsfaktor G der Stabilisierungsschaltung bei maximalem Ausgangsstrom?

Aufgabe 1.7

Aus einer 3V-Batteriespannung soll eine 16 V Gleichspannung (Leerlauf) mittels Villard-Kaskadenschaltung erzeugt werden.

1. Entwerfen Sie die Schaltung.
2. Berechnen Sie die Leerlaufspannung sowie die Ausgangsspannung bei $I_A = 1$ mA.
3. Bestimmen Sie den Innenwiderstand der Schaltung.

$$C_1 = C_2 = 10 \ \mu F$$
$$f = 1 \ kHz$$

Flussspannung der Schottkydioden: $U_F = 0,3$ V

Aufgabe 1.8

Eine mittels Brückengleichrichter erzeugte Gleichspannung soll mit dem IC 7805 auf 5 V stabilisiert werden.

1. Berechnen Sie die Verlustleistung, die über dem IC 7805 abfällt.
2. Berechnen Sie den Wirkungsgrad der Stabilisierungsschaltung.
3. Wie groß ist die Brummspannung am Ausgang des IC 7805?

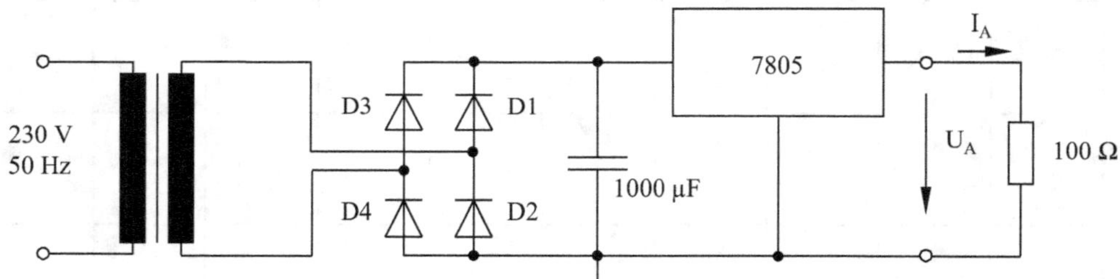

Bauelementedaten: Transformator: $U_{L,eff} = 10$ V, $R_I = 5 \ \Omega$

                         Gleichrichterdioden: $U_D = 0,7$ V

Parameter IC 7805	Test Conditions	Min	Typ	Max	Unit
Output voltage	$5 \ mA \leq I_0 \leq 1,5 \ A$ $7 \ V \leq V_I \leq 25 \ V$	4,8	5	5,2	V
Input voltage regulation	$7 \ V \leq V_I \leq 25 \ V$		3	100	mV
Ripple rejection	$8 \ V \leq V_I \leq 12 \ V$	62	78		dB
Output voltage regulation	$5 \ mA \leq I_0 \leq 1,5 \ A$		15	100	mV
Output resistance	$f = 1 \ kHz$		0,017		Ω
Temp. coeff. output voltage	$I_0 \leq 5 \ mA$		- 1,1		mV/°C
Output noise voltage	$10 \ Hz \leq f \leq 100 \ kHz$		40		μV
Dropout voltage	$I_0 \leq 1 \ A$		2		
Bias current			4,2	8	mA

3 Bipolartransistor

3.1 Grundlagen

Bipolartransistoren (Bipolar Junction Transistor (BJT)) bestehen aus zwei antiparallel geschalteten pn-Übergängen. Diese sind geometrisch sehr eng (1 bis 2 µm) räumlich zueinander angeordnet, sodass sie sich gegenseitig in ihrem Verhalten beeinflussen. Je nach Anordnung der Schichtfolgen erhält man zwei komplementäre Transistortypen, den npn- und den pnp-Transistor.

Die drei Anschlüsse des Bipolartransistors werden Emitter, Basis und Kollektor benannt. Die Basis ist der Steuereingang, der den Strom durch die Kollektor-Emitterstrecke steuert. Im Schaltbild des Bipolartransistors ist der Emitter mit einem Pfeil gekennzeichnet. Bei npn-Transistoren nach außen und bei pnp-Transistoren nach innen. Die Richtung des Pfeils entspricht damit der Durchflussrichtung der jeweiligen Basis-Emitter-Diode.

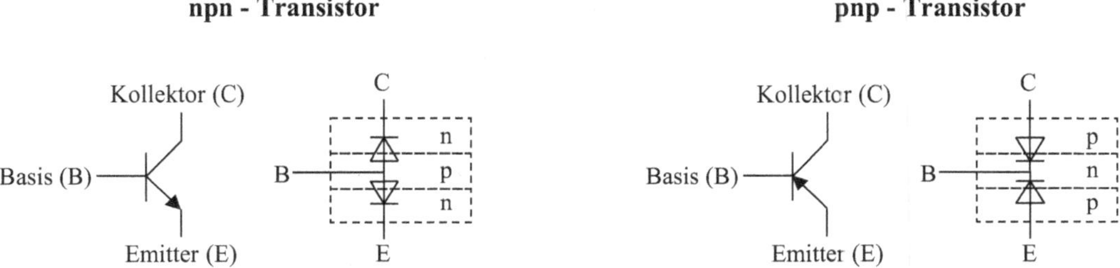

Abb. 3.1:   Schematischer Aufbau sowie Definition der Ströme und Spannungen am npn- und pnp-Bipolartransistor

Abb. 3.2 zeigt den prinzipiellen Aufbau eines npn-Transistors. Als Substrat dient hier ein hochdotierter n^+-Siliziumwafer, auf den eine schwachdotierte n^--Epitaxieschicht abgeschieden wurde. In diese wird anschließend die p-Wanne eindiffundiert, in die wiederrum das Emittergebiet eingebracht wird. Man erhält so eine vertikale npn-Struktur.

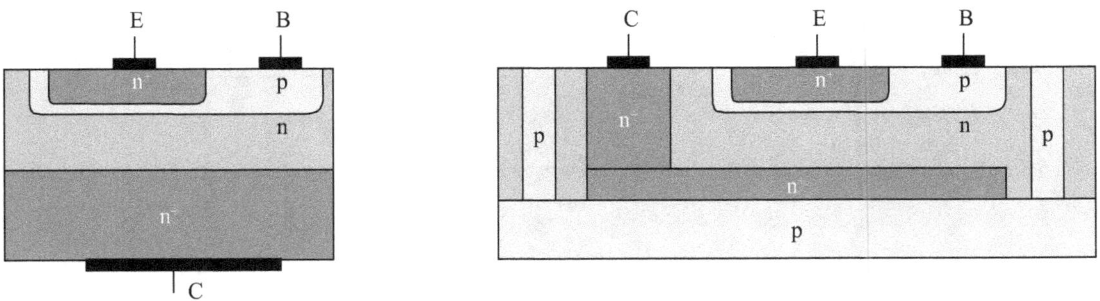

Abb. 3.2:   Querschnitt zweier npn- Bipolartransistoren
(links – diskreter Transistor, rechts – integrierter Planartransistor mit Isolationswanne)

Für Bipolartransistoren in integrierten Schaltungen wird über ein vergrabenes n^--Gebiet der Kollektor an die Oberseite des Wafers geführt, um dort die Anschlüsse des Transistors über ein Leitbahnsystem zu einer integrierten Schaltung zu verbinden. Zusätzlich enthalten solche Bauelemente noch eine Isolierwanne (p-Wanne in diesem Fall), um die Bauelemente voneinander im Siliziumwafer zu isolieren.

Transistoren sind Verstärkerbauelemente. Sie sind in der Lage, mittels eines kleinen Stroms in die Basis des Transistors einen deutlich größeren Strom durch die Kollektor-Emitterstrecke zu steuern. Abb. 3.3 zeigt das Bänderdiagramm des npn-Transistors im Normalbetrieb. Bei diesem ist die Basis-Emitterdiode in Flussrichtung und die Kollektor-Basisdiode in Sperrrichtung gepolt.

Liegt an der Basis-Emitterdiode null Volt an, so wie in der linken Darstellung in Abb. 3.3 dargestellt, können die Elektronen aufgrund der eingebauten Potentialschwelle des pn-Übergangs den Basisbereich nicht überwinden und der Strom zwischen Emitter und Kollektor ist, abgesehen von geringen Restströmen des gesperrten pn-Übergangs, gleich null. Legt man eine positive Spannung an den Basis-Emitterübergang an, wird die Potentialschwelle niedriger und Elektronen gelangen in den Basisbereich. Da dieser nur wenige Mikrometer breit ist, bewegen sie sich bei ihrer Driftbewegung sehr häufig in die Kollektor-Basis-Raumladungszone. Sobald sie dem elektrostatischen Feld der Raumladungszone ausgesetzt sind, werden die Elektronen in Richtung Kollektor beschleunigt. Man erhält damit einen großen Strom zwischen Emitter und Kollektor, der durch die Spannung zwischen Emitter und Basis gesteuert werden kann.

Da die Emitter-Basisdiode bei einer höheren Spannung am pn-Übergang auch einen höheren Strom bedingt, erhält man bei Bipolartransistoren quasi eine Stromsteuerung. Das Verhältnis zwischen Steuerstrom (I_B) und dem Ausgangsstrom (I_C) ist der Stromverstärkungsfaktor eines Bipolartransistors. Er liegt je nach Transistortyp im Bereich von 50 ... 400.

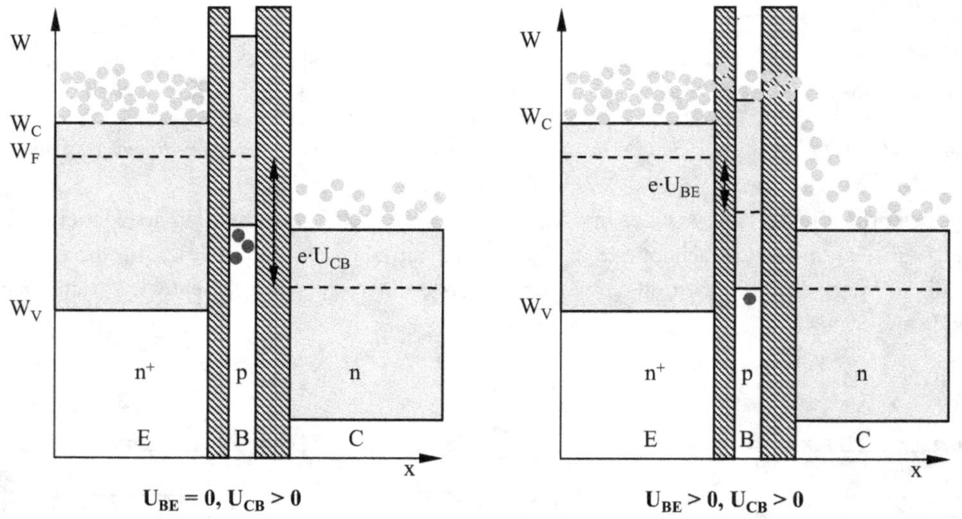

Abb. 3.3:   *Schematische Darstellung der Funktionsweise eines npn-Bipolartransistors anhand des Bänderdiagramms*

3.2 Kennlinienfelder des Bipolartransistors

Je nach Größe und Polarität der angelegten Spannungen gibt es vier verschiedene Betriebsarten des Bipolartransistors. Im Normalbetrieb ist die Basis-Emitterdiode in Flussrichtung und die Basis-Kollektordiode in Sperrrichtung gepolt. Man erhält dies durch eine positive Basisspannung ($U_{BE} > 0$) und einer Kollektorspannung, die größer als die Basisspannung ist ($U_{CE} > U_{BE}$). Bipolartransistoren können im Normalbetrieb als Verstärker genutzt werden.

Wird der Bipolartransistor als Schalter betrieben, arbeitet er im On-Zustand in der Sättigung. Dabei sind beide Dioden (Basis-Emitter und Basis-Kollektor) in Flussrichtung gepolt und man erhält ein relativ niedrige Kollektor-Emitterspannung für den eingeschalteten Transistor. Im Falle des Sättigungsbetriebes ist die Basis-Emitterspannung positiv ($U_{BE} > 0$) und die Basisspannung größer als die Kollektorspannung ($U_{BE} > U_{CE}$).

Die Betriebsarten Inversbetrieb ($U_{BE} < 0$ und $U_{BC} > 0$) und Sperrbetrieb ($U_{BE} < 0$ und $U_{BC} < 0$) werden sehr selten beim Bipolartransistor genutzt und sollen hier nicht weiter betrachtet werden.

Das klassische Kennlinienfeld des Bipolartransisors enthält vier Einzelkennlinienfelder und beschreibt den Normal- und Sättigungsbereich des Transistors. Das Kennlinienfeld wird für die Emitterschaltung dargestellt, bei der alle Spannungen sich auf das Emitterpotential beziehen.

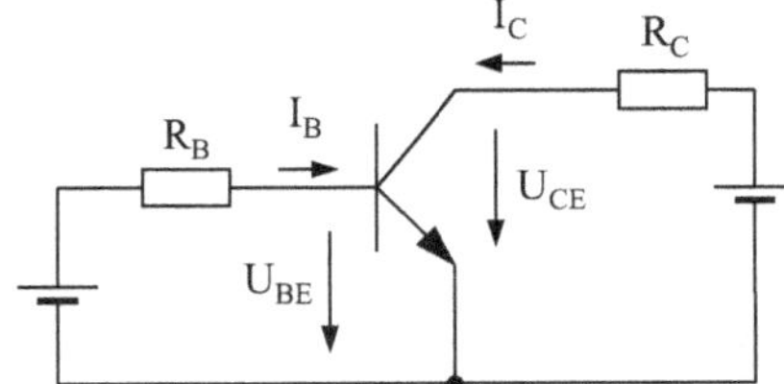

Abb. 3.4: Schaltung zur Aufnahme der Kennlinienfelder eines Bipolartransistors in Emitterschaltung

Die Eingangskennlinie (III. Quadrant) zeigt die Abhängigkeit des Basisstroms von der angelegten Basisspannung. Sie entspricht der Kennlinie der Basis-Emitterdiode.

Im II. Quadranten ist die Transferkennlinie dargestellt. Sie zeigt die Abhängigkeit des Kollektorstroms vom eingespeisten Basisstrom. Je steiler die Kennlinie desto höher ist die Stromverstärkung des Transistors. Als zusätzlichen Parameter kann die Kollektor-Emitterspannung angegeben werden. Aufgrund der Ausdehnung der Basis-Kollektor-Raumladungszone und damit der Verringerung der Breite des Basisgebiets steigt die Stromverstärkung leicht mit Anstieg der Kollektor-Emitterspannung.

Im I. Quadranten ist die Abhängigkeit des Kollektorstroms von der Kollektor-Emitterspannung dargestellt. Im Idealfall ist dieser unabhängig von der Kollektor-Basisspannung. Aufgrund der schon beschrieben Verringerung der Basisbreite bei Vergrößerung der Kollektor-Emitterpannung ergibt sich für die Kennlinien ein leicht positiver Anstieg.

Der VI. Quadrant ist das Rückwirkungskennlinienfeld und beschreibt den Einfluss der Kollektor-Emitterspannung auf die Basis-Emitterspannung. Da dieser Einfluss beim Normal- und Sättigungsbetrieb des Transistors eine nur untergeordnete Rolle spielt, soll dies nicht weiter betrachtet werden.

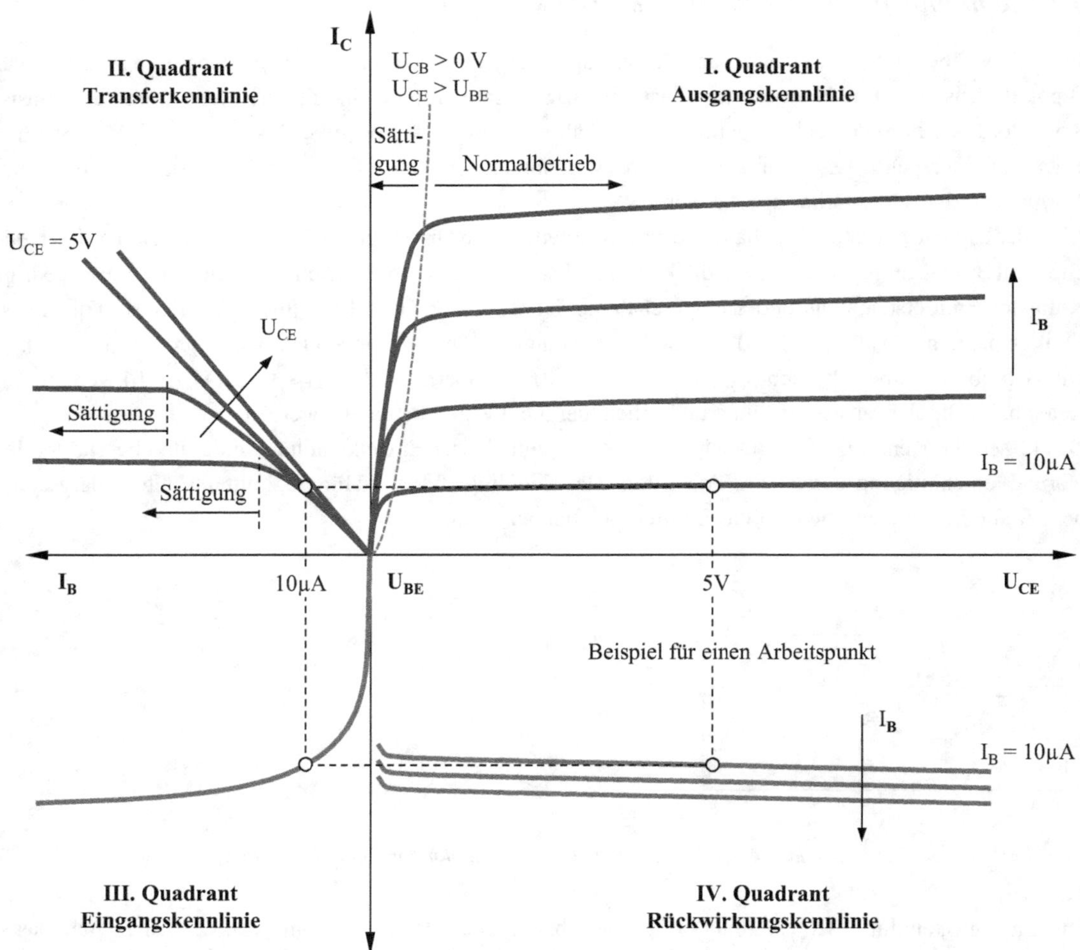

Abb. 3.5:   *Vierquadrantenkennlinienfeld eines npn-Bipolartransistors*

Abb. 3.5 zeigt beispielhaft ein Vierquadranten-Kennlinienfeld eines npn-Bipolartransistors. Zusätzlich sind in ihm die Grenzen zum Sättigungsbereich und ein angenommener Arbeitspunkt des Transistors in allen vier Kennlinienfeld eingetragen.

Für pnp-Bipolartransistoren ist das Kennlinienfeld analog des pnp-Typs, jedoch besitzen alle Ströme und Spannungen ein negatives Vorzeichen. pnp-Bipolartransistoren werden häufig als Komplementärtransistoren zusammen mit npn-Transistoren genutzt. Ihre Stromverstärkung ist aufgrund der geringeren Mobilität von Defektelektronen im Silizium meist etwas schlechter als vergleichbare npn-Transistoren.

3.3 Statisches Model des Bipolartransistors

Reduziertes Transportmodel

Zur Modellierung des Verhaltens von Bipolartransistoren im Normalbetrieb kann im einfachsten Fall das reduzierte Transportmodell genutzt werden. Es beinhaltet eine Diode zwischen Basis-Emitter und eine gesteuerte Konstantstromquelle zwischen Kollektor und Emitter.

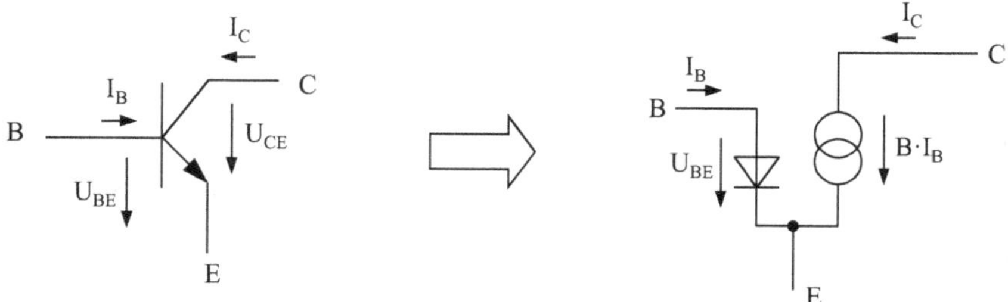

Abb. 3.6:   Reduziertes Transportmodell des Bipolartransistors im Normalbetrieb

Die Abhängigkeit des Kollektorstroms vom Basisstrom wird mit dem Stromverstärkungsfaktor (B) beschrieben. Der Faktor ist im gesamten Arbeitsbereich (Normalbetrieb) konstant.

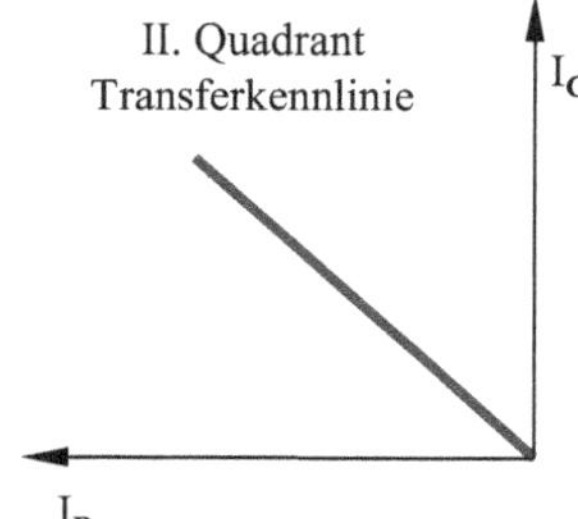

$$B = \frac{I_C}{I_B} \qquad [65]$$

Abb. 3.7:   Bestimmung der Stromverstärkung im Transferkennlinienfeld

Die Diode wird mit einem Konstantspannungsmodell (U_{BE}) oder mit dem Knickspannungsmodell ($U_{BE,0}$, R_{BB}) modelliert.

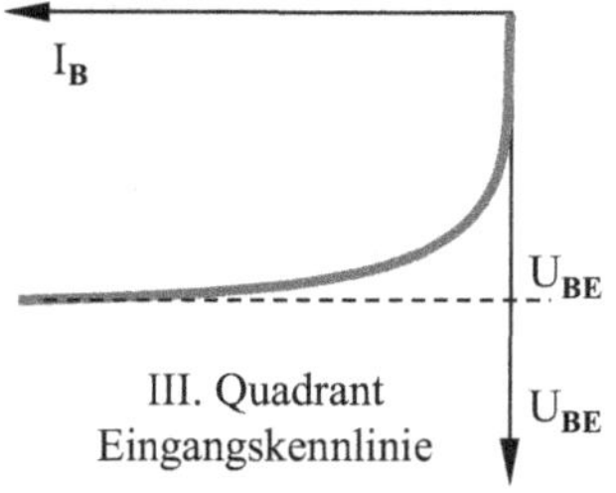

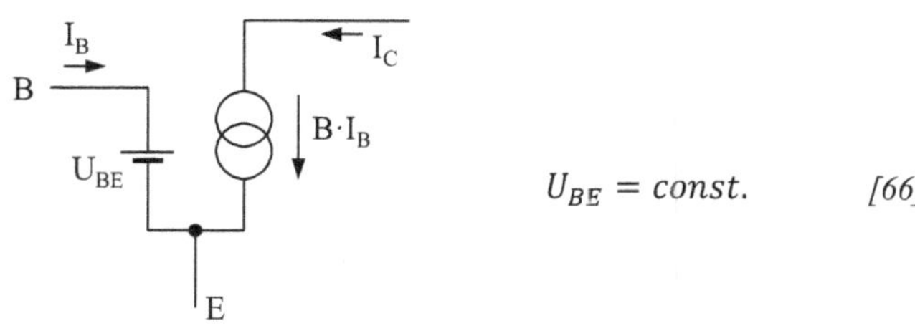

$$U_{BE} = const. \qquad [66]$$

Abb. 3.8:   Bestimmung der konstanten Basis-Emitterspannung im Eingangskennlinienfeld

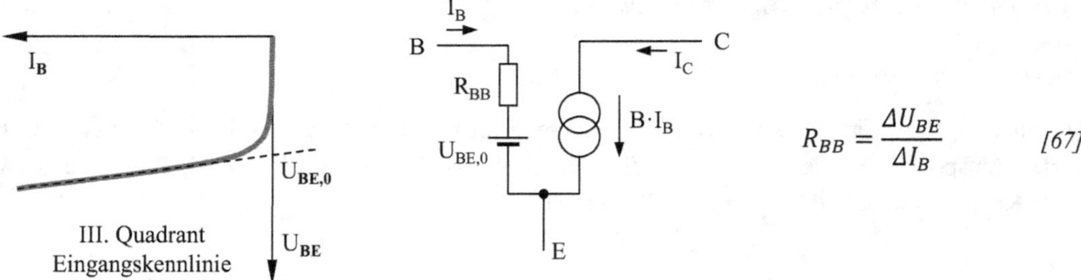

$$R_{BB} = \frac{\Delta U_{BE}}{\Delta I_B} \qquad [67]$$

Abb. 3.9:   Bestimmung von $U_{BE,0}$ und R_{BB} im Eingangskennlinienfeld

Überträgt man die Einzelkennlinienfelder in eine Vierquadrantendarstellung, erkennt man im Vergleich zum Kennlinienfeld des Transistors (Abb. 3.5) die Vereinfachungen des reduzierten Transportmodels.

Das Ausgangskennlinienfeld besteht aus waagerechten Geraden, da im reduzierten Transportmodell keine Abhängigkeit des Kollektorstroms von der Kollektor-Emitterspannung besteht. Das führt auch dazu, dass im zweiten Quadranten nur eine Kennlinie die Stromverstärkung beschreibt.

Da das Modell nur im Normalbetrieb gültig ist, sind in der Darstellung die Grafen auch nur bis zur Sättigungsgrenze dargestellt.

Der vierte Quadrant bleibt in dieser Darstellung leer, da es keinen Einfluss der Kollektor-Emitterspannung auf die Eingangsspannung (U_{BE}) gibt.

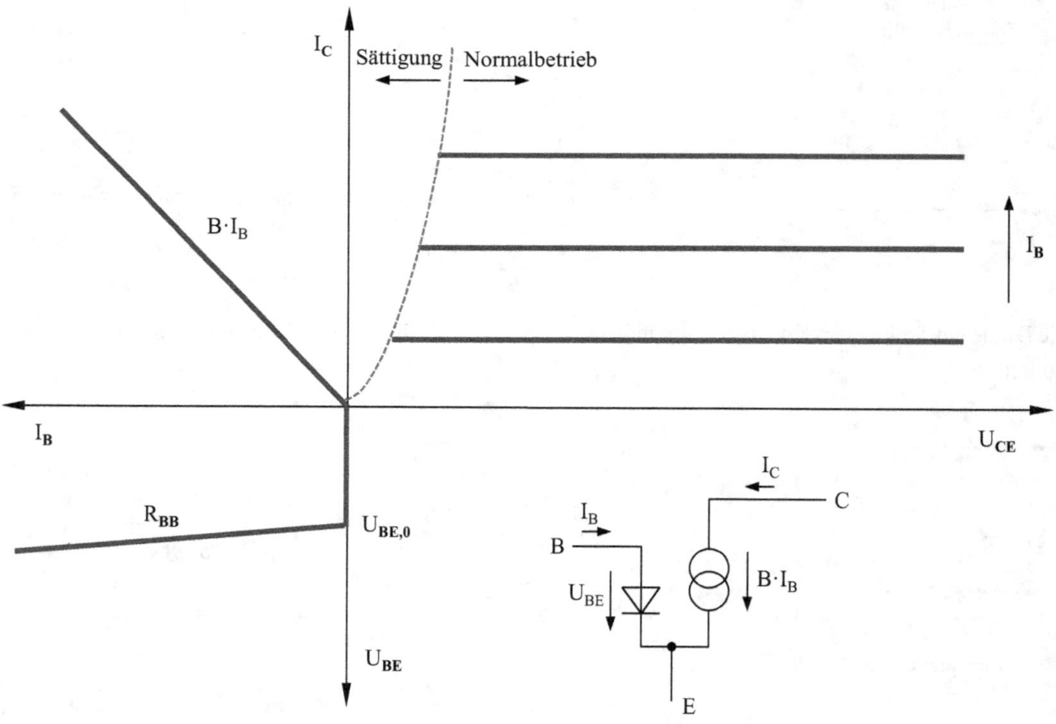

Abb. 3.9:   Vierquadrantendarstellung des reduzierten Transportmodells

Kleinsignalersatzschaltbild

Das Kleinsignalersatzschaltbild nutzt die Linearisierung der Kennlinie des Transistors um einen Arbeitspunkt. Damit ist es möglich, durch ein relativ einfaches Modell eine deutlich genauere Beschreibung des Verhaltens des Transistors im Vergleich zum reduzierten Transportmodell zu erreichen. Da die Linearisierung der Kennlinie nur für einen kleinen Teilabschnitt mit einem vertretbaren Fehler gilt, ist das Modell ausschließlich für kleine Ein- und Ausgangsspannungen gültig.

Für die Beschreibung des Kleinsignalverhaltens eines Transistors wird ein Hybridmodel (h-Parameter) genutzt, das im Eingang eine Spannungs-Widerstandskombination (h_{11}, h_{12}) und im Ausgang eine Stromquelle-Leitwert-Kombination (h_{21}, h_{22}) enthält.

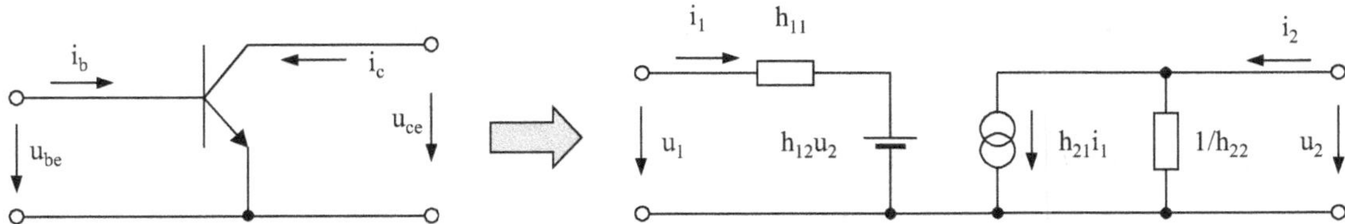

Abb. 3.10: h-Parameter im Kleinsignalersatzschaltbild des Bipolartransistors in Emitterschaltung

Kleinsignal-Kurzschluss-Eingangswiderstand

$$h_{11e} = \frac{dU_{BE}}{dI_B}\bigg|_{U_{CE}=konst.} = \frac{u_{be}}{i_b}\bigg|_{u_{ce}=0} = r_{be} \qquad [68]$$

Kleinsignal-Kurzschluss-Stromverstärkung

$$h_{21e} = \frac{dI_C}{dI_B}\bigg|_{U_{CE}=konst} = \frac{i_c}{i_b}\bigg|_{u_{ce}=0} = \beta \qquad [69]$$

Kleinsignal-Leerlauf-Ausgangsleitwert

$$h_{22e} = \frac{dI_C}{dU_{CE}}\bigg|_{I_B=konst} = \frac{i_c}{u_{ce}}\bigg|_{i_b=0} = 1/r_{ce} \qquad [70]$$

Kleinsignal-Leerlauf-Spannungsrückwirkung

$$h_{12e} = \frac{dU_{BE}}{dU_{CE}}\bigg|_{I_B=konst} = \frac{u_{be}}{u_{ce}}\bigg|_{i_b=0} = v_r \qquad [71]$$

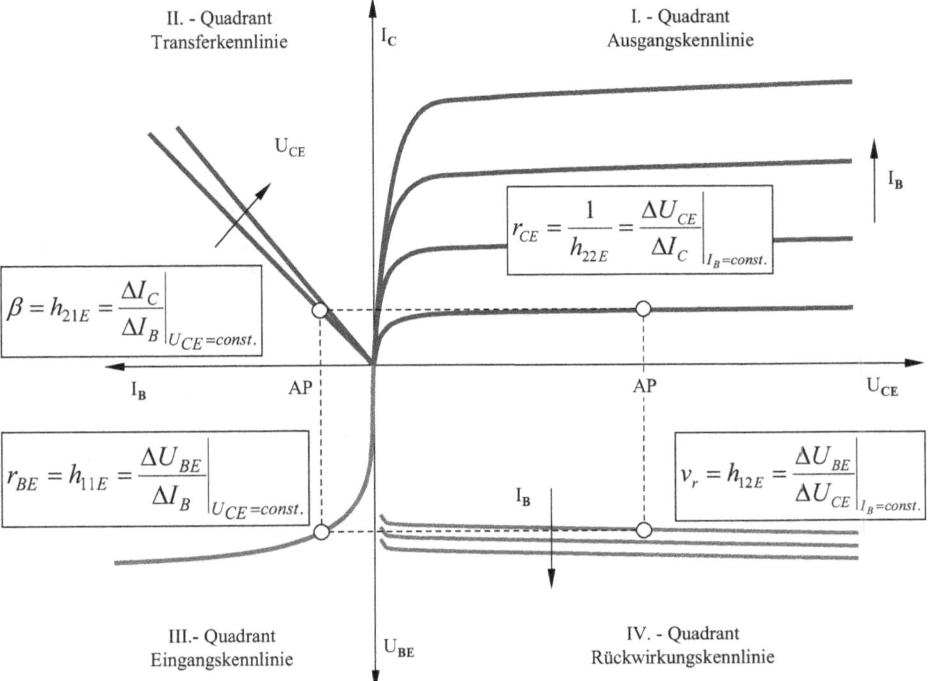

Abb. 3.11: Bestimmung der Kleinsignalparameter im Kennlinienfeld des Bipolartransistors

Emitterschaltung

Das in Abb. 3.10 beschriebene Kleinsignalmodell gilt für die Emitterschaltung. Bei ihr sind alle Spannungen am Transistor auf den Emitter bezogen. Das Eingangssignal geht in die Basis und das Ausgangssignal wird am Kollektor ausgekoppelt.

Da in der Praxis die Rückwirkungsspannung ($h_{12} \cdot U_2$) meist zu vernachlässigen ist, kommt für den Bipolartransistor in Emitterschaltung ein vereinfachtes Kleinsignalersatzschaltbild zum Einsatz.

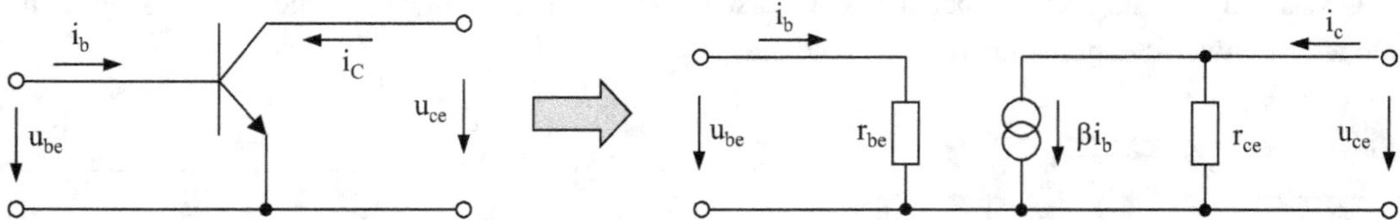

Abb. 3.12: Kleinsignalersatzschaltbild des Bipolartransistors für die Emitterschaltung

Kollektorschaltung

Bei der Kollektorschaltung sind alle Spannungen auf das Kollektorpotential bezogen. Die Eingangsspannung wird in die Basis eingespeist. Die Ausgangsspannung wird am Emitter ausgekoppelt. Für die Beschreibung des Kleinsignalverhaltens der Kollektorschaltung wird das Modell der Emitterschaltung genutzt.

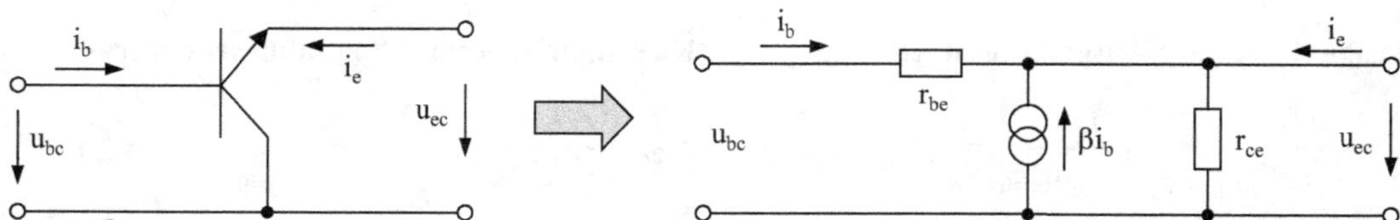

Abb. 3.13: Kleinsignalersatzschaltbild des Bipolartransistors für die Kollektorschaltung

Basisschaltung

Bei der Basisschaltung wird das Eingangssignal in den Emitter eingespeißt und das Ausgangssignal am Kollektor ausgekoppelt. Das Bezugspotential ist hier das Basispotential.

Prinzipiell kann für die Basisschaltung auch das Kleinsignalmodell der Emitterschaltung genutzt werden. Dies ist jedoch durch die Verkopplung von Eingangs- und Ausgangsgrößen recht unkomfortabel. Daher wird für die Basisschaltung ein eigenes Modell erstellt. Die Parameter des Basismodells lassen sich aus den Parametern des Emittermodells berechnen.

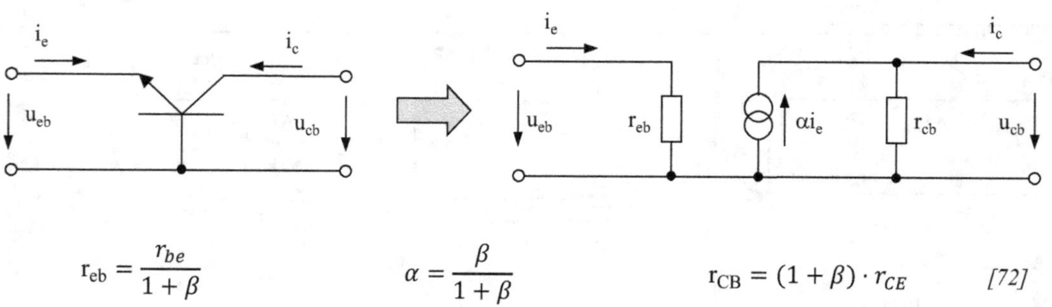

$$r_{eb} = \frac{r_{be}}{1+\beta} \qquad\qquad \alpha = \frac{\beta}{1+\beta} \qquad\qquad r_{CB} = (1+\beta) \cdot r_{CE} \qquad [72]$$

Abb. 3.14: Kleinsignalersatzschaltbild des Bipolartransistors für die Basisschaltung

3.4 Schaltverhalten von Bipolartransistoren

Statisches Schaltverhalten

Wird der Bipolartransistor als Schalter verwendet gibt es zwei Zustände die er einnehmen kann, den ON- und den OFF-Zustand. Im ON-Zustand soll der Spannungsabfall über der Kollektor-Emitterstrecke möglichst gegen null gehen und im OFF-Zustand der Kollektorstrom möglichst null sein.

Betreibt man die Emitterschaltung aus Abb. 3.15 mit einer negativen Basisspannung, sind beide pn-Übergänge des Bipolartransistors gesperrt und der Kollektorstrom entspricht dem Reststrom der gesperrten Basis-Kollektor-Diode (I_{CB0}). Schaltet man dagegen die Basis nur hochohmig (Abb. 3.15 b), wird der Reststrom über die Basis-Emitterstrecke abgeführt. Durch die Stromverstärkung des Transistors erhöht sich der Kollektorstrom mit dem Faktor $B \cdot I_{CB0}$ deutlich.

Etwas besser sperrt der Bipolartransistor im Fall c) und d). Hier liegt der Sperrstrom zwischen a) und b).

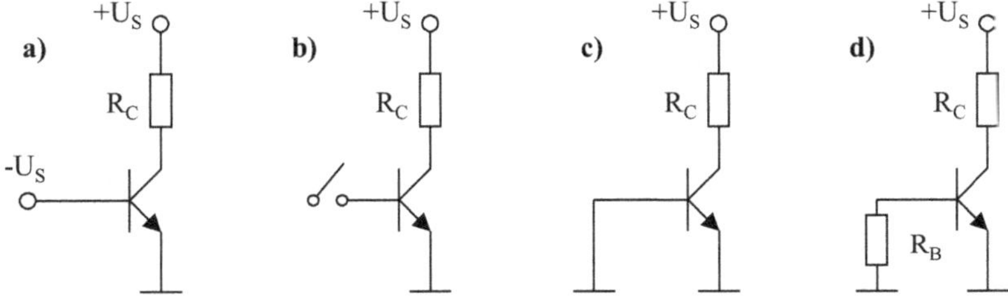

Abb. 3.15: Darstellung der Ansteuerung eines Bipolartransistors für den OFF-Schaltzustand

a)	OFF	BE und BC-Diode gesperrt	$I_C = I_{CB0}$ *mit I_{CB0} – Sperrstrom der Basis-Kollektor-Diode*	[73]
b)	OFF	$I_B = 0$ Floatende Basisspannung	$I_C = B \cdot I_{CB0}$	[74]
c)	OFF	$U_{BE} = 0$	$I_{CB0} \leq I_C \leq B \cdot I_{CB0}$	[75]
d)	OFF	Strom über R_B erzeugt eine Basisvorspannung $U_{BE} > 0$	$I_{CB0} \leq I_C \leq B \cdot I_{CB0}$	[76]

Für den ON-Zustand wird der Transistor in die Sättigung gebracht. Man erreicht dies mit einem Basisstrom, der größer als I_C/B ist. Der Grad der Übersteuerung wird Übersteuerungsfaktor genannt.

$$\ddot{U} = \frac{I_B \cdot B}{I_C} \qquad [77]$$

mit I_B - Basisstrom
I_C - Kollektorstrom
B - Stromverstärkungsfaktor
$\ddot{U}$ - Übersteuerungsfaktor

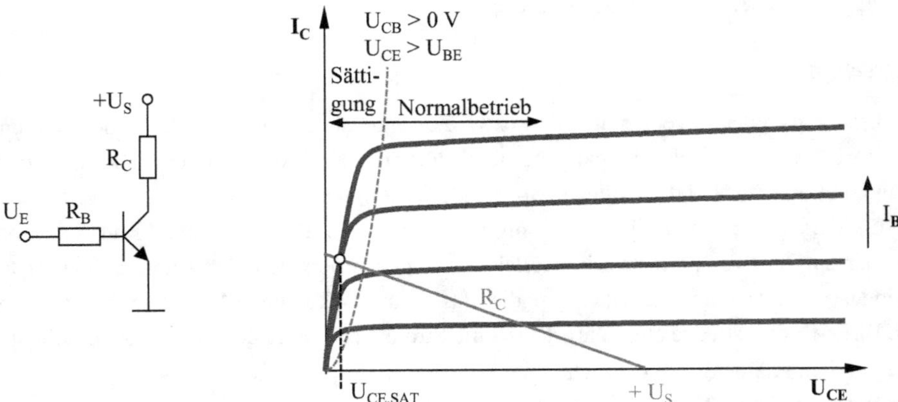

Abb. 3.16: Arbeitspunktkonstruktion des ON-Zustandes eines Bipolartransistors in der Sättigung

Wählt man den Übersteuerungsfaktor größer eins, kann man in erster Näherung mit einer relativ kleinen konstanten Kollektor-Basisspannung ($U_{CE,SAT}$) rechnen und es ergibt sich für die in Abb. 3.16 gezeigte Emitterschaltung folgender Arbeitspunkt.

$$I_C = \frac{U_S - U_{CE,Sat}}{R_C}$$

$$U_{CE} = U_{CE,Sat}$$

$$\text{für } Ü > 1 \qquad\qquad [78]$$

Dynamisches Schaltverhalten

Schaltet man einen Bipolartransistor vom OFF- in den ON-Zustand, kommt es durch das Umladen der parasitären Kapazitäten (C_{BE} und C_{BC}) und den Aufbau des benötigten Ladungsträgergradienten in der Basiszone zu einem verzögerten Einschalten des Bipolartransistors. Eine ähnliche Verzögerungszeit erhält man beim Ausschalten, bei dem die Kapazitäten und Ladungsgradienten wieder abgebaut werden. Für den Fall, dass der Transistor im ON-Zustand in der Sättigung geschaltet wurde, erhöht sich die Verzögerung beim Ausschalten nochmals deutlich. In diesem Fall werden nicht nur die Ladungsträger des Ladungsgradienten in der Basiszone abgebaut, sondern auch die der Übersteuerung ($Ü > 1$).

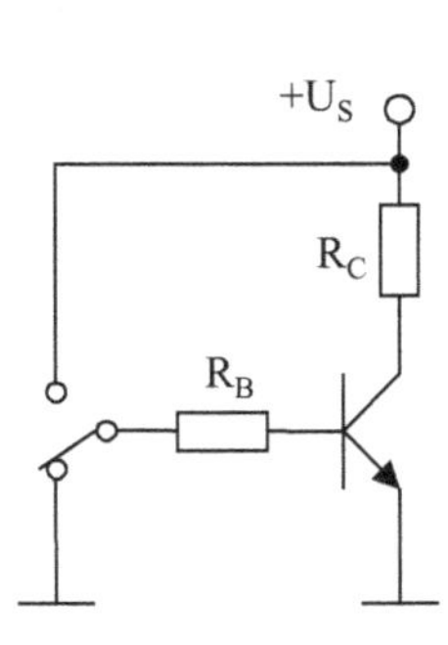
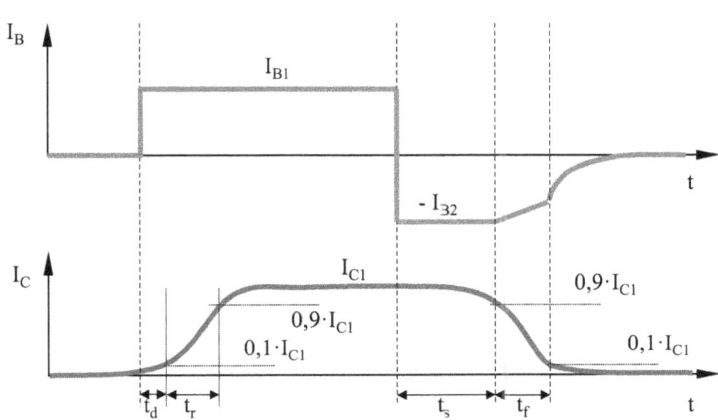

$$t_{on} = t_d + t_r$$

t_d - Zeit zum Umladen von C_{EB} und C_{CB}
t_r - Aufbau des Ladungsträgerkonzen-
    trationsgefälles in der Basiszone

$$t_{off} = t_s + t_f$$

t_s - Abbau der Speicherladung Q_S
t_r - Abbau der Speicherladung Q_B und
    Umladen der Sperrschichtkapazitäten

Abb. 3.17: Dynamisches Schaltverhalten eines Bipolartransistors

Typische Parameter von Bipolartransistoren

Typ	$U_{CE,max}$	$I_{C,max}$	$U_{CE,Sat}$	P_V	$h_{FE,min}$	t_{on}	t_{off}	C_{CB}	Anwendung
BCR 148[17]	65 V	0.1 A	0.2 V	250 mW	70	-	-	3 pF	Kleinleistungs-Schalt-BJT
BDP 953[18]	100 V	5 A	0.5 V	5 W	15	-	-	25 pF	Universal-BJT
FJP 3305[19]	400 V	4 A	1 V	75 W	19	0.8 µs	4.9 µs	65 pF	Leistungs-BJT
BUTW 92[20]	250 V	60 A	1.1 V	180 W	6	-	1.4 µs	-	Leistungs-BJT

Tab. 3.1:   Auswahl von Bipolartransistoren und ihrer Parameter

---

[17] Datenblatt BCR 148, Infineon Technologies AG, 2009
[18] Datenblatt BDP 953, Infineon Technologies AG, 2011
[19] Datenblatt FJP 3305, Fairchild Semiconductor Corporation, 2007
[20] Datenblatt BUTW 92, STMicroelectronics, 2001

Transistorschalter mit verschiedenen Lastformen

Abb. 3.18 zeigt das Schaltverhalten eines Bipolartransistors mit einer ohmschen Last. Im rechten Teil der Abbildung sind zusätzlich die zwei Schaltpunkte im Ausgangskennlinienfeld des Transistors dargestellt.

Mit der Dimensionierung von R_L und U_S muss sicher gestellt werden, dass sich die zwei Schaltpunkte innerhalb des gültigen Arbeitsbereich des Transistors befinden. Eine temporäre Überschreitung der maximalen Leistung ($P_{V,max}$) während des Umschaltens ist meistens zulässig, da durch die Wärmekapazität des Gehäuses die überschüssige Leistung gepuffert werden kann.

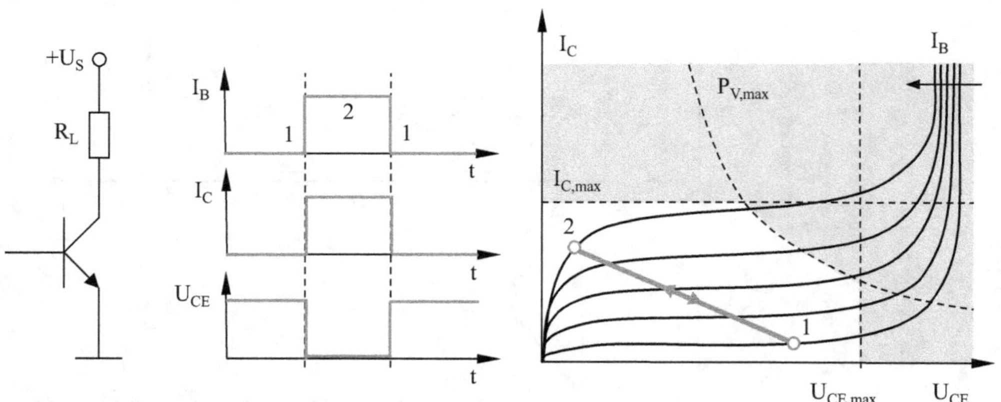

Abb. 3.18: Schaltverhalten bei ohmscher Last

Abb. 3.19 zeigt das Umschaltverhalten mit einer Last, die einen induktiven Anteil besitzt. Die statischen Schaltpunkte (1,3) werden durch R_L festgelegt und stimmen mit den Umschaltpunkten bei rein ohmscher Last überein. Nicht so der Umschaltprozess. Hier hat der induktive Lastanteil einen erheblichen Einfluss. Beim Einschalten ändert sich der Stromfluss im ersten Moment nicht, weil der Strom an einer Induktivität nicht springen kann. Der Arbeitspunkt verlagert sich zu Punkt 2, bevor der Strom ansteigt und im stationären Fall Punkt 3 erreicht. Beim Ausschalten des Transistors ist dasselbe Phänomen zu beobachten. Die Induktivität versucht den ON-Strom weiter zu treiben. Da der Transistor aber gesperrt ist, erhöht sich die Spannung an der Induktivität solange bis der Transistor durchbricht (4). Der elektrische Durchbruch des Bipolartransistors ist erstmal nicht zerstörend und reversible. Aufgrund der hohen Spannung und des Stroms in diesem Punkt kann der Transistor leicht überhitzen und einen irreversiblen thermischen Schaden nehmen.

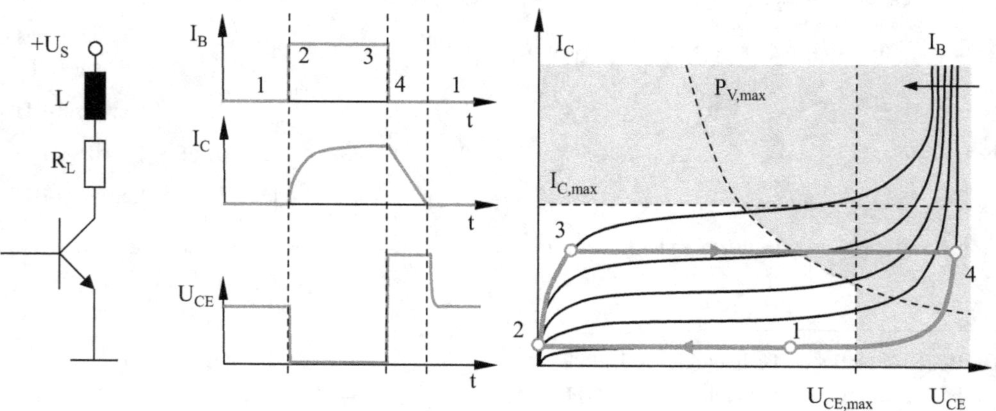

Abb. 3.19: Schaltverhalten mit induktiven Lastanteil

Um die Spannungsspitze während des Ausschaltvorgangs zu begrenzen, wird häufig beim Schalten von induktiven Lasten eine Freilaufdiode parallel zur Induktivität geschaltet. Sie begrenzt die maximale Kollektor-Emitterspannung auf die Betriebsspannung U_S plus der Flussspannung der Diode.

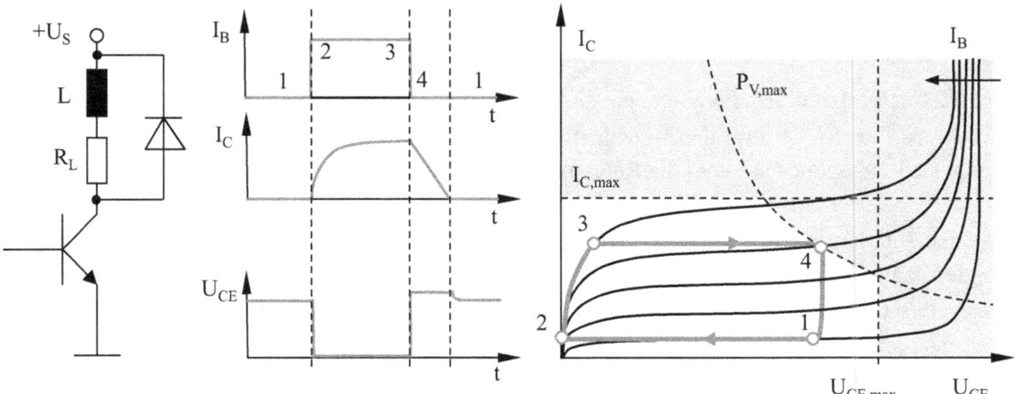

Abb. 3.20: Schaltverhalten mit induktiven Lastanteil und einer Freilaufdiode

Beim Schalten eines kapazitiven Lastanteils ist der Einschaltprozess der kritische Prozess. Hier entsteht ein relativ hoher Ladestrom, der $I_{C,max}$ überschreiten kann. Da die Spannung an einem Kondensator nicht springt und er zum Umschaltzeitpunkt entladen ist, liegt im ersten Moment nach dem Umschalten noch die volle Betriebsspannung am Kollektor-Emitterübergang an. Dies gepaart mit dem hohen Ladestrom des Kondensators kann zu einer Überschreitung der maximalen Verlustleistung des Transistors führen (Punkt 2). Abhilfe kann hier ein Widerstand in Reihe zum Kondensator schaffen, der den Ladestrom des Kondensators begrenzt.

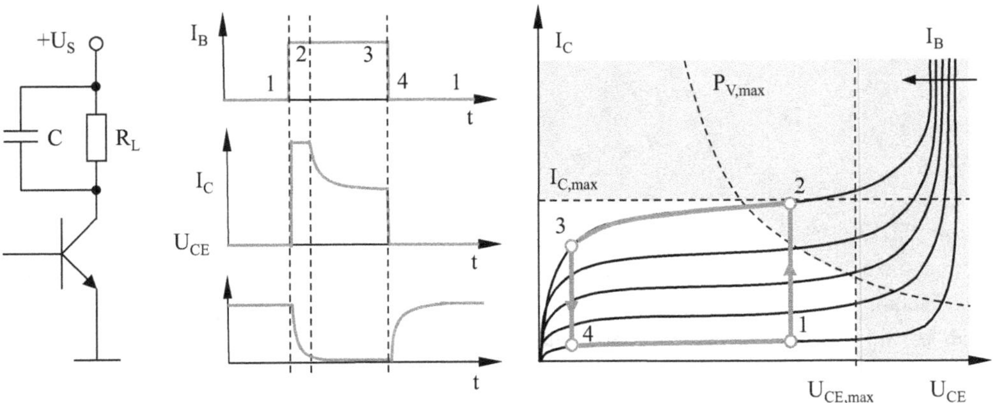

Abb. 3.21: Schaltverhalten mit kapazitiven Lastanteil

3.5   Anwendungsbeispiele mit Bipolartransistoren

Für den Einsatz des vereinfachten Transportmodells soll eine Konstantspannungsquelle als Beispiel betrachtet werden. Für das Kleinsignalersatzschaltbild wird als Anwendungsbeispiel dann im zweiten Teil die Wechselspannungsverstärkung untersucht.

Konstantspannungsquelle

Die in Abb. 3.22 dargestellte Schaltung ist eine einfache Konstantspannungsquelle mit einer Z-Diode und einem Bipolartransistor. R_V versorgt die Z-Diode mit einem Strom, so dass diese eine konstante Spannung zur Verfügung stellt. Anschließend wird die Referenzspannung über den Bipolartransistor auf den Ausgang übertragen.

Ersetzt man den Bipolartransistor in der Schaltung durch das reduzierte Transportmodell mit konstanter Basis-Emmitterspannung und die Z-Diode durch ein Konstantspannungsmodell erhält man das in Abb. 3.23 gezeigte Gesamtersatzschaltbild der Schaltung. Mit diesem ist eine erste Abschätzung der Ausgangsspannung nach Gl. [79] möglich.

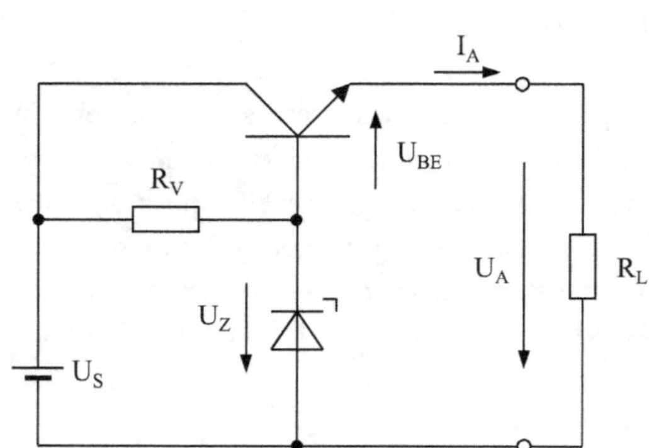

Abb. 3.22: *Konstantspannungsquelle mit Bipolartransistor*

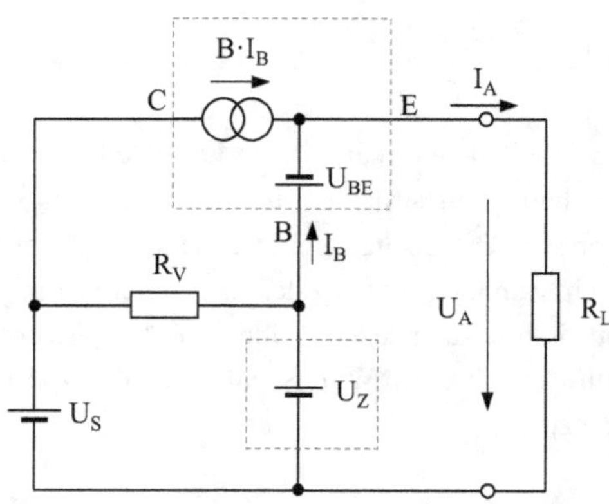

Abb. 3.23: *Ersatzschaltbild mit konstanter Basis-Emitter- und Z-Spannung*

Ausgangsspannung:
(vereinfachtes Modell)

$$U_A \cong U_Z - U_{BE} \tag{79}$$

Die Lösung in Gl. [79] stellt eine stark idealisierte Ausgangsspannungsbeziehung dar, bei der die Ausgangsspannung weder vom Lastwiderstand noch von der Eingangsspannung abhängig ist. Eine deutlich bessere Beschreibung der Konstantspannungsquelle erhält man unter Einbeziehung des Basis-Emitter-Bahnwiderstandes und des Innenwiderstands der Z-Diode.

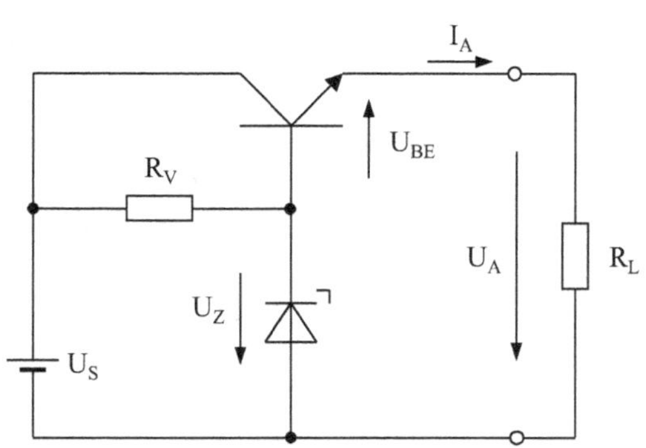

Abb. 3.24: *Konstantspannungsquelle mit Bipolartransistor*

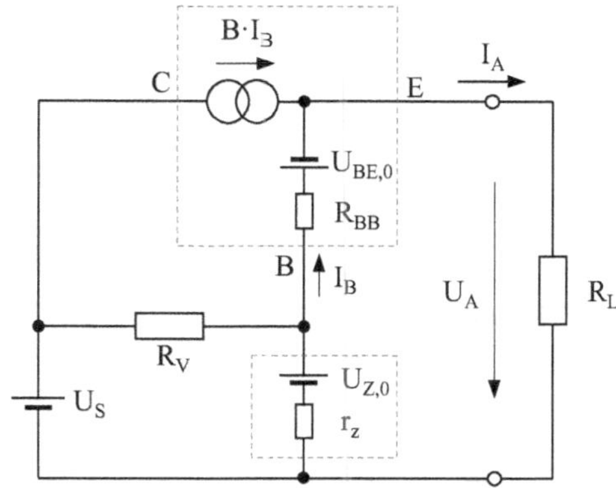

Abb. 3.25: *Ersatzschaltbild unter Einbeziehung der Bahnwiderstände*

Ausgangsspannung:

$$U_A = U_S - \frac{R_V}{R_V + r_z}\left(U_S - U_{Z,0}\right) - U_{BE,0} - I_A \frac{R_{BB} + R_V//r_z}{B + 1} \qquad [80]$$

Durch die genauere Beschreibung der Ausgangsspannung als Funktion der Eingangsspannung und des Ausgangsstroms kann durch differenzieren der Gl. [80] nach I_A und U_S analytisch der Innenwiderstand und der Glättungsfaktor der Spannungsstabilisierungschaltung bestimmt werden.

Innenwiderstand:

$$R_i = -\frac{dU_A}{dI_A} = \frac{R_{BB} + R_V//r_z}{B + 1} \qquad [81]$$

Glättungsfaktor:

$$G = \frac{dU_S}{dU_A} = \frac{R_V + r_z}{r_z} \qquad [82]$$

Wechselspannungsverstärker mit Bipolartransistoren

Als Beispiel für die Anwendung des Kleinsignalmodells des Bipolartransistors soll die Berechnung und Dimensionierung eines Wechselspannungsverstärkers genutzt werden.

Für die Beschreibung eines Wechselspannungsverstärkers sind im einfachsten Fall drei Parameter notwendig. Die Belastung der Eingangsquelle wird durch den Eingangswiderstand, die eigentliche Spannungsverstärkung durch die Leerlaufverstärkung und der Einflluss des Ausgangsstroms auf die Ausgangsspannung mittels des Ausgangswiderstands beschrieben.

Da in unserem Beispiel nur kleine Eingangssignale betrachtet werden sollen, bei denen das Kleinsignalmodell genutzt werden kann, sind alle Verstärkerparameter auch Kleinsignalparameter und werden hier klein geschrieben.

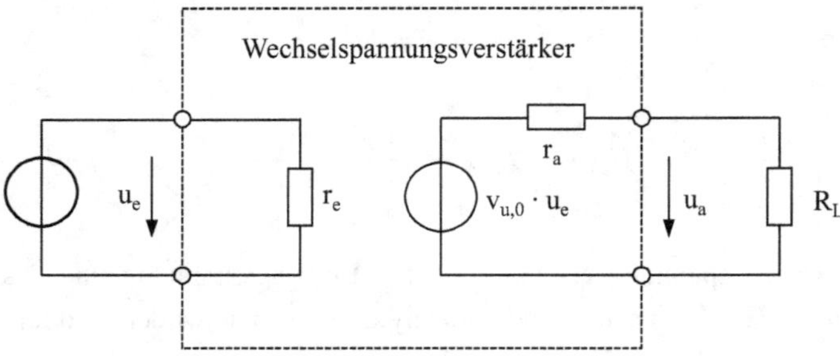

Abb. 3.26: Allgemeines Ersatzschaltbild eines Wechselspannungsverstärkers

Eingangswiderstand:	$r_e = \dfrac{u_e}{i_e}$	*[83]*
Ausgangswiderstand:	$r_a = -\dfrac{du_a}{di_a}$	*[84]*
Leerlauf-Spannungsverstärkung:	$v_{u,0} = \dfrac{u_a}{u_e}\bigg|_{R_L=\infty}$	*[85]*
Spannungsverstärkung:	$v_u = \dfrac{u_a}{u_e} = v_{u,0}\dfrac{R_L}{R_L + r_a}$	*[86]*

Tab. 3.2:   Parameter eines Wechselspannungsverstärkers

Grafische Konstruktion der Wechselspannungsverstärkung

Mit Hilfe des Parameterfeldes eines Bipolartransistors kann die Wechselspannungsverstärkung veranschaulicht und abgeschätzt werden. Dafür überträgt man die Kennlinien der äußeren Beschaltung in das Kennlinienfeld des Transistors und betrachtet die maximalen und minimalen Eingangsspannungspotenziale. Im unten gezeigten Beispiel handelt es sich bei der äußeren Beschaltung um zwei lineare Zweipole (U_S und R_C sowie U_0 und R_B), die zum einen in das Eingangskennlinienfeld (III. Quadrant) und zum anderen in das Ausgangskennlinienfeld (I. Quadrant) eingetragen werden.

Der Arbeitspunkt des Transistors wird durch U_0 bestimmt und erzeugt über R_B einen Basisstrom von ca. 13 mA. Der Basisstrom wird durch den Transistor verstärkt und man erhält einen Kollektorstrom von ca. 2,5 mA und eine Ausgangsspannung von etwas unter 5 V. Bei der Konstruktion im Ausgangskennlinienfeld bedient man sich der Kennlinie des Zweipols (10 V, 2 kΩ), da die Kennlinie des Transistors für den auftretenden Basisstrom (I_B = 13 µA) nicht gegeben ist.

Für die Betrachtung der Wechselspannungsverstärkung der 200 mV Eingangsspannung führt man die Konstruktion analog der oben beschriebenen Vorgehensweise nochmals für den maximalen und minimalen Spitzenwert der Eingangsspannung (1 V und 1,2 V) durch. Man erhält eine Ausgangsspannungsdifferenz zwischen den beiden Spitzenwerten von 3,8 V und kann daraus eine Spannungsverstärkung von 19 berechnen.

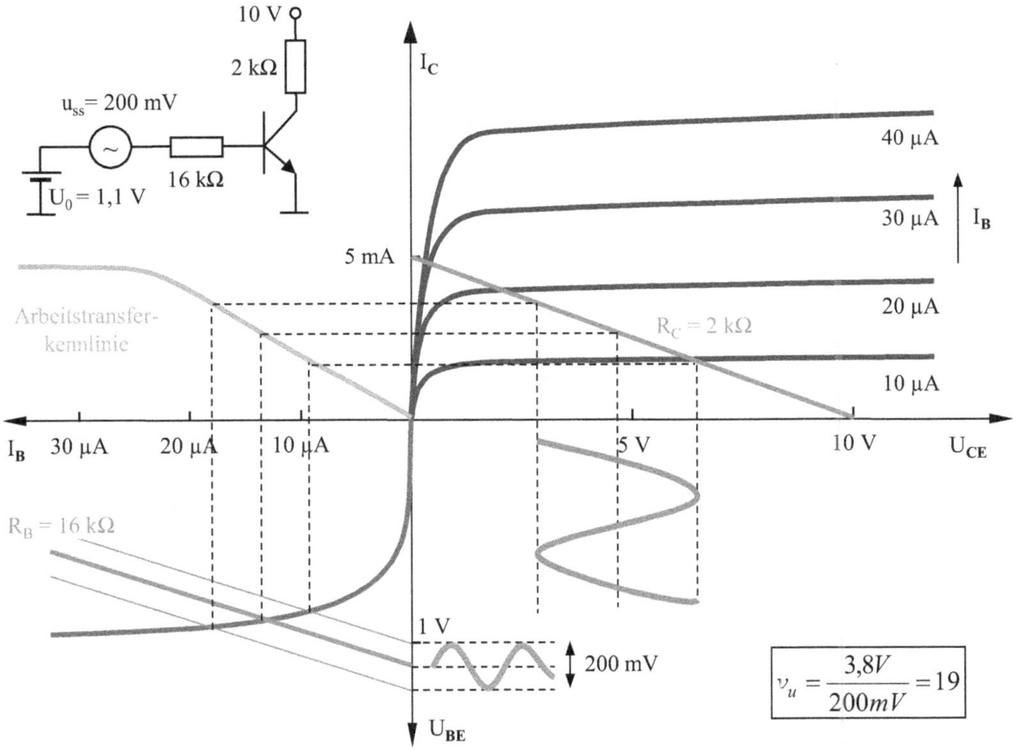

$$v_u = \frac{3,8V}{200mV} = 19$$

Abb. 3.27: Grafische Konstruktion der Wechselspannungsverstärkung im Kennlinienfeld des Bipolartransistors

Weil bei der Kennlinienkonstruktion keine Linearisierung der Kennlinie des Transistors durchgeführt wurde, kann die Herangehensweise auch für eine Großsignalberechnung genutzt werden. Abb. 3.28 zeigt hierfür ein Beispiel. In diesem Fall wurde der Arbeitspunkt so verschoben, dass der Transistor nicht mehr im vollen Eingangsspannungsbereich im Normalbetrieb arbeitet. Der Bipolartransistor geht in die Sättigung und kann die Eingangsspannung nicht mehr linear verstärken. Das Abschneiden der Sinuswelle führt zu einer starken Verzerrung des Ausgangssignals, was zu einer starken Erhöhung des Oberwellenanteils führt.

Man beschreibt die Fähigkeit des Verstärkers eine Sinuseingangsspannung möglichst unverzerrt zu verstärken mit dem Klirrfaktor. Er ist das Verhältnis der Summe der Effektivwerte aller Oberwellen zum Effektivwert des Gesamtsignals. Neben den schon beschriebenen Fall des Abschneidens des Signals an der oberen oder unteren Aussteuergrenze des Transistors, führen auch Nichtlinearitäten in der Transistorkennlinie zu einer Erhöhung des Klirrfaktors.

$$\text{Klirrfaktor:} \qquad k = \sqrt{\frac{\sum_{i=2}^{\infty} u_{a,i\cdot w}^2}{u_{a,w} + \sum_{i=2}^{\infty} u_{a,i\cdot w}^2}} \qquad\qquad [87]$$

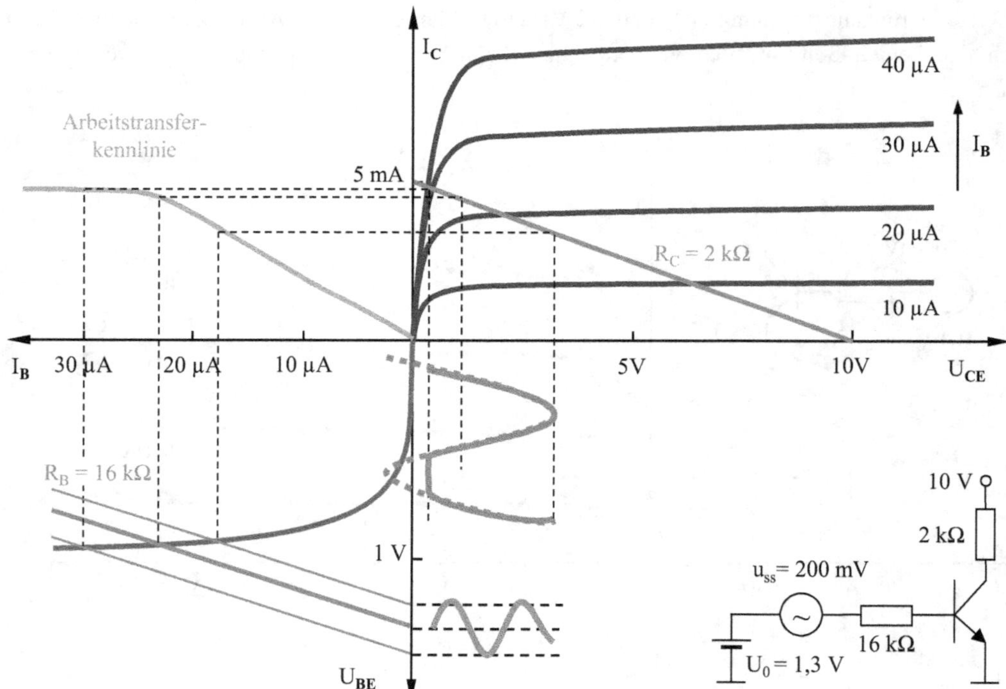

Abb. 3.28: Übersteuern eines Wechselspannungsverstärkers

Berechnung der Wechselspannungsverstärkung nach dem Superpositionsprinzip

Für die Berechnung und Dimensionierung von Wechselspannungsverstärkern kann das Superpositionsgrinzip genutzt werden. Es geht davon aus, dass zwischen der Eingangsgleichspannung zum Einstellen des Arbeitspunktes und der eigentlich zu verstärkenden Eingangswechselspannung keinerlei gegenseitige Beeinflussungen bestehen. Deshalb kann man die Arbeitspunktberechnung und die Berechnung der Wechselspannungsverstärkung getrennt durchführen.

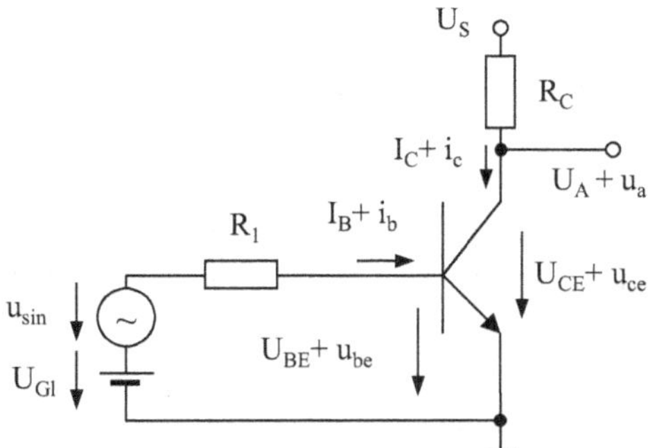

*Abb. 3.29: Wechselspannungsverstärker mit Gleich-
und Wechselspannungsanteilen*

Für die Berechnung des Arbeitspunktes werden nur die Gleichspannungs- und Stromquellen genutzt. Wechselspannungsquellen werden auf Null gesetzt, sprich kurz geschlossen. Des Weiteren werden alle Kondensatoren aus der Schaltung entfernt, da sie bei Gleichspannung einen unendliche hohen Widerstand besitzen. Induktivitäten werden kurz geschlossen.

Für die Simulation des Transistors kommt das reduzierte Transportmodell zum Einsatz.

Gleichspannungsmodell

Vorgehensweise für die Berechnung:
- Wechselspannungsquelle kurzschließen
- Kondensatoren abklemmen
- Induktivitäten kurzschließen
- Transistormodell (reduziertes Transportmodell) einsetzen

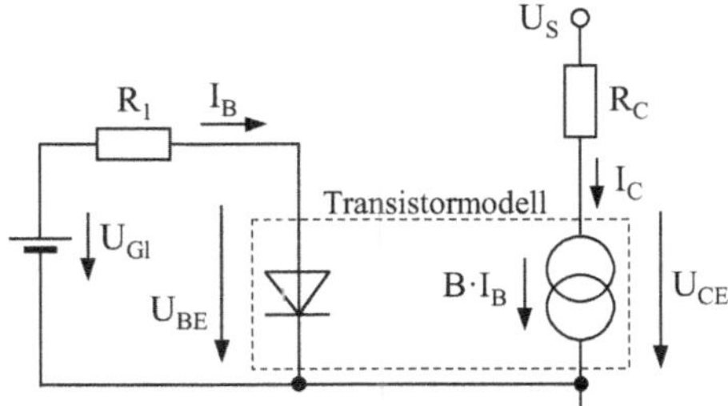

Abb. 3.30: Gleichspannungsmodell

Für die Berechnung der Wechselspannungsverstärkung wird angenommen, dass der komplexe Widerstand der eingesetzten Kondensatoren bei der untersuchten Frequenz zu vernachlässigen ist. Dies wird in der Praxis erreicht, indem man die Kondensatoren für die jeweilige Anregefrequenz groß genug dimensioniert.

Gleichspannungsquellen können kurzgeschlossen werden, da an einer idealen Spannungsquelle kein Wechselspannungsanteil auftritt.

Für die Simulation des Transistorverhaltens wird das Kleinsignalmodell genutzt. Hierfür werden um den Arbeitspunkt die Kennlinien linearisiert und die Kleinsignalparameter für diesen Arbeitspunkt des Transistors bestimmt.

Kleinsignal- Wechselspannungs-Modell

Vorgehensweise für die Berechnung:
- Gleichspannungsquelle kurzschließen
- Kondensatoren kurzschließen
- Induktivitäten abklemmen
- Transistormodell (Kleinsignalersatzschaltbild) einsetzen

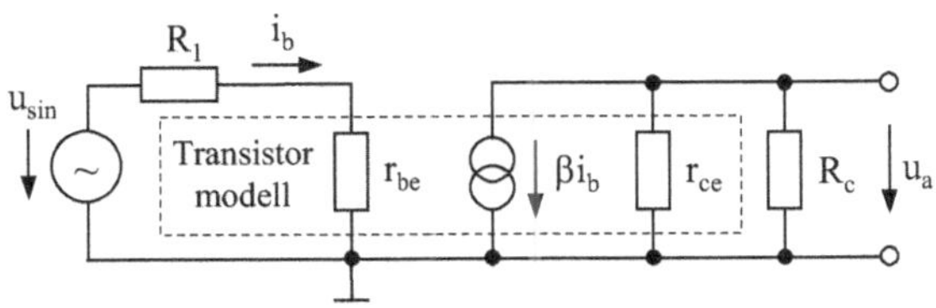

Abb. 3.31: Kleinsignal- Wechselspannungs-Modell

Wechselspannungsverstärker in Emitterschaltung

Abb. 3.32 zeigt einen einstufigen Wechselspannungsverstärker in Emitterschaltung. Die Wechselspannung wird über die Koppelkondensatoren (C_{k1}, C_{k2}) in den Verstärker ein- und ausgekoppelt, so dass der Gleichspannungsarbeitspunkt unabhängig von der Eingangsquelle und dem Lastwiderstand ist.

Der Emitterwiderstand (R_E) sorgt für eine Stromrückkopplung und stabilisiert den Arbeitspunkt gegen temperatur- und typbedingte Parameterschwankungen des Transistors. Da er mittels des Kondensators C_E wechselspannungsmäßig kurzgeschlossen ist, ist er für die Wechselspannungsverstärkung nicht relevant.

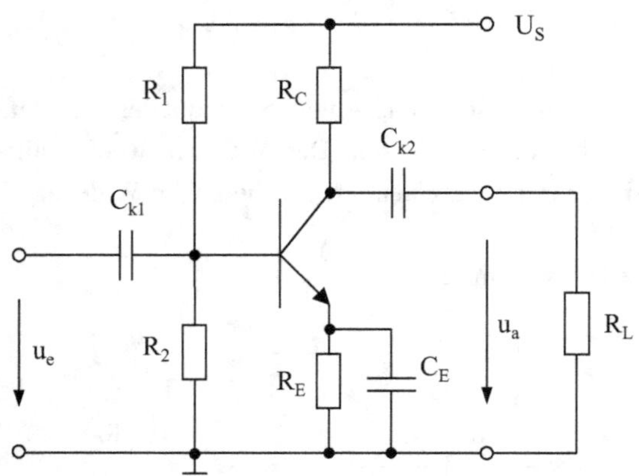

Parameterbestimmung und Dimensionierung

- Arbeitspunktberechnung
- Bestimmung der Kleinsignalparameter
- Erstellen des Wechselspannungsersatzschaltbildes
- Berechnung der Wechselspannungsverstärkung, des Eingangs- und Ausgangswiderstands
- Berechnung der Kondensatoren
- Bestimmen des Gesamtfrequenzgangs

Abb. 3.32: Wechselspannungsverstärker mit Kondensatorein- und auskopplung

Arbeitspunktberechnung

Abb. 3.33 zeigt die für den Arbeitspunkt relevanten Bauteile. Für die Arbeitspunktberechnung wurde R_1, R_2 und U_S in einen Zweipol umgewandelt und dadurch die Basisstromberechnung deutlich vereinfacht.

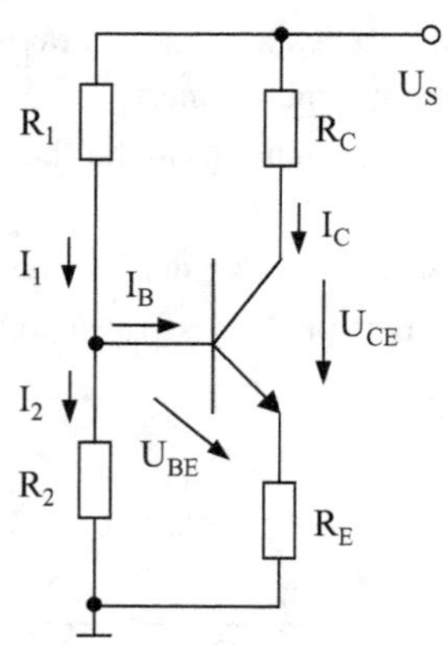

$$I_C = \frac{U_{0T} - U_{BE}}{R_{iT} + (B + 1) \cdot R_E} \cdot B \qquad [88]$$

mit

$$U_{0T} = U_S \cdot \frac{R_2}{R_1 + R_2}$$

$$R_{iT} = R_1 // R_2 = \frac{R_1 \cdot R_2}{R_1 + R_2}$$

Abb. 3.33: Arbeitspunkteinstellung mittels eingeprägter Basisspannung und Stromrückkopplung aus Abb. 3.32

Berechnung der Wechselspannungsparameter

Für die Berechnung der Wechselspannungsverstärkung werden alle Kondensatoren und Gleichspannungsquellen kurz geschlossen. Des Weiteren wird das Kleinsignalmodell des Bipolartransistors eingesetzt. Man erhält damit die in Abb. 3.34 dargestellte Schaltung für das Kleinsignal-Wechselspannungsersatzschaltbild der Emitterschaltung.

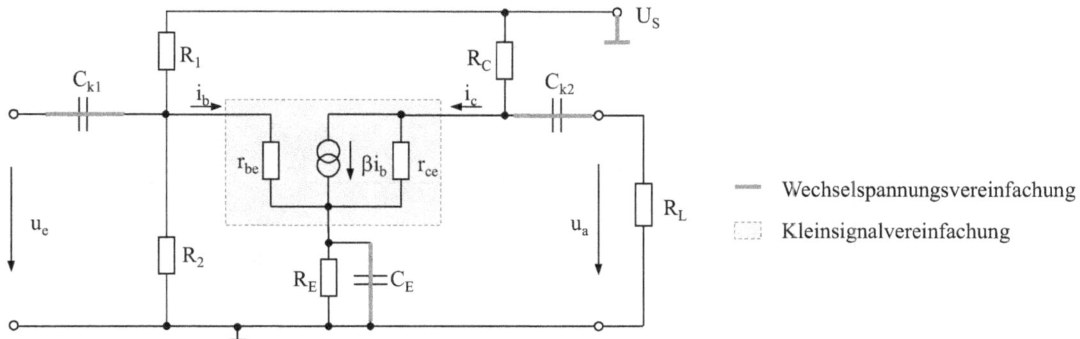

Abb. 3.34: *Kleinsignal-Wechselspannungsersatzschaltbild der Emitterschaltung aus Abb. 3.32*

Räumt man alle nicht mehr relevanten Bauteile auf und klappt R_1 und R_C in Abb. 3.34 nach unten, bekommt man das deutlich übersichtlichere Modell in Abb. 3.35. Mit ihm ist es relativ einfach möglich, die Wechselspannungsparameter des Verstärkers zu bestimmen, da der Eingangs- und der Ausgangskreis nur noch über die gesteuerte Stromquelle ($\beta \cdot i_b$) miteinander verkoppelt sind.

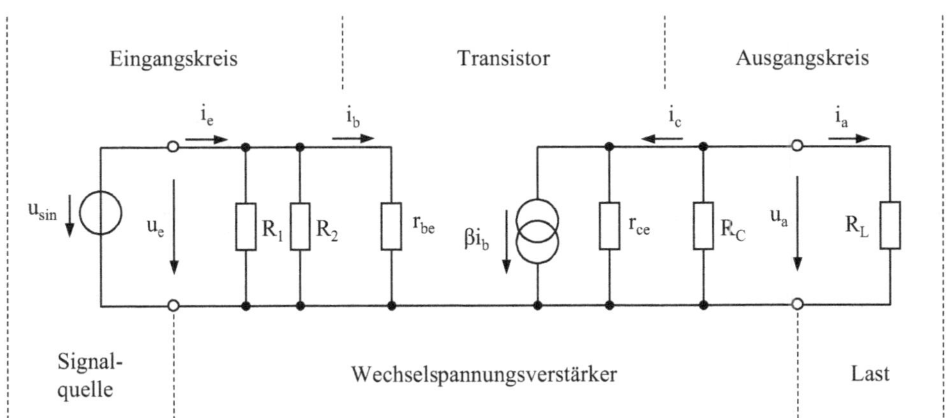

Abb. 3.35: *Angepasste Darstellung des Kleinsignal-Wechselspannungsersatzschaltbilds der Emitterschaltung aus Abb. 3.32*

In Tab. 3.2 sind die für diese Schaltung berechneten Parameter aufgeführt. Die durch das Minuszeichen in Gl. [91] und [92] entstehende negative Verstärkung bedeutet eine Phasenverschiebung zwischen Ein- und Ausgangssignal um 180 grad.

Eingangswiderstand:	$r_e = \dfrac{u_i}{i_i} = R_1//R_2//r_{be}$	[89]
Ausgangswiderstand:	$r_a = R_C//r_{ce}$	[90]
Leerlaufspannungsverstärkung:	$v_{u,0} = -\dfrac{\beta \cdot [r_{ce}//R_C]}{r_{be}}$	[91]
Spannungsverstärkung:	$v_u = \dfrac{u_a}{u_e} = -\dfrac{\beta \cdot [r_{ce}//R_C//R_L]}{r_{be}}$	[92]
Leistungsverstärkung:	$v_p = \dfrac{p_a}{p_e} = \dfrac{u_a \cdot i_a}{u_e \cdot i_e} = \left(\dfrac{\beta \cdot [r_{ce}//R_C//R_L]}{r_{be}}\right)^2 \cdot \dfrac{R_1//R_2//r_{be}}{R_L}$	[93]

Tab. 3.3:   Parameter deS Wechselspannungsverstärkers für die Emitterschaltung nach Abb. 3.32

Frequenzgang der Wechselspannungsverstärkung für die Emitterschaltung

Mit der im vorherigen Kapitel gemachten Annahme, dass Kondensatoren für die Wechselspannung Kurzschlüsse darstellen, erhält man eine frequenzunabhängige Verstärkung. Sieht man sich den realen Frequenzgang eines Emitterverstärkers an, so bekommt man für mittlere Frequenzen die nach Gl. [92] errechnete Verstärkung. Ab einer Grenzfrequenz kommt es für niedrige Frequenzen zu einem Abfall der Verstärkung, sogenanntes Hochpassverhalten. Die Ursache sind die drei Kondensatoren in der Schaltung. Diese bilden zusammen mit den Widerständen jeweils einen Hochpass erster Ordnung, bei dem die Verstärkung ab der Grenzfrequenz ($f_{g,HP}$) um jeweils -20 dB/Dekade abfällt. Im dargestellten Beispiel in Abb. 3.36 hat der Emitterkondensator die höchste Grenzfrequenz mit 1 kHz und dominiert das Frequenzverhalten.

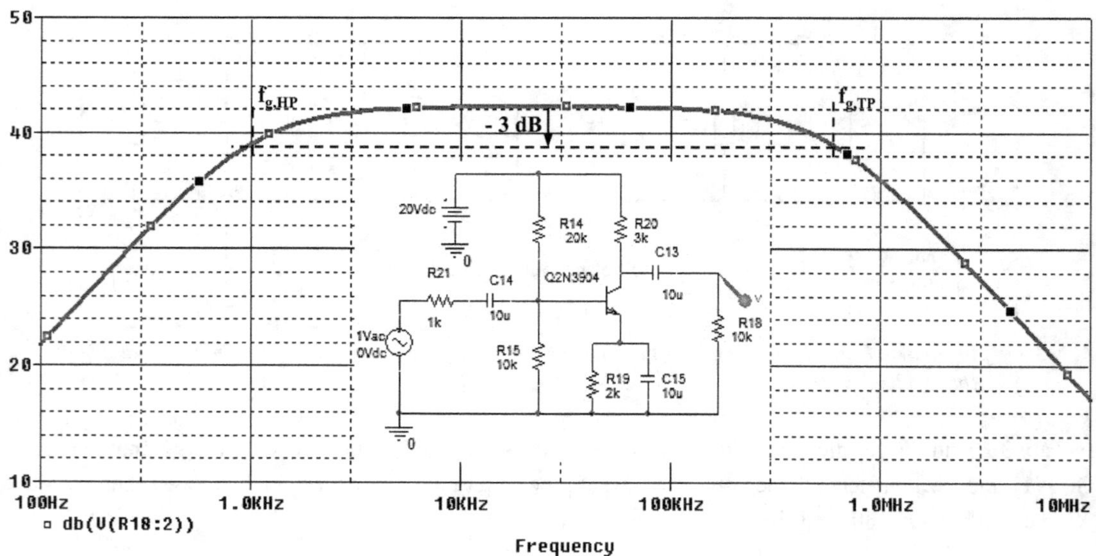

Abb. 3.36: Beispiel für den Frequenzgang eines Emitterverstärkers

Für hohe Frequenzen erhält man ein Tiefpassverhalten ($f_{g,TP}$), dass durch den Transistor vorgegeben wird. Durch die Kollektor-Basis-Sperrschichtkapazität des Bipolartransistors (Millerkapazität) ergibt sich eine Rückkopplung des Ausgangssignals auf das Eingangssignal. Da das Ausgangssignal um 180°-phasenverschoben ist, kommt es durch die Überlagerung zu einer effektiven Reduzierung des Eingangssignals und so zu einer Verringerung der Verstärkung für hohe Frequenzen.

Hochpassverhalten

Eingangskreis	$$f_{g,HP} = \dfrac{1}{2\pi \; C_{k1} r_e}$$	[94]
Ausgangskreis	$$f_{g,HP} = \dfrac{1}{2\pi \; C_{k2}\left[R_L + r_a\right]}$$	[95]
Emitter-kondensator	$$f_{g,HP} \approx \dfrac{1}{2\pi \; C_E}\sqrt{\left(\dfrac{\beta+1}{r_{be}}\right)^2 + \dfrac{2(\beta+1)}{r_{be}\cdot R_E} - \dfrac{1}{R_E^2}}$$	[96]

Tiefpassverhalten

Millerkapazität	u_{sin}, i_e, i_b, C_{BC}, i_c, u_e, R_1, R_2, r_{be}, βi_b, r_{ce}, R_C, u_a, R_L

Tab. 3.4:   Hoch- und Tiefpassverhalten eines Emitterverstärkers

Kollektorschaltung

Die Kollektorschaltung wird als Impedanzwandler genutzt. Sie hat einen hohen Eingangs- und einen geringen Ausgangswiderstand. Die Verstärkung bleibt immer unter eins. Die Phasenverschiebung zwischen Ein- und Ausgangssignal ist null.

Der Gleichspannungsarbeitspunkt liegt im Normalbetrieb des Transistors. Die Simulation erfolgt über das reduzierte Transportmodell. Für die Kleinsignalsimulation wird das Modell der Emitterschaltung genutzt.

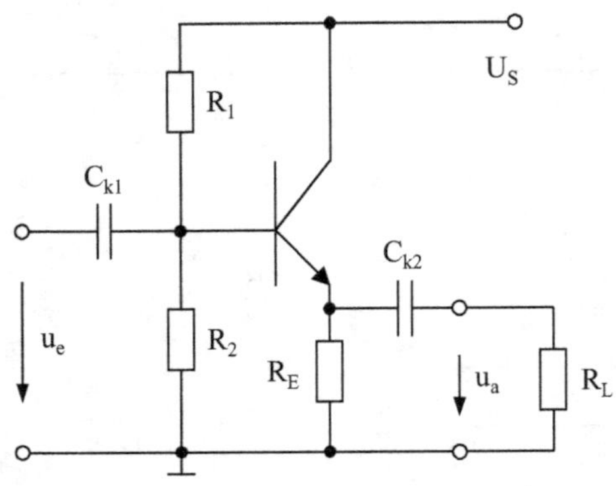

$$r_e = R_1//R_2//[r_{be} + (\beta + 1) \cdot (R_E//R_L//r_{ce})] \qquad [97]$$

$$r_a = R_E//r_{ce}//\left[\frac{r_{be}}{\beta + 1}\right] \qquad [98]$$

$$v_{u,0} = \frac{(\beta + 1) \cdot [r_{ce}//R_E]}{r_{be} + (\beta + 1) \cdot (R_E//r_{ce})} \qquad [99]$$

Abb. 3.37: Wechselspannungsverstärker mittels Kollektorschaltung

Basisschaltung

Die Basisschaltung wird sehr häufig für Hochfrequenzverstärker eingesetzt. Da die Basis durch den Kondensator C_B auf Masse gezogen wird, kommt es durch die Kollektor-Basis-Sperrschichtkapazität nicht zu einer Rückkopplung des Ausgangssignals auf das Eingangssignal. Man erhält so eine etwa 100-fach höhere obere Grenzfrequenz der Basisschaltung gegenüber der Emitterschaltung bei Nutzung des selben Transistors (siehe Abb. 3.39).

Der Gleichspannungsarbeitspunkt liegt im Normalbetrieb des Transistors. Die Simulation erfolgt über das reduzierte Transportmodell. Für die Kleinsignalsimulation wird ein eigenes Modell verwendet. Die Parameter des Basisschaltungsmodells lassen sich aus den der Emitterschaltung berechnen (siehe Gl. [72]).

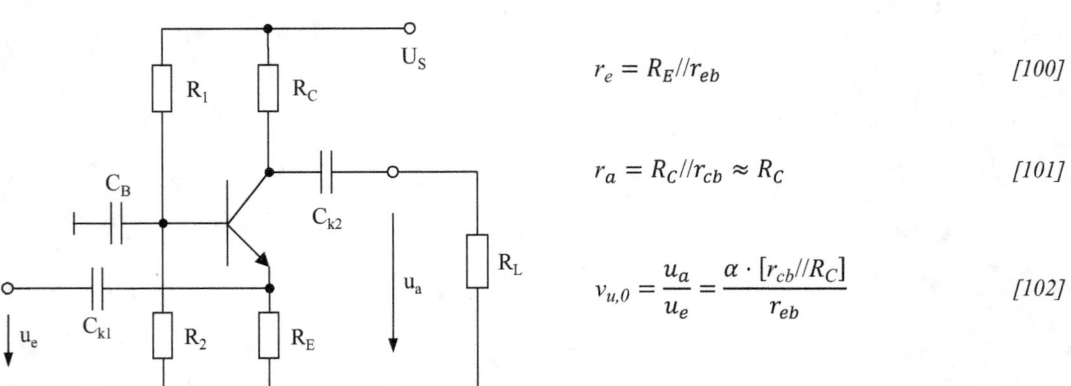

$$r_e = R_E//r_{eb} \qquad [100]$$

$$r_a = R_C//r_{cb} \approx R_C \qquad [101]$$

$$v_{u,0} = \frac{u_a}{u_e} = \frac{\alpha \cdot [r_{cb}//R_C]}{r_{eb}} \qquad [102]$$

Abb. 3.38: Wechselspannungsverstärker mittels Basisschaltung

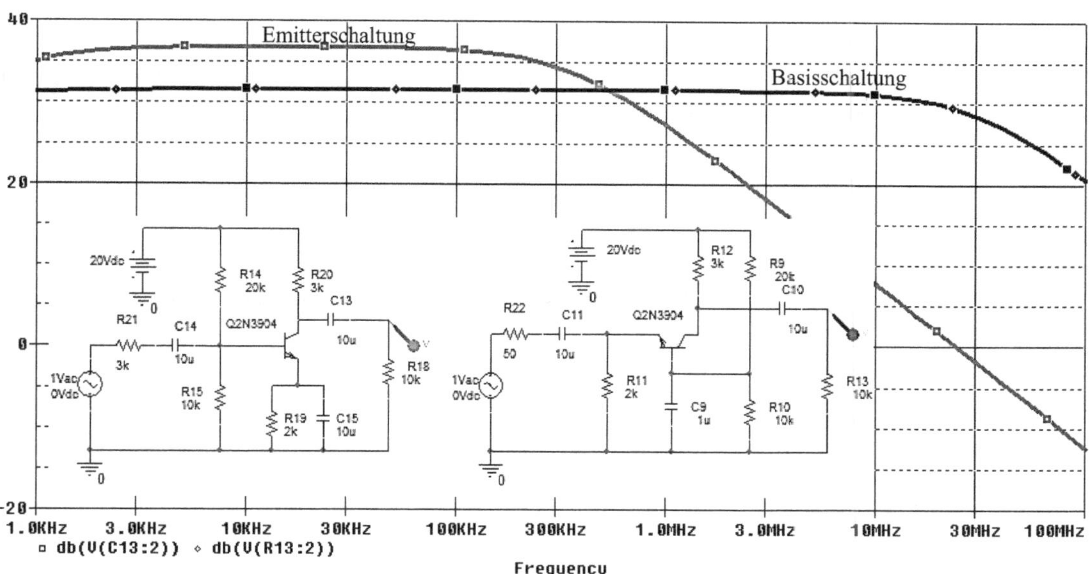

Abb. 3.39: *Vergleich des Frequenzgangs der Verstärkung für eine Basis- und eine Emitterschaltung*

Vergleich der verschiedenen Verstärkergrundschaltungen

	Emitterschaltung	Basisschaltung	Kollektorschaltung
Eingangswiderstand r_{in}	mittel $1 \dots 10\ \text{k}\Omega$	klein $10 \dots 100\ \Omega$	groß $50 \dots 500\ \text{k}\Omega$
Ausgangswiderstand r_{out}	groß $10\ \text{k}\Omega$	groß $10\ \text{k}\Omega$	klein $200\ \Omega$
Spannungsverstärkung	groß $10^2 \dots 10^3$	groß $10^2 \dots 10^3$	keine < 1
Leistungsverstärkung	sehr groß $10^3 \dots 10^4$	groß $10^2 \dots 10^3$	mittel $10 \dots 100$
Grenzfrequenz	niedrig f_β	hoch $f_\alpha \approx \beta\, f_\beta$	niedrig f_β

Tab. 3.5: *Vergleich der typischen Wechselspannungsparameter für verschiedene Verstärkergrundschaltungen*

Operationsverstärker

Operationsverstärker sind die Grundbausteine der analogen Schaltungstechnik. Sie bestehen aus einem Differenzverstärker, einem Zwischenverstärker und einer Endstufe.

Differenzverstärker

Der Differenzverstärker besitzt zwei Eingänge, den invertierenden und den nichtinvertierenden. Er ist aus zwei gleichen Transistoren aufgebaut, die sich einen gemeinsamen Emitterwiderstand teilen.

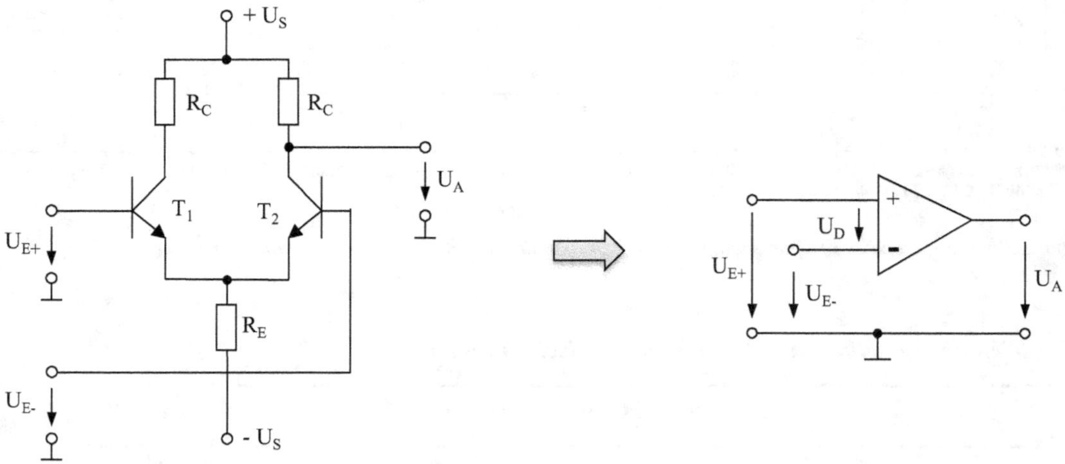

Abb. 3.40: *Differenzverstärker mit gemeinsamen Emitterwiderstand*

Differenzverstärker verstärken im Idealfall nur die Differenzspannung zwischen den beiden Eingängen (Differenzverstärkung). Abb. 3.41 zeigt das Kleinsignalersatzschaltbild des Differenzverstärkers. Da die Transistoren gleich sind und somit auch ihre Parameter, ist der Strom i_{b1} gleich dem Strom $-i_{b2}$. Folglich fließt über R_E kein Strom und der Spannungsabfall ist null.

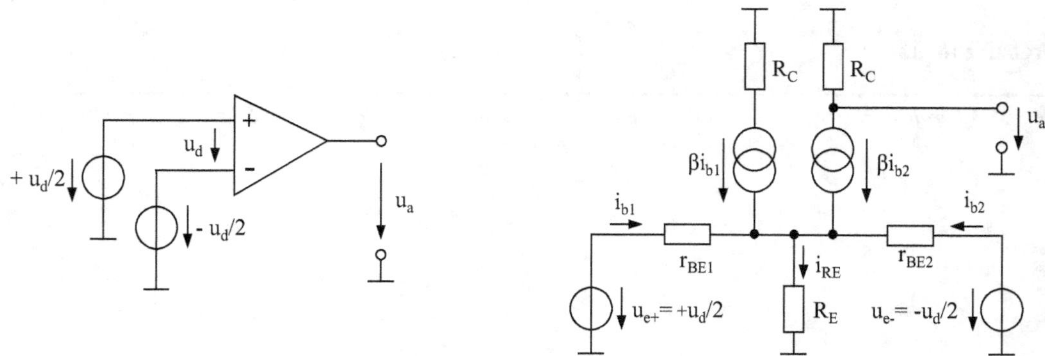

Abb. 3.41: *Kleinsignalersatzschaltbild zur Bestimmung der Differenzverstärkung des Differenzverstärkers nach Abb. 3.40*

Differenzverstärkung: $$v_d = \left.\frac{u_a}{u_d}\right|_{u_{gl}=0} = -\frac{\beta\, R_C}{2\, r_{be}}$$
[103]

In der Realität wird die Ausgangsspannung auch von der Gleichtaktspannung an den Eingängen des Differenzverstärkers beeinflusst. Weil der Differenzverstärker symetrisch aufgebaut ist und die Eingangsspannungen am invertierenden und nichtinvertierenden Eingang gleich sind, reicht es für die Berechnung nur eine Seite des Differenzverstärkers zu betrachten.

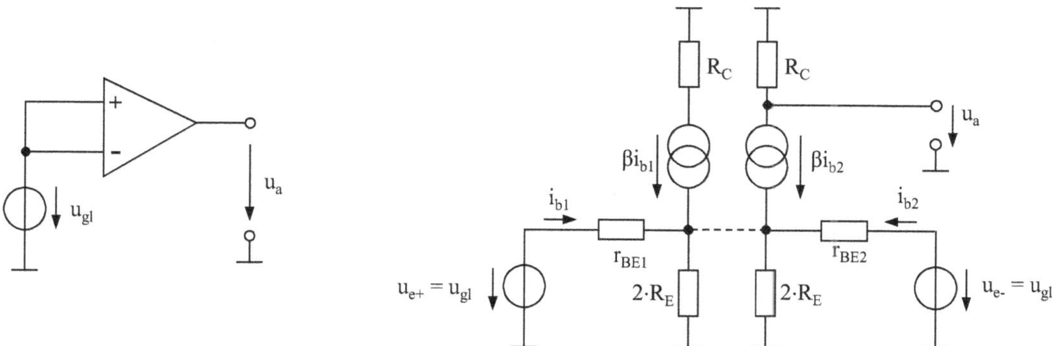

Abb. 3.42: Kleinsignalersatzschaltbild zur Bestimmung der Gleichtaktverstärkung des Differenzverstärkers nach Abb. 3.40

Gleichtaktverstärkung:
$$v_{gl} = \frac{u_a}{u_{gl}}\bigg|_{u_d=0} = -\frac{\beta\,R_C}{r_{be} + 2\,R_E(\beta + 1)} \qquad [104]$$

Gleichtaktunterdrückung:
$$G = \left|\frac{v_d}{v_{gl}}\right| = \frac{r_{be} + 2\,R_E(\beta + 1)}{2\,r_{be}} \approx \frac{\beta\,R_E}{r_{be}} \qquad [105]$$

In den Datenblättern wird als Parameter für die Unabhängigkeit der Ausgangsspannung von der Gleichtaktspannung die Gleichtaktunterdrückung angegeben. Sie ist das Verhältnis aus Differenzverstärkung zu Gleichtaktverstärkung. Man findet sie unter dem Begriff Common Mode Rejection Ratio (CMRR).
Wie in Gl. [105] zu ersehen, ist die Gleichtaktunterdrückung desto höher je größer R_E dimensioniert wird. Dies hat jedoch Grenzen, da der Arbeitspunkt des Transistors im Normalbetrieb verbleiben muss. Aus diesem Grund wird R_E in vielen Applikationen durch eine Stromquelle ersetzt. In diesem Fall wird statt für R_E der Innenwiderstand der Stromquelle relevant, der im Idealfall gegen unendlich gehen kann.

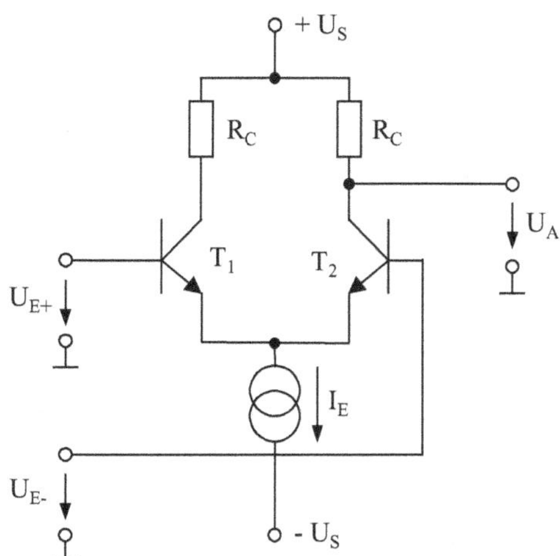

Abb. 3.43: Differenzverstärker mit Stromquelle

Darlingtontransistoren

Dimensioniert man beim Differenzverstärker R_C in derselben Größenordnung wie r_{BE} erhält man eine Differenzverstärkung in der Größenordnung des Stromverstärkungsfaktors des Transistors. Um diese zu vergrößern können Darlingtontransistoren eingesetzt werden. Sie sind im einfachsten Fall eine Hintereinanderschaltung zweier Transistoren. Durch die Reihenschaltung multiplizieren sich die Stromverstärkungen der beiden Transistoren und man erhält Stromverstärkungsfaktoren bis zu 40 000. Darlingtontransistoren werden sehr häufig in integrierten Schaltungen genutzt. Sie sind aber auch als diskrete Baudelemente erhältlich.

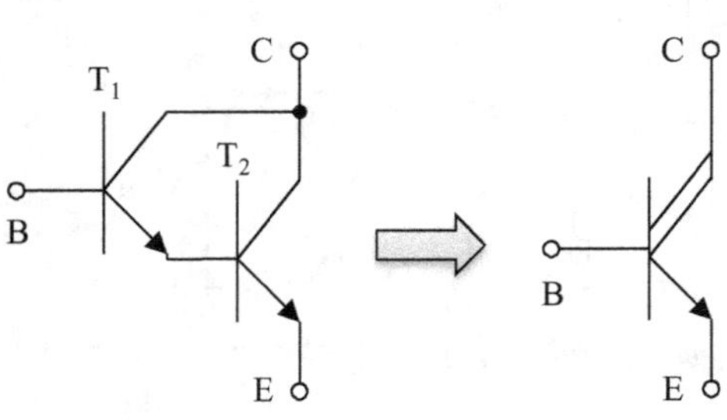

$$B_{ges} = \left(B_1 + 1 + \frac{B_1}{B_2}\right) \cdot B_2 \qquad [106]$$

$$U_{BE,ges} = U_{BE,1} + U_{BE,2} \qquad [107]$$

$$\beta_{ges} = \left(\beta_1 + 1 + \frac{\beta_1}{\beta_2}\right) \cdot \beta_2 \qquad [108]$$

$$r_{BE,ges} = (\beta_1 + 1) \cdot r_{BE,2} + r_{BE,1} \qquad [109]$$

$$r_{CE,ges} = r_{CE,1}//r_{CE,2} \qquad [110]$$

Abb. 3.44: npn-Darlingtontransistor mit gleichartigen Transistoren

Endstufe

Endstufen haben die Aufgabe den Ausgang möglichst niederohmig zu treiben. Abb. 3.45 zeigt einen Verstärker mit einer komplementär Endstufe. Bei ihm werden zwei komplementäre Transistoren so eingesetzt, dass die obere npn-Stufe die positive und die untere pnp-Stufe die negative Halbwelle treibt. Um für Eingangsspannungen um die 0 V keine Lücke entstehen zu lassen, wird die AB-Endstufe immer mit einem gewissen Ruhequerstrom über die Ausgangstransistoren betrieben.

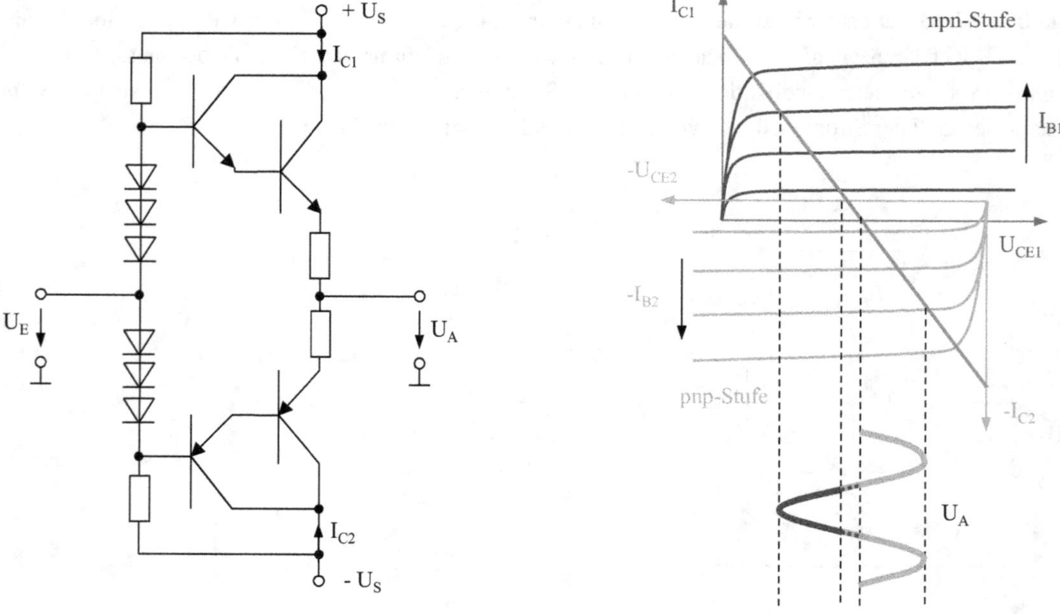

Abb. 3.45: AB-Endstufenverstärker mit komplementären Darlingtontransistoren

3.6 Übungsaufgaben - Bipolartransistor

Aufgabe 2.1

1. Konstruieren Sie die Transferkennlinie für $U_{CE} = 5$ V.
2. Bestimmen Sie die Parameter B, $U_{BE,0}$, R_{BB} des Transistors.
3. Bestimmen Sie den Arbeitspunkt des Transistors in der unten angegebenen Schaltung.
4. Konstruieren Sie die Wechselspannungsverstärkung der Transistorschaltung.
5. Bestimmen Sie die Kleinsignalparameter (β, r_{BE}, r_{CE}) im Arbeitspunkt und berechnen Sie die Wechselspannungsverstärkung anhand des Kleinsignalersatzschaltbilds der Schaltung.

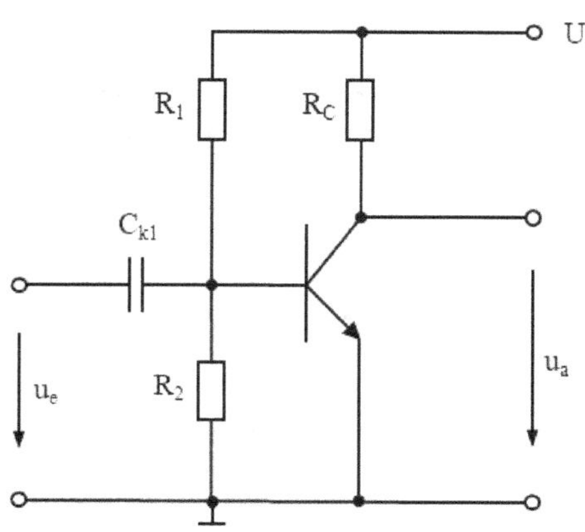

$R_1 = 330$ kΩ
$R_2 = 37$ kΩ
$R_C = 2$ kΩ
$U_S = 10$ V
$u_e = 200$ mV$_{PP}$

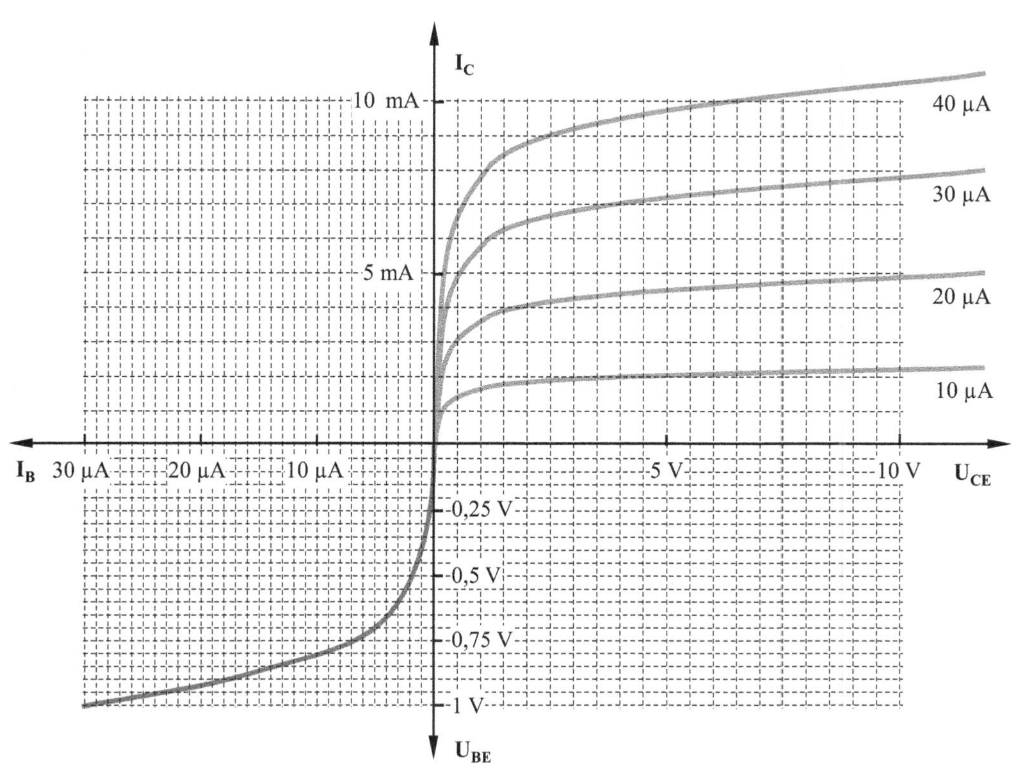

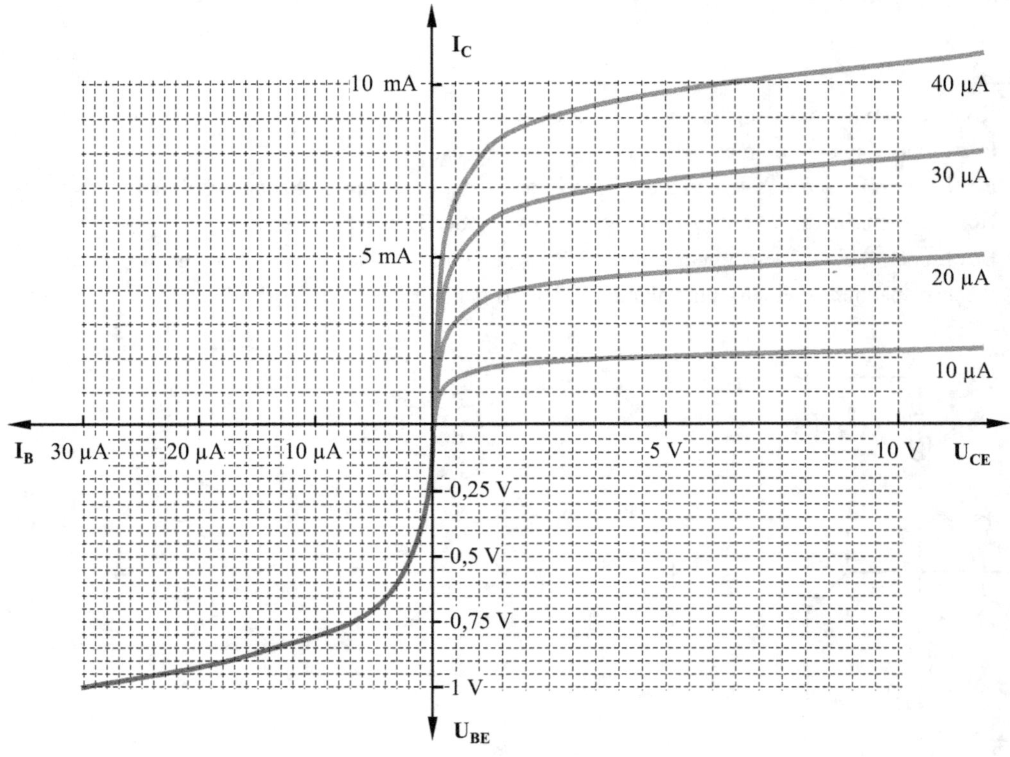

I_C
10 mA
40 µA
30 µA
5 mA
20 µA
10 µA
I_B
30 µA
20 µA
10 µA
5 V
10 V
U_CE
-0,25 V
-0,5 V
-0,75 V
-1 V
U_BE

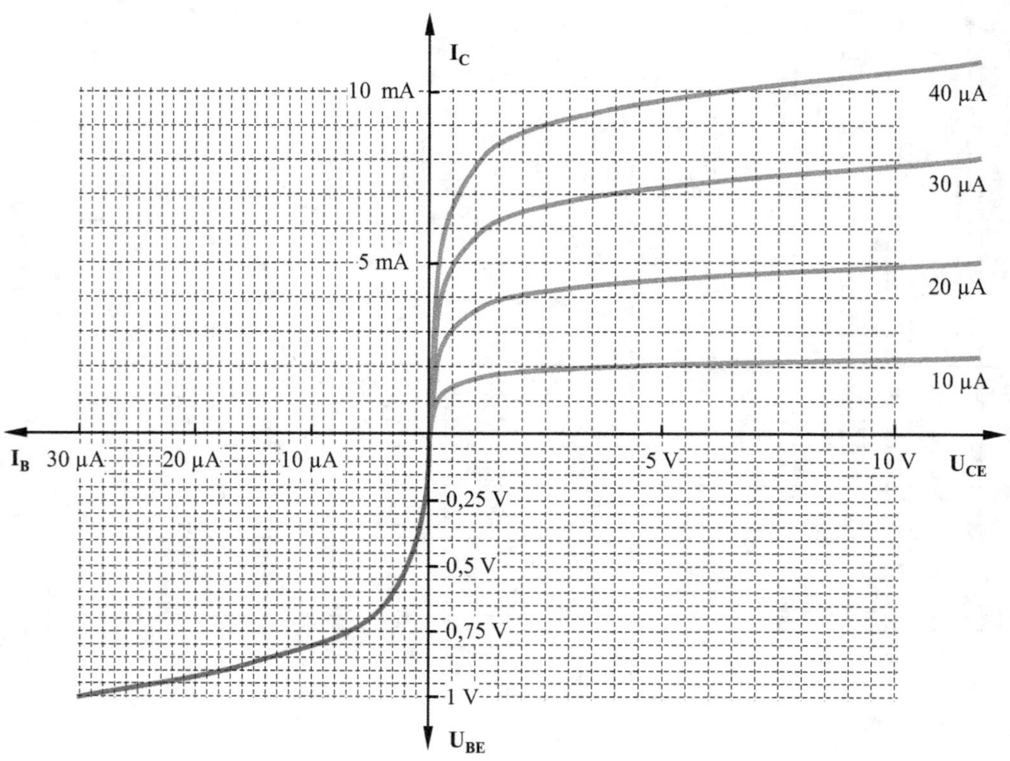

I_C
10 mA
40 µA
30 µA
5 mA
20 µA
10 µA
I_B
30 µA
20 µA
10 µA
5 V
10 V
U_CE
-0,25 V
-0,5 V
-0,75 V
-1 V
U_BE

Aufgabe 2.2

Die Abbildung zeigt eine Konstantstromquelle mit folgenden Daten:

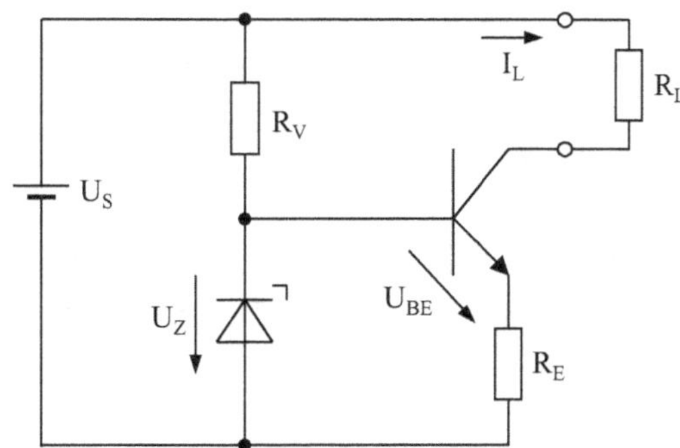

$U_S = 10 \dots 15$ V

$R_E = 100 \; \Omega$

Transistordaten:

$\quad U_{BE} = 0{,}6$ V; $B = 100$;

Daten Z-Diode:

$\quad U_Z = 5{,}6$ V; $I_{Z,min} = 1$ mA

1. Dimensionieren Sie R_V so, dass der Strom durch die Z-Diode $1{,}5 \cdot I_{Z,min}$ nicht unterschreitet.
2. Welcher Konstantstrom I_L stellt sich durch den Lastwiderstand R_L unter den gegebenen Bedingungen ein?
3. Berechnen Sie den maximalen Wert des Lastwiderstandes, der unter der Bedingung, dass der Transistor im Normalbetrieb arbeitet, möglich ist.
4. Wie groß ist der Strom I_L im Kurzschlussfall ($R_L = 0 \; \Omega$)?
5. Wie ist die Abhängigkeit des Stroms I_L gegenüber den Parametern U_S, R_V, U_Z und R_E?

Aufgabe 2.3

Die Abbildung zeigt einen Levelshifter, wie er bei Transistorendstufen zum Einsatz kommt.
1. Berechnen Sie die Spannung U_{Shift}.
2. Berechnen Sie U_A für $U_E = 1$ V.

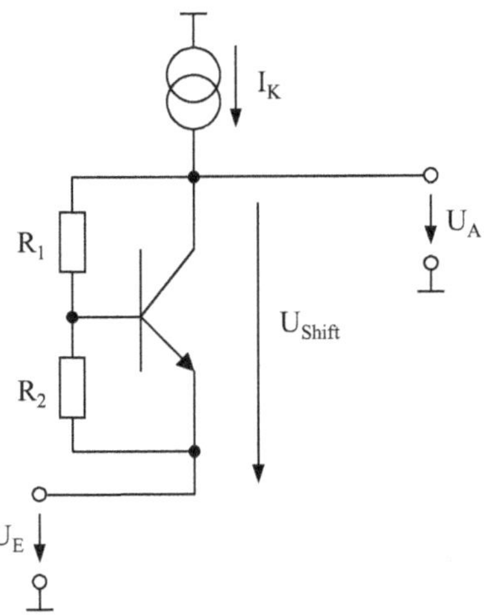

$R_1 = 2$ kΩ; $R_2 = 1$ kΩ;

$I_K = 10$ mA

Transistordaten:

$\quad U_{BE} = 0{,}6$ V; $B = 200$

Aufgabe 2.4

Die Abbildung zeigt eine Transistorverstärkerstufe in Emitterschaltung.

1. Dimensionieren Sie die Widerstände R_C, R_E, R_1 und R_2 der Transistorstufe. Der Strom durch den Basisspannungsteiler soll $I_T = 50\ \mu A$ betragen und es soll gelten $R_C = 5\ R_E$.

2. Zeichnen Sie das Kleinsignal-Wechselspannungs-Modell der Stufe und berechnen Sie die Spannungsverstärkung (v_u) sowie den Eingangswiderstand (r_e) der Verstärkerstufe.

3. Die Koppelkondensatoren C_K und der Emitterkondensator C_E bilden im betrachteten Frequenzbereich für Wechselspannungen praktisch einen Kurzschluss.

4. Wie groß muss der Kondensator C_E gewählt werden, damit auch bei der tiefsten zu übertragenden Frequenz von 300 Hz, kein wesentlicher Abfall (- 3 dB) in der Spannungsverstärkung feststellbar ist?

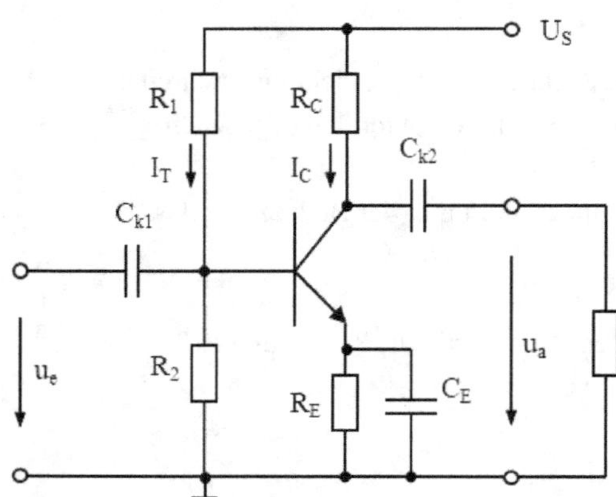

$U_S = 12\ V$

$R_L = 5\ k\Omega$

Arbeitspunkt:

$U_{CE} = 6\ V;\ I_C = 1\ mA$

$I_B = 5\ \mu A;\ U_{BE} = 0,6\ V$

Kleinsignalparameter des Transistors:

$h_{11} = 2,5\ k\Omega$

$h_{21} = 200$

$h_{12} = h_{22} = 0$

Aufgabe 2.5

Die Abbildung zeigt einen zweistufigen NF-Verstärker mit galvanischer Kopplung.

1. Dimensionieren Sie die Widerstände R_{C1}, R_{C2} und R_E.

2. Berechnen Sie den Eingangswiderstand (r_e) und den Ausgangswiderstand (r_a) sowie die Spannungsverstärkung (v_u) des Verstärkers. Dabei sind die Kondensatoren C_E, C_{K1} und C_{K2} wechselstrommäßig als Kurzschlüsse anzusehen.

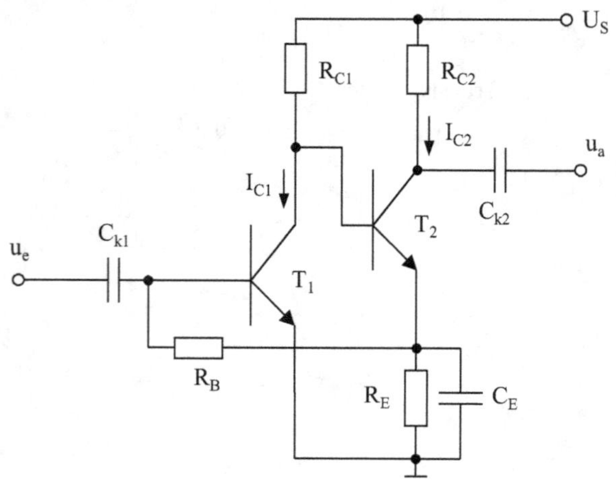

$U_S = 18\ V$

$R_B = 100\ k\Omega$

Arbeitspunkt:

$I_{C1} = 1\ mA;$

$I_{C2} = 1\ mA,\ U_{CE2} = 7,3\ V$

Transistordaten:

$U_{BE1} = U_{BE2} = 0,7\ V;$

$B_1 = B_2 = 100;$

$\beta_1 = \beta_2 = 100;\ r_{be1} = r_{be2} = 10\ k\Omega$

Aufgabe 2.6

1. Berechnen Sie die Widerstände R_E, R_1 und R_2.
2. Welche Spannungsverstärkung $v_u = u_a/u_e$ ergibt sich bei der angegebenen Schaltung?
3. Wie groß sind der Ein- und Ausgangswiderstand der Transistorstufe?

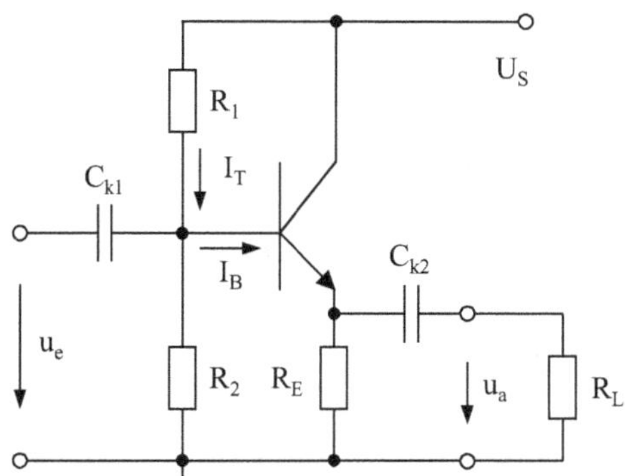

$U_S = 10$ V; $R_L = 1$ kΩ; $I_T = 10\,I_B$

Arbeitspunkt:
$\quad U_{CE} = 5$ V; $I_C = 10$ mA

Transistordaten:
$\quad U_{BE} = 0{,}6$ V; $B = 200$;
$\quad h_{21e} = 200$; $h_{11e} = r_{BE} = 8$ kΩ;
$\quad h_{12e} = h_{22e} = 0$

Aufgabe 2.7

Die Abbildung zeigt eine Kollektorstufe in der so genannten „Bootstrap"-Schaltung.

1. Berechnen Sie die Widerstände R_E, R_1 und R_2.
2. Zeichnen Sie das Wechselspannungs-Kleinsignal-Ersatzschaltbild der Kollektorstufe.
3. Welche Spannungsverstärkung besitzt die Stufe?
4. Berechnen Sie den Ein- und Ausgangswiderstand der Stufe und vergleichen Sie die Werte mit denen aus Aufgabe 2.6.

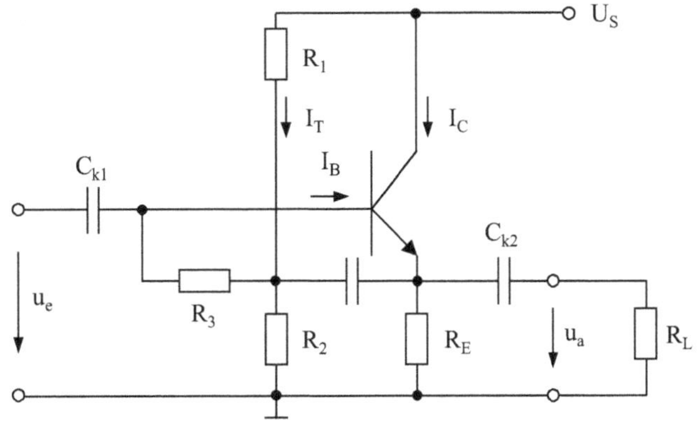

$U_S = 10$ V; $I_T = 10\,I_B$
$R_3 = 50$ kΩ; $R_L = 1$ kΩ

Arbeitspunkt:
$\quad U_{CE} = 5$ V; $I_C = 10$ mA

Transistordaten:
$\quad U_{BE} = 0{,}6$ V; $B = 200$;
$\quad h_{21e} = 200$; $h_{11e} = r_{BE} = 8$ kΩ;
$\quad h_{12e} = h_{22e} = 0$

Aufgabe 2.8

Gegeben sei die nachfolgende Transistorstufe in Basisschaltung.

1. Bestimmen Sie den Arbeitspunkt des Transistors.
2. Zeichen Sie das Wechselspannungs-Kleinsignal-Ersatzschaltbild der Verstärkerstufe.
3. Berechnen Sie die Spannungsverstärkung (v_u).
4. Wie groß ist der Eingangswiderstand der Schaltung?

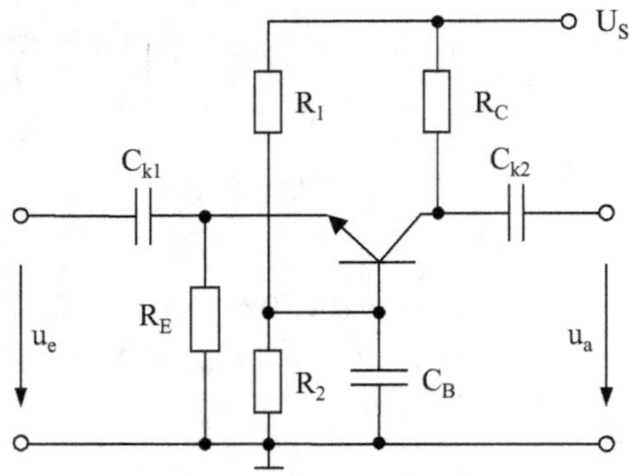

$U_S = 10$ V;

$R_1 = 20$ kΩ; $R_2 = 5$ kΩ;

$R_C = 1$ kΩ; $R_E = 180$ Ω

Transistordaten:

$B = 49$; $U_{BE} = 0{,}7$ V

$\beta = 50$; $r_{BE} = 1$ kΩ

Aufgabe 2.9

Gegeben ist ein Wechselspannungsverstärker in Emitterschaltung mit Spannungsrückkopplung.

1. Berechnen Sie den maximalen und minimalen Strom I_C bei der im Datenblatt angegebenen Parameterstreuung.
2. Stellen Sie das Wechselspannungs-Kleinsignal-Ersatzschaltbild auf und berechnen Sie die minimale Wechselspannungsverstärkung v_u.

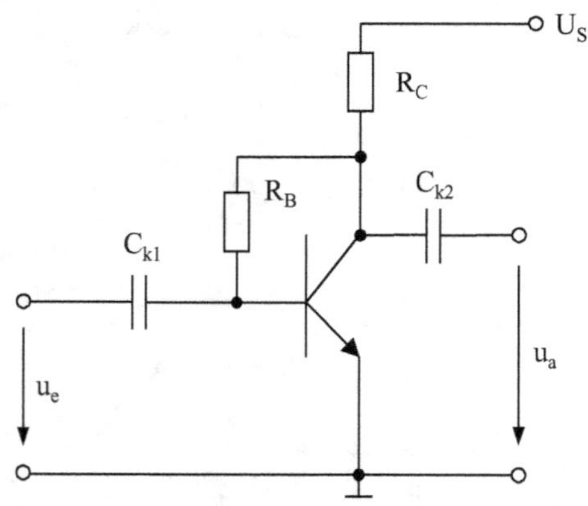

$U_S = 10$ V

$R_B = 470$ kΩ

$R_C = 2{,}5$ kΩ

Datenblattauszug - Transistorparameter	Symbol	min.	typ.	max.	Unit
DC current gain	h_{FE}	200	290	450	
Base-emitter voltage	$V_{BE(ON)}$	580	660	700	mV
Short-circuit input resistance	h_{11e}		4,5		kΩ
Open-circuit reverse voltage transfer ratio	h_{12e}		0		
Short-circuit forward current transfer ratio	h_{21e}		330		
Open-circuit output admittance	h_{22e}		30		µS

Aufgabe 2.10

Gegeben ist der abgebildete Differenzverstärker.

1. Berechnen Sie die Widerstände R_E und R_C, wenn der gemeinsame Emitterstrom $I_E = 5$ mA betragen soll ($U_{e1} = U_{e2} = 0$ V; $U_{Rc} = 6$ V).
2. Ermitteln Sie die Differenz- und Gleichtaktverstärkung. Welche Gleichtaktunterdrückung G wird mit dem Differenzverstärker erreicht?
3. Wie groß ist der Gleichtaktaussteuerbereich des Differenzverstärkers?
4. Simulieren Sie mittels LTSPICE die Differenzverstärkung und die Gleichtaktunterdrückung des Differenzverstärkers.
5. Anstelle des Emitterwiderstands R_E soll nun eine Konstantstromquelle (Abb. siehe unten) eingesetzt werden. Simulieren Sie mittels LTSPICE die Differenzverstärkung und die Gleichtaktunterdrückung des Differenzverstärkers.

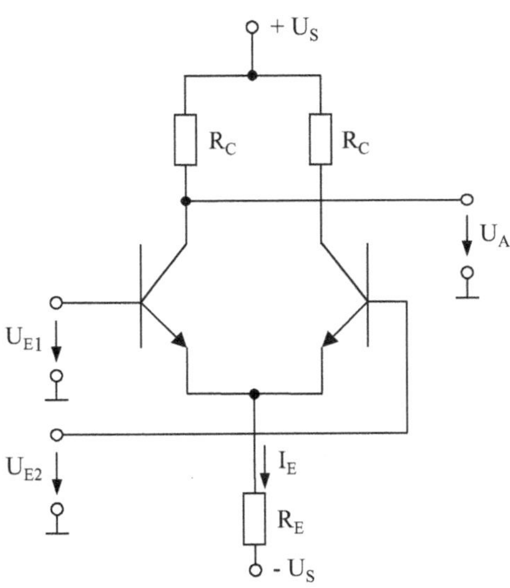

$\pm\, U_S = \pm\, 12V$

Transistordaten:
$U_{BE} = 0{,}5$ V; $B = \beta = 100$
$r_{be} = 1$ kΩ; $r_{ce} = \infty$

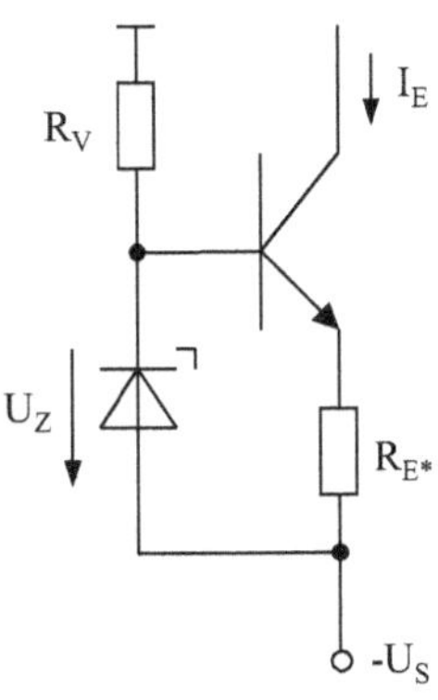

Innenwiderstand der Stromquelle:

$$r_i = r_{ce}\left(1 + \frac{\beta \cdot R_E^*}{r_{be} + R_E^*}\right)$$

Dimensionierung:
$R_E^* = 1{,}2$ kΩ; $R_V = 1$ kΩ

Daten der Z-Diode:
$U_Z = 6{,}5$ V

Transistordaten:
$U_{BE} = 0{,}5$V; $B = \beta = 100$
$r_{be} = 1$ kΩ; $r_{ce} = 25$ kΩ

Aufgabe 2.11

Es soll eine Leuchtdiode mit einem Treibertransistor geschaltet werden.

1. Dimensionieren Sie die Schaltung so, dass der Transistor mit einem Übersteuerungsfaktor $\ddot{U} \geq 2$ arbeitet.
2. Berechnen Sie den maximalen Basisstrom Ihrer Dimensionierung.

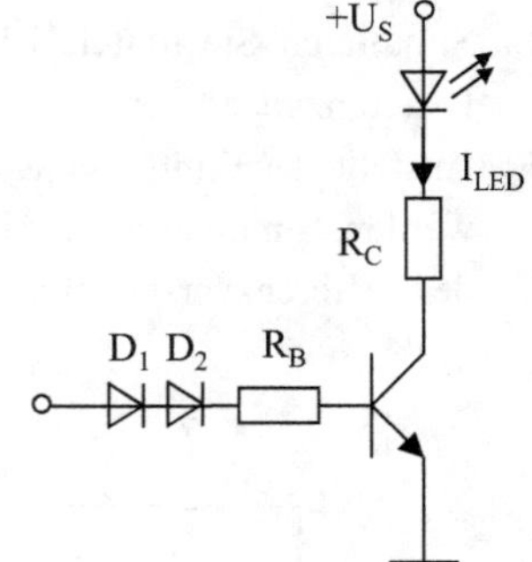

Eingangssignal	Zustand der Leuchtdiode	
$5\ \text{V} \geq H \geq 3{,}5\ \text{V}$	On	$I_D = 10\ \text{mA}$
$0 \leq L \leq 0{,}8\ \text{V}$	Off	$I_D \leq 100\ \mu\text{A}$

	$U_S = 5\ \text{V}$
Transistor:	$B = 200 \ldots 350;\ I_{CB0} = 10\ \mu\text{A};$
	$U_{BE} = 0{,}6\ \text{V};\ U_{CE,SAT} = 0{,}3\ \text{V}$
Leuchtdiode:	$U_{F1} = 2{,}4\ \text{V}$
Si-Diode:	$U_{F2} = 0{,}6\ \text{V}$

Aufgabe 2.12

1. Skizzieren Sie in das unten dargestellte Ausgangskennlinienfeld das SOAR des Transistors.

   $U_{BE} = 0{,}7$ V; $U_{CE,max} = 120$ V; $I_{C,max} = 200$ mA; $P_{V,max} = 4$ W

2. Skizzieren Sie das Schaltverhalten der unten gegebenen Schaltungen.

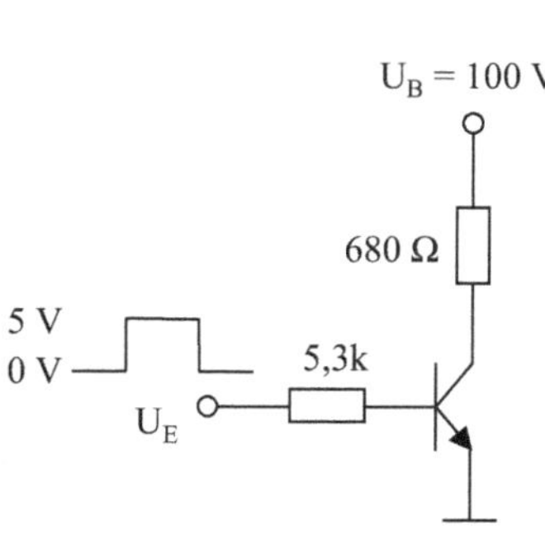

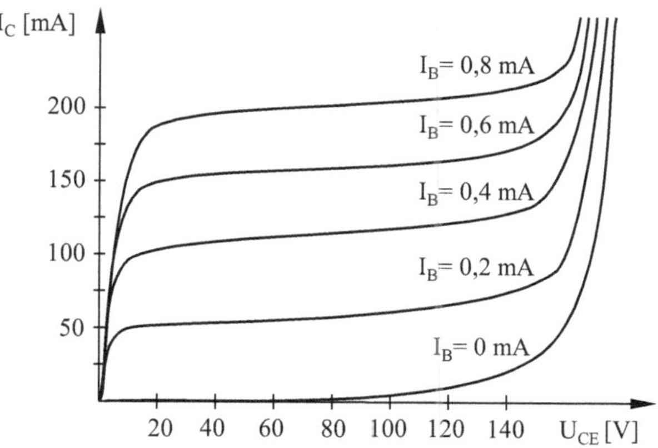

3. Skizzieren Sie das Schaltverhalten der unten gegebenen Schaltungen.
4. Geben Sie eine mögliche Schutzschaltung gegen Überspannungen am Transistor an.

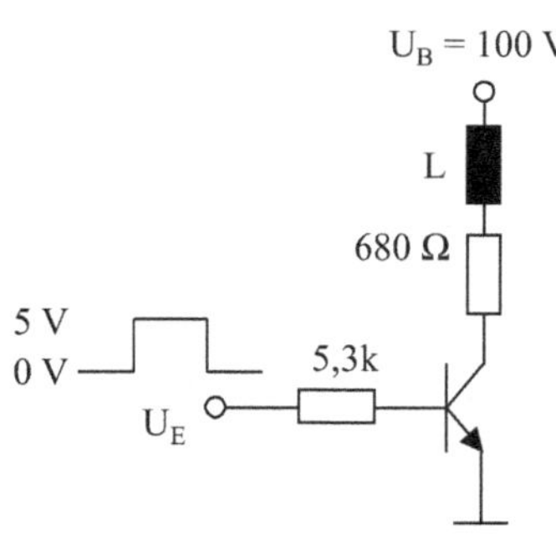

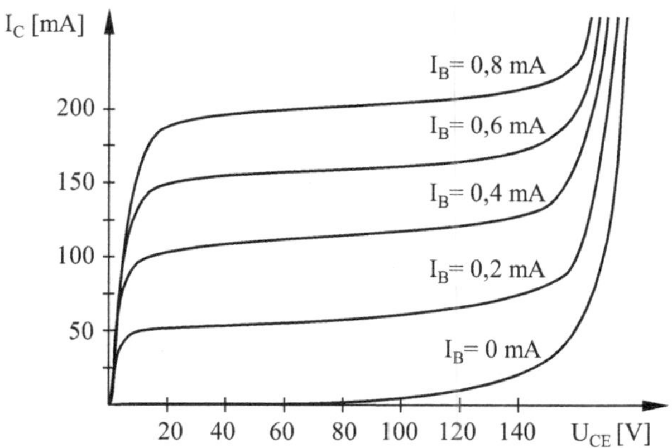

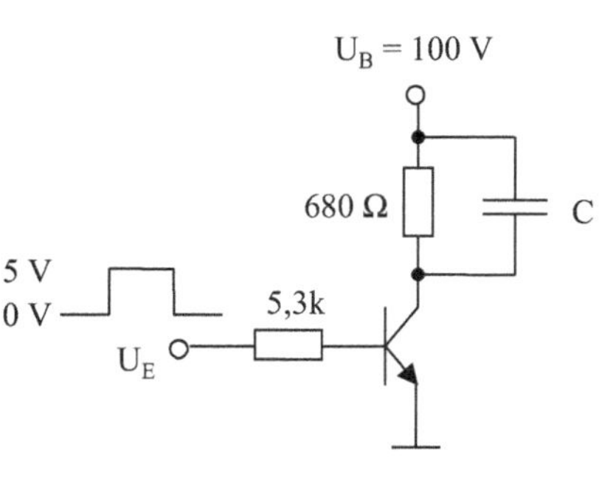

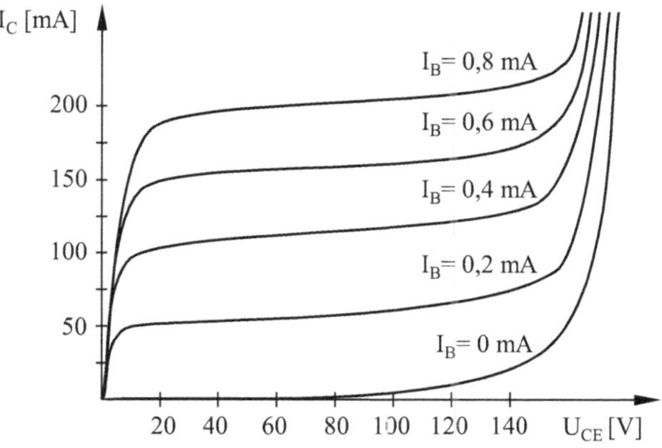

4 Feldeffekttransistor

Feldeffekttransistoren sind aktive Bauelemente, bei denen die Leitfähigkeit im Halbleitermaterial durch ein elektrisches Feld moduliert wird. Dabei ist die Ansteuerung im statischen Bereich leistungslos.

4.1 Metall-Isolator-Halbleiter-Übergang

Die Grundlage des Feldeffekttransistors der Metall-Isolator-Halbleiter-Übergang (Metal-Isolator-Semicoductor (MIS)). Legt man in der unten dargestellten Anordnung eine positive Spannung zwischen Gate (G) und Base (B) an, kommt es durch das induzierte elektrische Feld zu einer Anreicherung der Defektelektronen unterhalb des Isolators (Akkumulation). Die Leitfähigkeit wird dadurch innerhalb dieses Kanals deutlich vergrößert. Legt man eine negative Spannung zwischen Gate und Base an, werden die Elektronen angereichert. Es kommt ab einer bestimmten Schwellspannung (U_{TH}) zu einem Ausgleich von induzierten Elektronen und den aus dem p-Dotierung vorhandenen Defektelektronen. Diese rekombinieren miteinander, so dass man unter dem Oxid einen Kanal ohne freie Ladungsträgern mit einem sehr hohen Widerstand erhält. Bei weiterer Erhöhung der negativen Spannung werden mehr Elektronen induziert und es kommt zu einem Wechsel der Majoritätsladungsträger. Unter dem Oxid bildet sich ein Kanal mit n-Leitfähigkeit. Je höher die negative Spannung desto breiter wird der Kanal und desto geringer wird sein Widerstand.

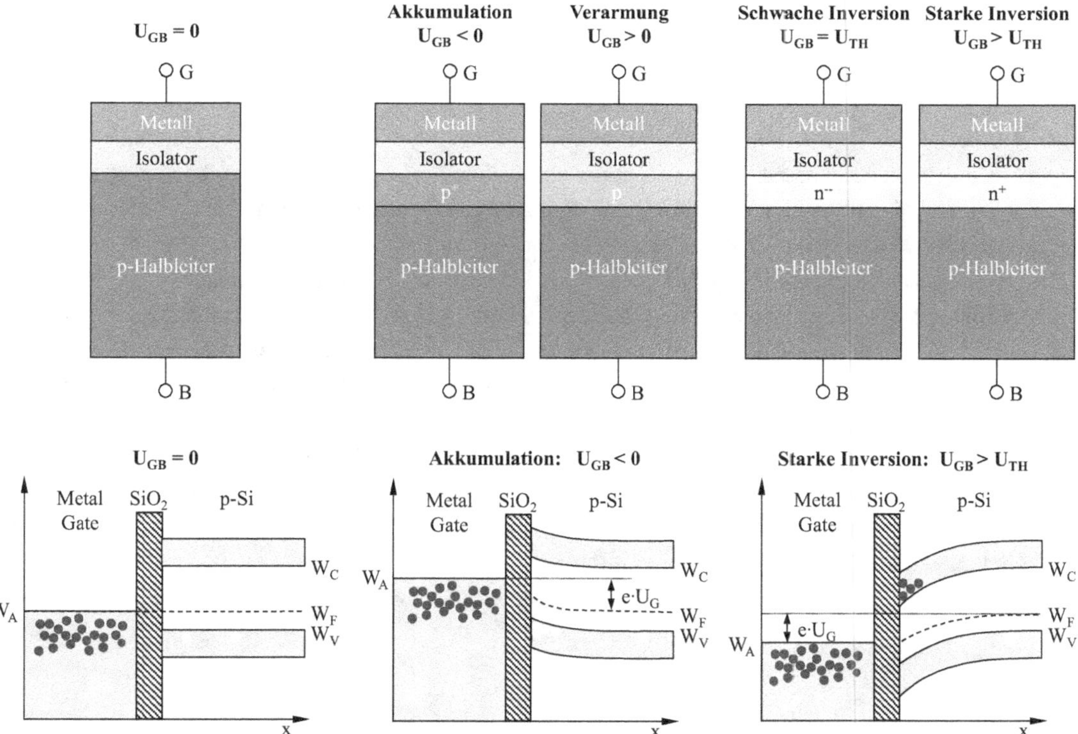

Abb. 4.1: *Akkumulation und Inversion an einer MIS-Kapazität (Metal/Isolator/Semiconductor) und die dazu gehörenden Bänderdiagramme*

4.2 Metall-Oxid-Halbleiter-Feldeffekttransistor (MOSFET)

MOSFETs besitzen vier Anschlüsse (Gate, Bulk, Source und Drain). Das Gate ist der Steuereingang, der den Stromfluss zwischen Source und Drain steuert. Bei diskreten MOSFETs ist der Bulk- und der Sourceanschluß auf ein Terminal zusammengefasst, so dass solche Bauelemente drei externe Anschlüsse besitzen.

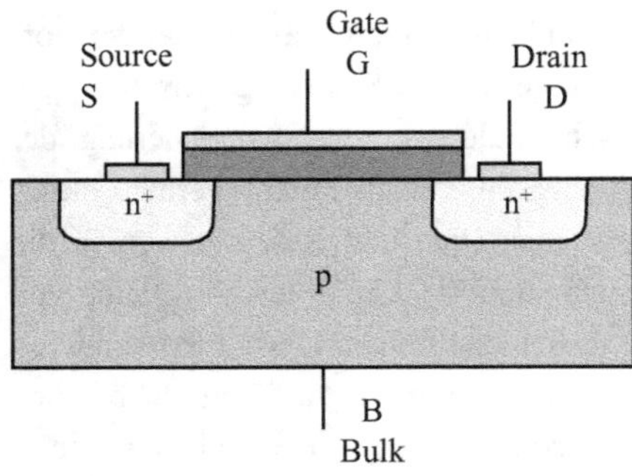

Abb. 4.2: Schematischer Aufbau eines MOSFET-Transistors (Metal/Oxid/Semiconductor)

Funktionsweise eines MOSFETs

Die Funktionsweise eines MOSFETs soll anhand eines n-Kanal-Anreicherungtyps exemplarisch beschrieben werden. Bulk- und Sourceanschluss sollen in diesem Beispiel verbunden sein.

Im Grundzustand ($U_{GS} < U_{TH}$) befinden sich zwischen Source und Drain zwei antiparallel geschaltete pn-Übergänge, die unabhäng von der Polarität der Drain-Sourcespannung (U_{DS}) einen Stromfluss zwischen den beiden Anschlüssen sperrt (Abb. 4.3). Legt man eine Spannung größer U_{TH} zwischen Gate und Source an, kommt es im Halbleitermaterial zur Anreicherung von Elektronen und somit zum Aufbau eines n-leitenden Kanals unterhalb des Isolators (Abb. 4.4). Damit sind die beiden pn-Übergänge überbrückt und es kann ein Strom zwischen Source und Drain fließen, der von der angelegten Drain-Sourcespannung und dem Kanalwiderstand abhängig ist. Je größer U_{GS} ist, desto kleiner wird der Kanalwiderstand.

Legt man eine positive Spannung zwischen Drain und Source (U_{DS}) an, kommt es zu einer Einschnürung des Kanals (Abb. 4.5), die Spannungsdifferenz auf der Sourceseite (U_{GS}) dann größer ist als auf der Drainseite (U_{GD}). Erhöht man U_{DS} weiter, wird der Kanal vollständig abgeschnürrt (Abb. 4.6). Trotz der Unterbrechung des Kanals fließt der Strom zwischen Drain und Source ungehindert weiter. Er erhöht sich sogar mit zunehmender Drain-Sourcespannung, da der Kanal sich effektiv verkürzt und der Kanalwiderstand damit geringer wird. Grund für das Weiterfließen des Stromes trotz abgeschnürrten Kanals ist die hohe Feldstärke, die an der Spitze des abgeschnürten Kanals entsteht. Sie sorgt dafür, dass der entstandene npn-Übergang durchbricht und damit keinen signifikanten Einfluss auf I_{DS} hat.

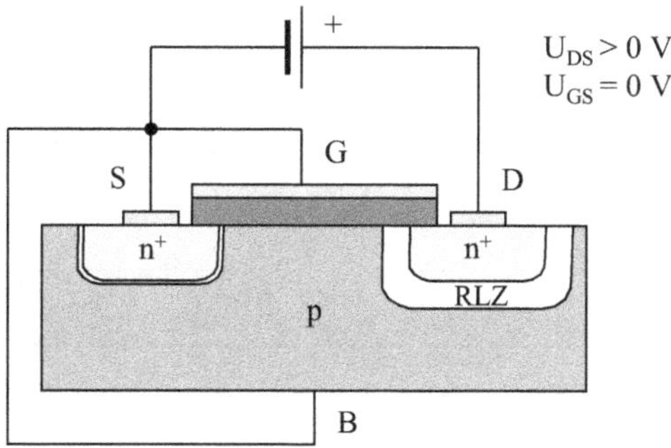

Abb. 4.3: Verhalten des MOSFETs bei einer Gatespannung unterhalb der Schwellspannung

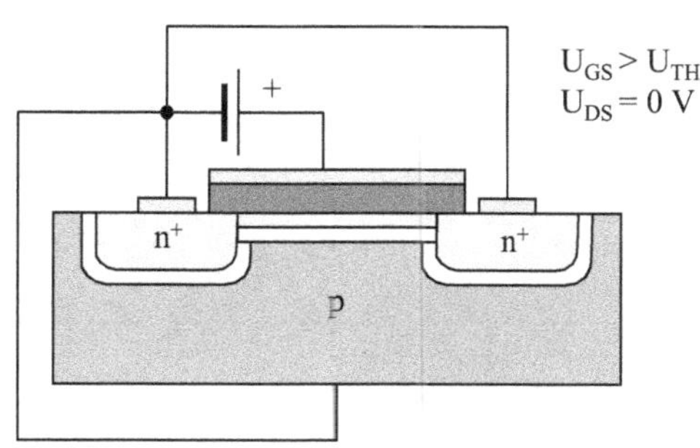

Abb. 4.4: Ausbildung eines Kanals durch Inversion beim
Überschreiten der Schwellspannung

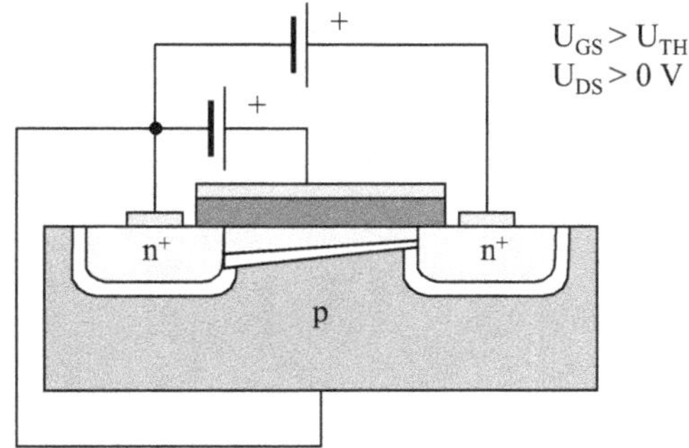

Abb. 4.5: Ohmscher Arbeitsbereich (OB)

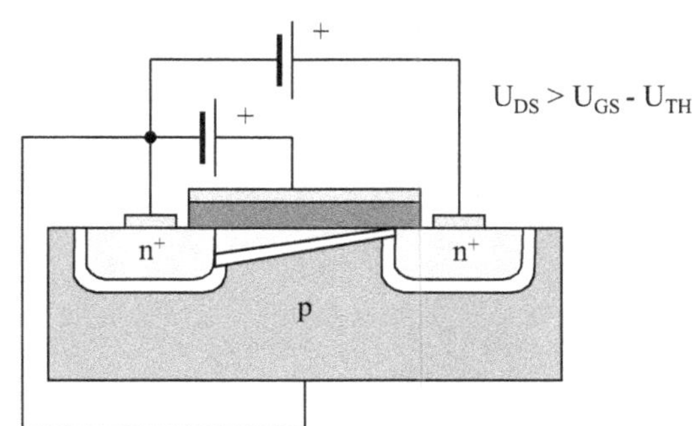

Abb. 4.6: Abschnürbereich (AB)

4.3 Sperrschicht Feldeffekttransistor (SFET)

SFETs besitzen keine Isolatorschicht zwischen Gate und dem Halbleitersubstrat. Stattdessen nutzen SFETs einen gesperrten pn-Übergang als Isolator. Da dieser immer in Sperrrichtung gepolt sein muss, ist die Gatespannung auf eine Polarität begrenzt.

SFETs werden gern bei nicht Siliziumhalbleitern genutzt, bei denen das Oxid technologisch schwer zu realisieren ist. Außerdem besitzen Eingangsstufen von Operationsverstärkern die mit SFETs realisiert werden bessere Rauscheigenschaften als solche mit MOSFETs.

Ohmscher Bereich: $U_{DS} < U_{GS} - U_{Th}$ **Abschnürbereich:** $U_{DS} > U_{GS} - U_{Th}$

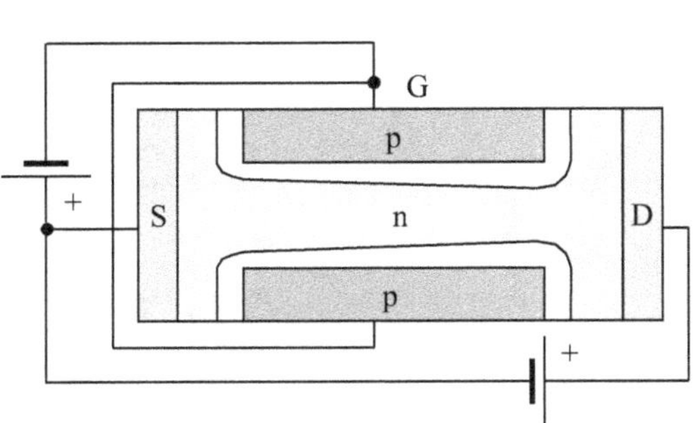

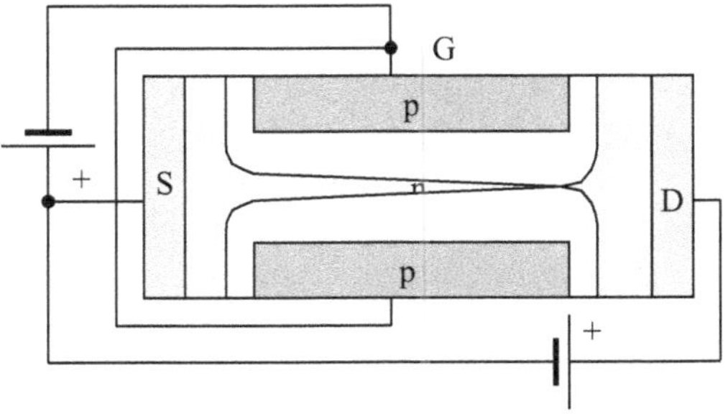

Abb. 4.7: Funktionsprinzip n-Kanal-SFET

4.4   Typen von Feldeffekttransistoren

Es gibt sechs verschiedene Grundtypen von Feldeffekttransistoren. Sie unterscheiden sich durch die Majoritätsladungsträger im Kanal (n- und p-Kanal) sowie durch ihre Leitfähigkeit des Kanals bei einer Gatespannung von null Volt (Anreicherungs- und Verarmungstypen).

MOSFET				SFET	
Anreicherungstyp		Verarmungstyp			
n-Kanal	p-Kanal	n-Kanal	p-Kanal	n-Kanal	p-Kanal

Tab. 3.1:   Typen von Feldeffekttransistoren

4.5   Technologische Realisierung von MOSFETs

CMOS-Schaltungen

Feldeffekttransistoren kommen in heutigen digitalen integrierten Schaltkreisen fast ausschließlich in CMOS-Schaltungen vor. Dabei werden komplementäre n- und p-Kanal MOSFETs eingesetzt.

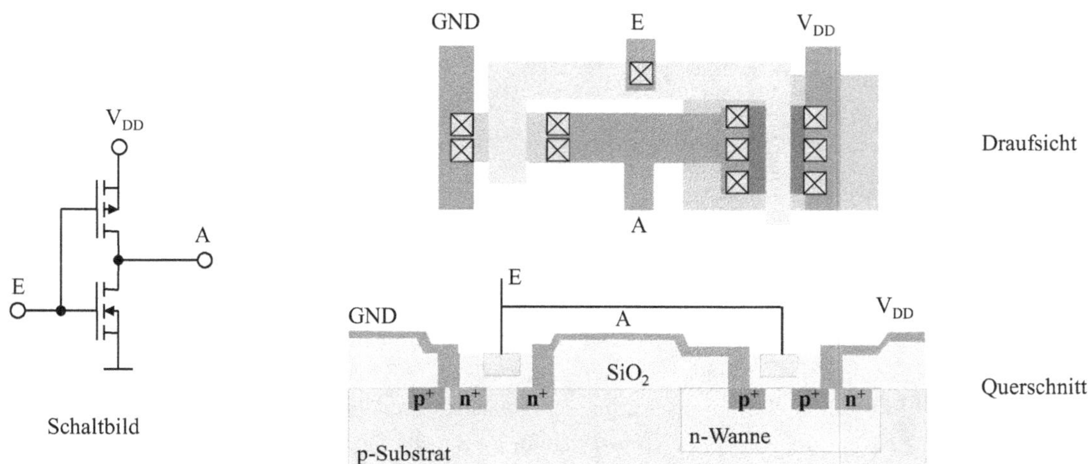

Abb. 4.8:   Planar integrierter CMOS-Inverter

Bei der Realisierung von integrierten Schaltkreisen kommt es auf einen möglichst geringen Leistungsbedarf, eine hohe Schaltfrequenz und einen kleinen Flächenbedarf an. Dafür wurde kontinuierlich die Auflösung des photolithografischen Prozesses erhöht und die Dicke des Gateoxids verringert. Da Letzteres ab etwa 2010 mit 1 nm Gateoxiddicke an seine physikalische Grenze stieß, wurde das SiO_2 durch high-k Isolatormaterial (z.B. HfO_2) getauscht. Durch den hohen Dielektrizitätsfaktor des HfO_2 konnte bei gleicher Oxiddicke und Gatespannung gegenüber SiO_2 die 4-fache elektrische Feldstärke in den Halbleiter induziert werden.

Neben der Verringerung der Gateoxiddicke ist die Minimierung der lateralen Strukturgrößen ein maßgebendes Kriterium zur Erhöhung der Komplexität von integrierten Schaltkreisen. Entscheidend hierfür ist die Auflösung des Photolithographieprozesses zur Strukturierung der Halbleiterschichten. Je geringer die Wellenlänge des in diesem Prozess genutzten Lichtes, desto höher ist die erreichbare Auflösung.

Ab dem Jahr 2020 stand nach langer Entwicklungszeit eine Lichtquelle mit einer Wellenlänge von 13,5 nm kommerziell zur Verfügung (Extrem Ultraviolette Lithographie, EUV). Die Strahlung wird durch ein Natriumplasma erzeugt und anschließend durch Spiegelsysteme auf den Wafer projiziert. Die geringe Wellenlänge erfordert ein Spiegelprojektionssystem, da Quarzlinsen in diesem Wellenlängenbereich nicht mehr die notwendige Transparenz besitzen. Des Weiteren muss der gesamte Strahlengang im Vakuum geführt werden, um Absorptionseffekte durch die Atmosphäre auszuschließen.

Mit Hilfe der EUV-Lithographie sind heute (Stand 2022) Auflösungen von 3 nm erreichbar.

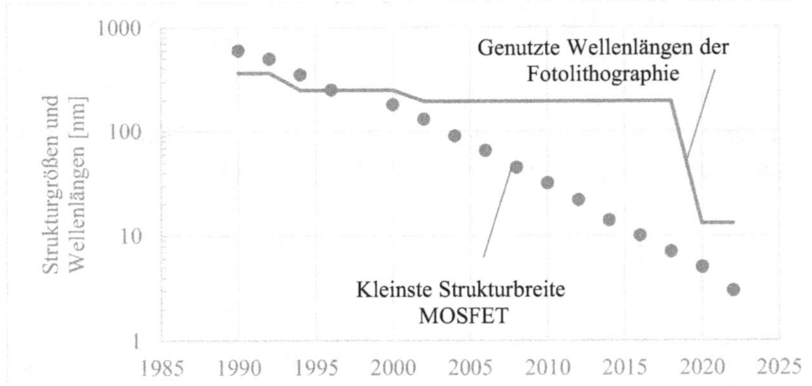

Abb. 4.9:   Entwicklung genutzter Wellenlängen in der Fotolithographie und der erreichten Auflösungen

Neben der Verbesserung der Auflösung wird seit etwa 2015 eine 3d-Integration vorangetrieben. Dabei wird der Kanal nicht mehr im Halbleiterbulkmaterial realisiert, sondern in einer speziellen Schichtanordnung über ihr. Bei der FinFET-Technologie wird der Kanal von drei Seiten durch das Gate umschlossen. Das führt gegenüber der Planartopologie, zu einer Verringerung der effektiven Transistorfläche und zu einer Reduktion von parasitären Strömen und Kapazitäten. In der aktuellen Entwicklung wird die Gate-All-Around-Technologie (GAA) in die Chipproduktion eingeführt. Sie besitzt mehrere übereinander realisierte Kanalschichten, die vollständig vom Gate umschlossen sind.

Der nächste Schritt wäre das vertikale Stapeln mehrerer Transistoren. Abb. 4.10 zeigt exemplarisch eine p-Kanal/n-Kanal-Kombination, wie sie in der CMOS-Technik häufig vorkommt.

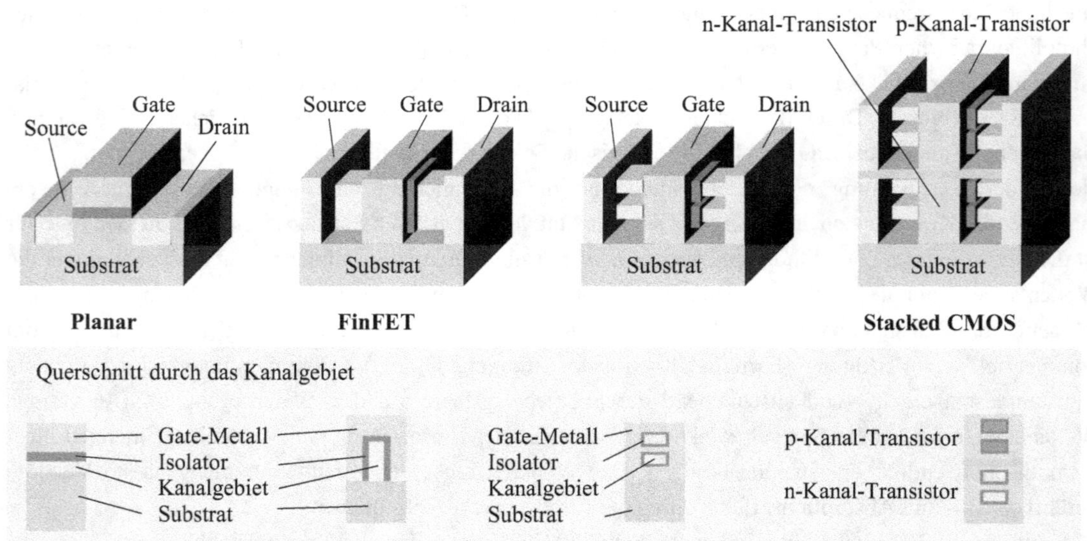

Abb. 4.10:   Entwicklung des Transistoraufbaus von FETs in CMOS-Schaltungen

Diskrete FET-Transistoren

Die meisten diskret integrierten FETs sind Leistungstransistoren auf Siliziumbasis, die als aktiver Schalter genutzt werden. Sie kommen in Stromversorgungen und Motorsteuerungen bis zu einer Systemleistung von 10 kW und einer Frequenz von 300 kHz zum Einsatz. Für höhere Frequenzen haben sich SiC und GaN-FETs in den letzten Jahren etabliert.

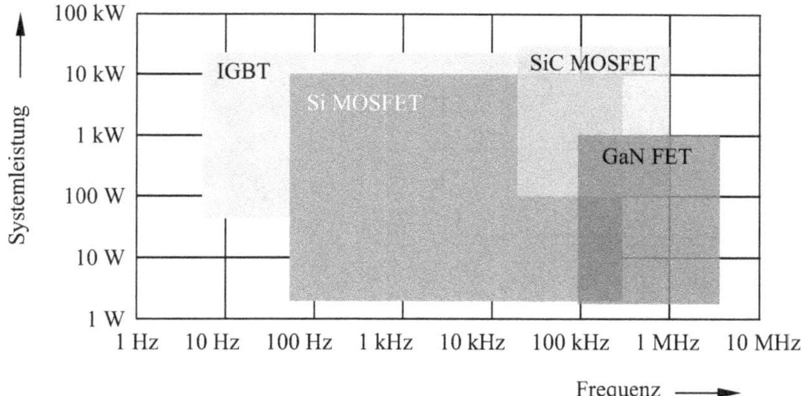

Abb. 4.11: Vergleich der Einsatzgebiete von Si-MOSFETs und Wide-Bandgap-Halbleitern [21]

SiC und GaN zeichnen sich durch einen deutlich größeren Bandabstand aus und erreichen dadurch im Vergleich zu Silizium höhere Durchbruchfeldstärken. SiC besitzt zusätzlich eine etwa 2,5-mal höhere thermische Leitfähigkeit als Silizium, wodurch Verlustleistungen besser aus dem Bauelement abgeleitet werden können. Für den Einsatz von GaN spricht auch eine gegenüber Silizium etwa 2,5-mal höhere Sättigungsgeschwindigkeit der Elektronen, die bei GaN-LeistungsFETs Schaltfrequenzen bis zu 5 MHz ermöglichen.

Die verbreitetste Technologie für diskrete FETs sind D-MOSFETs (Double defused MOSFET). Bei ihnen sind auf der Oberseite die Source- und Gateanschlüsse realisiert und der Drain wird über die Rückseite kontaktiert. Aufgrund der Topologie von D-MOSFET entsteht zwischen Drain und Source eine parasitäre Diode (Bodydiode).

Für höhere Leistungen werden mehrere D-MOSFET-Strukturen parallel geschaltet (siehe Abb. 4.12).

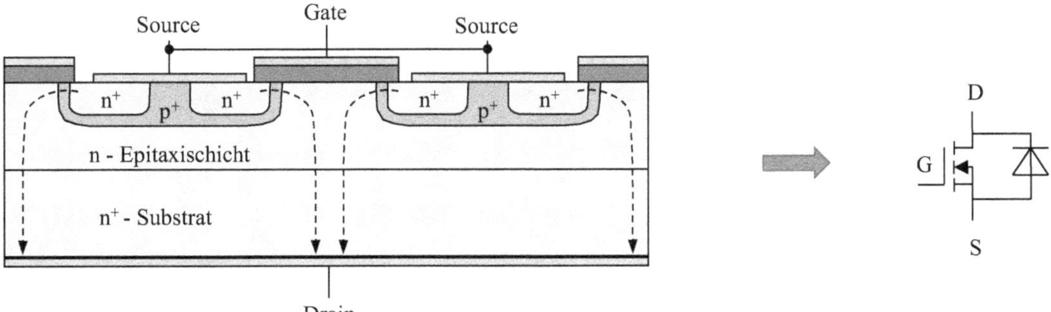

Abb. 4.12: Leistungstransistor (n-Kanal D-Mosfet) mit integrierter Inversdiode

---

[21] Wide Bandgap Transistors, ST Microelectronics, 2022

Eine Verbesserung der D-MOSFETs stellen SJ-MOSFET (Super Junction) dar. Sie besitzen eine säulenförmige p-Schicht in der n-Schicht, die dazu führt, dass sich das elektrische Feld in der n-Schicht gleichmäßig verteilt und so die maximalen Feldstärkespitzen am pn-Übergang verringert werden. Durch die Homogenisierung der Feldstärkenverteilung beim SJ-MOSFET können höhere Sperrspannungen bzw. durch höher dotierte n-Schichten geringere Einschaltwiderstände realisiert werden.

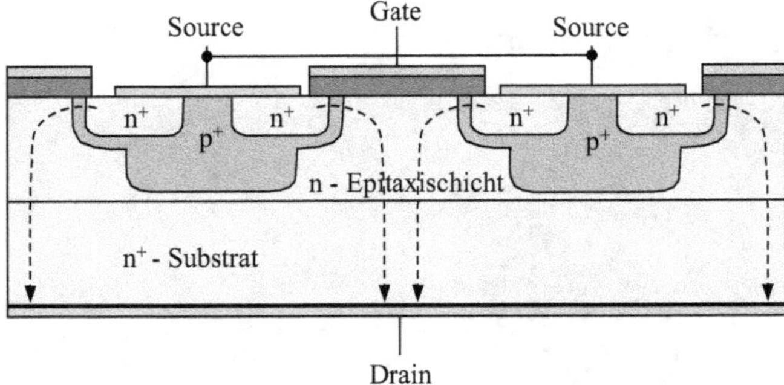

Abb. 4.13: Aufbau von Superjunction MOSFET (SJ-MOSFET)

Typ	$U_{DS,max}$	$I_{D,max}$	$R_{DS,ON}$	P_{tot}	$t_{d(On)}$	t_r	$t_{d(Off)}$	t_f	$T_{j,max}$	Technologie
BUZ11[22]	50 V	30 A	30 mΩ	75 W	30 ns	70 ns	180 ns	130 ns	150 °C	Si
NVMTS0D4N04CL[23]	40 V	553 A	0,4 mΩ	244 W	45 ns	40 ns	382 ns	96 ns	175 °C	Si
IPP80R280P7[24]	800 V	17 A	240 mΩ	101 W	10 ns	6 ns	40 ns	5 ns	150 °C	SJ - Si
NTH4L040N120SC1[25]	1200 V	58 A	40 mΩ	319 W	17 ns	20 ns	32 ns	10 ns	175 °C	SiC
IGO60R070D1[26]	600 V	31 A	55 mΩ	125 W	15 ns	9 ns	15 ns	13 ns	150 °C	GaN

Tab. 4.2:   Typische Parameter von Leistungs-FETs für T = 25 °C

---

[22] Datenblatt BUZ11, Fairchild Semiconductor Corporation, 2001

[23] Datenblatt, NVMTS0D4N04CL, ON Semiconductor, 2018

[24] Datenblatt, IPP80R280P7, Infineon, 2018

[25] Darenblatt NTH4L040N120SC1, ON Semiconductor, 2020

[26] Datenblatt IGO60R070D1, Infineon, 2018

4.6 Statische Kennlinien von Feldeffekttransistoren

Des Kennlinienfeld von FETs umfasst das Transfer- und das Ausgangskennlinienfeld. Ein Eingangskennlinienfeld wie beim Bipolartransistor gibt es nicht, da die Eingangsströme im statischen Betrieb vernachlässigt werden können.

Das Transferkennlinienfeld zeigt die Abhängigkeit des Drainstroms (I_D) von der Gate-Sourcespannung (U_{GS}). Für $U_{GS} < U_{TH}$ ist der Strom null. Ab U_{TH} steigt der Drainstrom quadratisch an, bis er die Grenze zum ohmschen Bereich erreicht. In diesem Bereich flacht die Kurve ab und geht in einen linearen Verlauf über. Die Grenze zwischen Abschnür- und ohmschen Bereich ist mit $U_{DS} = U_{GS} - U_{TH}$ gegeben.

Das Ausgangskennlinienfeld stellt den Drainstrom in Abhängigkeit von der Drain-Sourcespannung (U_{DS}) dar. Als weiterer Parameter wird die Abhängigkeit von U_{GS} gezeigt. Im Abschnürbereich ist die Abhängigkeit des Stroms von U_{DS} minimal und wird nur durch die Kanalverkürzung für höhere U_{DS} leicht größer. Im ohmschen Bereich ist die Abhängigkeit zwischen U_{DS} und I_D für kleine Spannungen linear. Im Übergangsbereich zwischen ohmschen und Abschnürbereich erhält man eine Verrundung der Kennlinie.

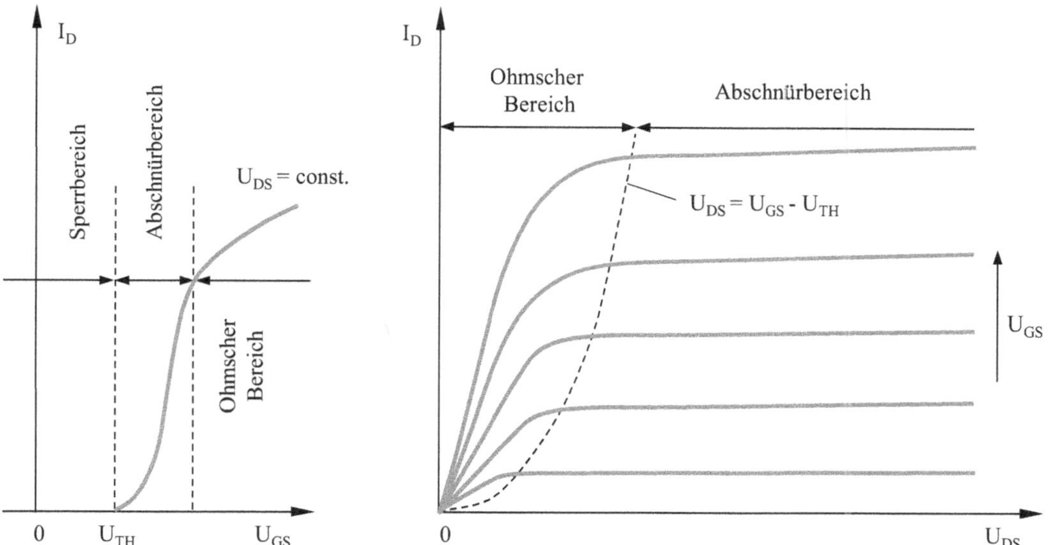

Abb. 4.14: Kennlinienfeld eines n-Kanal-Anreicherungs-MOSFET
(links – Transferkennlinienfeld; rechts – Ausgangskennlinienfeld)

Abb. 4.14 zeigt das Kennlinienfeld eines n-Kanal-Anreicherungstyps. Zu erkennen ist dies an der positiven Schwellspannung (U_{TH}). Bei einem Verarmungstyp, wie in Abb. 4.15 dargestellt, wird die Übertragungskennlinie in den negativen Bereich verschoben.

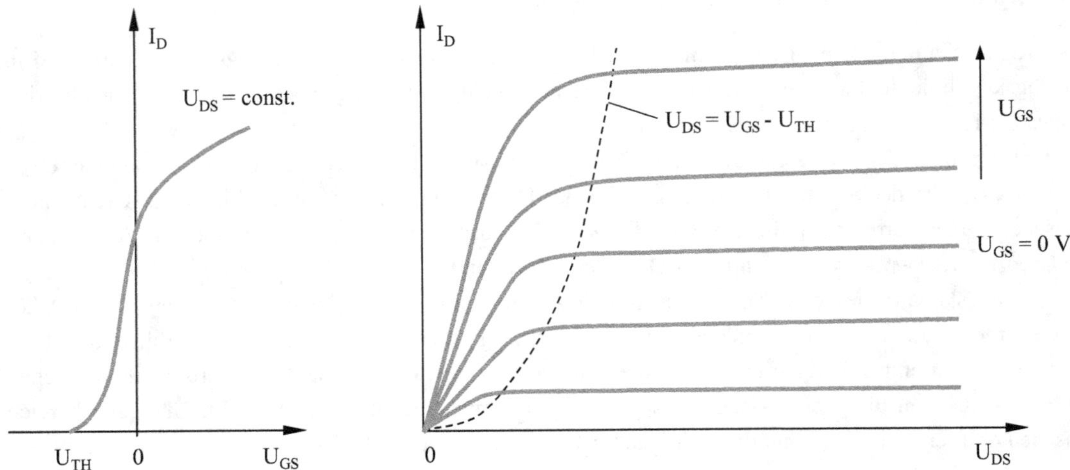

Abb. 4.15: *Kennlinienfeld n-Kanal-MOSFET Verarmungstyp*
(links – Transferkennlinienfeld; rechts – Ausgangskennlinienfeld)

Eine ähnliche Kennlinie wie der Verarmungstyp besitzt der n-Kanal-SFET. Er hat ebenfalls eine negative Schwellspannung, kann aber nur bis zu $U_{GS} = 0$ V angesteuert werden. Für positive Spannungen würde der pn-Übergang leitend und ein Strom über das Gate fließen.

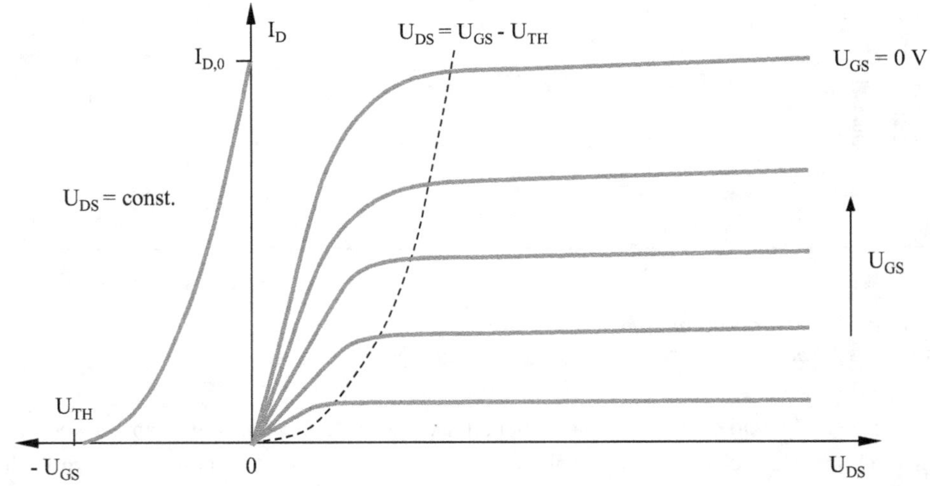

Abb. 4.16: *Kennlinie n-Kanal-SFET*

Für alle p-Kanal FETs sind die Kennlinienfelder gleich den der n-Kanal Transistoren. Alle Ströme und Spannungen sind jedoch invertiert.

4.7 Schaltverhalten von Feldeffekttransistoren

Statisches Verhalten

Das Schaltverhalten von FETs wird im eingeschalteten Zustand mit dem On-Widerstand ($R_{DS,On}$) und im ausgeschalteten Zustand mit dem Drain-Sourcereststrom (I_{DSS}) beschrieben. Dabei wird der On-Widerstand für eine definierte Gatespannung angegeben, die meist der maximal zulässigen Gatespannung entspricht. Der Drain-Sourcereststrom wird für Gatespannungen deutlich unterhalb der Schwelspannung (U_{TH}) definiert. Für Anreicherungstypen erfolgt die Angabe für $U_{GS} = 0$ V.

On	Off
$R_{DS,On} = \dfrac{U_{DS,On}}{I_{DS,On}}$	$I_{DSS} = I_D \ (U_{GS} < U_{TH})$ *für n-Kanal-FET*

Tab. 4.3: *Parameter des statischen Schaltverhaltens von FETs*

Dynamisches Verhalten

Für die Beschreibung des dynamischen Verhaltens werden verschiedene Kapazitäten definiert. Die Gate-Source- und die Gate-Drainkapazität entstehen durch eine leichte Überlappung des Gategebietes über das Source- bzw. Draingebiet. Zusätzlich erhöhen sich die beiden Kapazitäten sobald sich ein Kanal unter dem Gategebiet ausgebildet hat und die effektive Fläche der beiden Kapazitäten sich vergrößert.
Die Drain-Sourcekapazität ist vor allem die Sperrschichtkapazität des gesperrten pn-Übergangs zwischen den beiden Anschlüssen.

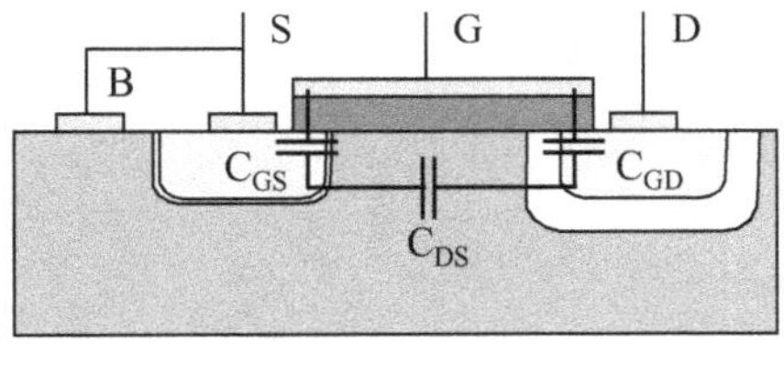

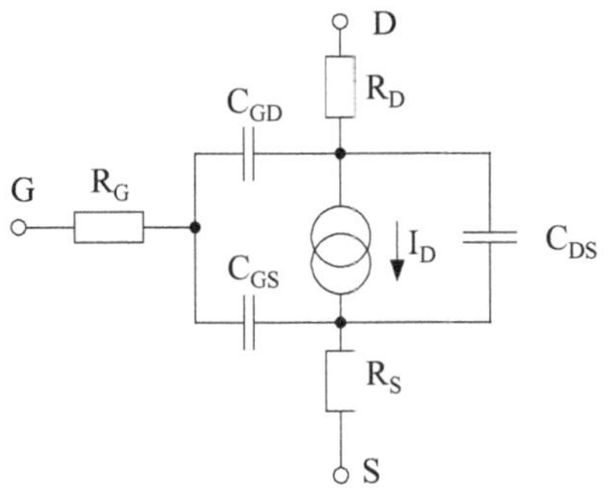

Abb. 4.17: *Parasitäre Kapazitäten am FET*

In den Datenblättern werden die Ein- und Ausgangskapazitäten ($C_{I,SS}$, $C_{O,SS}$) des Transistors angegeben. Dabei wird C_{GD} und C_{GS} zu $C_{I,SS}$ zusammengefasst. Sie werden unterhalb der Schwellspannung bestimmt. $C_{O,SS}$ entspricht weitestgehend C_{DS}.
Sobald sich ein Kanal unterhalb des Gates bildet, steigt die Gatekapazität. Um das Umschalten des Transistors besser beschreiben zu können, werden alternativ die Gateladungen im Datenblatt aufgeführt, die für das vollständige Umschalten vom OFF- in den ON-Zustand (Q_G) notwendig sind.

Typ	$U_{DS,max}$	$I_{D,max}$	$R_{DS,On}$	P_{tot}	$C_{I,SS}$	$C_{O,SS}$	Q_G	t_{On}	t_{Off}	Technologie
BUZ11[27]	50 V	30 A	30 mΩ	75 W	1,5 nF	750 pF		100 ns	210 ns	Si
IPP80R280P7[28]	800 V	17 A	240 mΩ	101 W	1,2 nF	20 pF	36 nC	16 ns	45 ns	SJ - Si
IGO60R070D1[29]	600 V	31 A	55 mΩ	125 W	0,38 nF	72 pF	5,8 nC	24 ns	28 ns	GaN

Tab. 4.4:   Typische Parameter von Leistungs-FETs für T = 25 °C

Beim Umschalten von Feldeffekttransistoren kommt es beim Einschalten zu einer typischen Plateaubildung im Verlauf von U_{GS}. Grund hierfür ist die Kanalbildung unterhalb des Gates während des Einschaltprozesses. Dieser führt zu einer Vergrößerung der Gatekapazität. Für eine bestimmte Zeit gleicht der Ladestrom über das Gate nur die notwendigen Zusatzladungen für die Änderung der Kapazität aus und die Spannung am Gate steigt nicht weiter an.

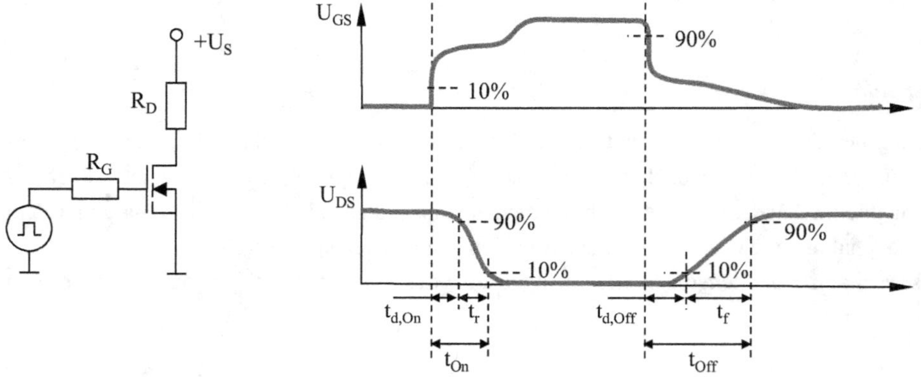

Abb. 4.18:   Darstellung des dynamischen Schaltverhaltens eines FETs

[27] Datenblatt BUZ11, Fairchild Semiconductor Corporation, 2001
[28] Datenblatt, IPP80R280P7, Infineon, 2018
[29] Datenblatt IGO60R070D1, Infineon, 2018

4.9 Modelle zur Beschreibung von Feldeffekttransistoren

Es gibt sehr verschiedene Modelle zur Beschreibung des Verhaltens von Feldeffekttransistoren. LTSPICE hat allein hierfür acht Simulationsmodelle. Das unten beschriebene Gleichspannungsersatzschaltbild entspricht dem Grundmodell mit der Vereinfachung, dass die Kanalverkürzung im Abschnürbereich keinen Einfluss auf den Drainstrom bewirkt und somit die Kennlinien im Ausgangskennlinienfeld innerhalb des Abschnürbereichs keine Abhängigkeit von der Drain-Sourcespannung aufweisen.

Gleichspannungsersatzschaltbild

Das Gleichspannungsersatzschaltbild des FETs ist eine Stromquelle, die durch die Gate-Sourcespannung (U_{GS}) gesteuert wird. Die dafür notwendige Abhängigkeit ist für die drei Bereiche (Sperrbereich, Ohmscher Bereich und Abschnürbereich) unterschiedlich definiert und in Gl. [111] - [113] wiedergegeben.

Die den jeweiligen Transistor beschreibenden Parameter sind bei diesem Modell außschließlich die Schwellspannung (U_{TH}) und der Steilheitskoeffizient (K).

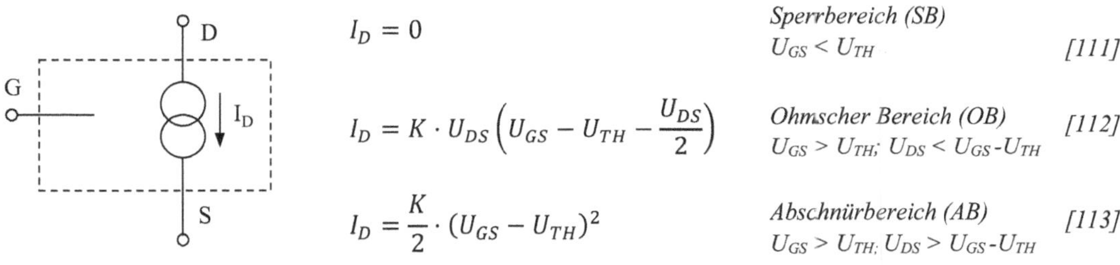

$$I_D = 0 \qquad\qquad \textit{Sperrbereich (SB)}$$
$$U_{GS} < U_{TH} \qquad\qquad [111]$$

$$I_D = K \cdot U_{DS}\left(U_{GS} - U_{TH} - \frac{U_{DS}}{2}\right) \qquad \textit{Ohmscher Bereich (OB)} \qquad [112]$$
$$U_{GS} > U_{TH};\ U_{DS} < U_{GS}\text{-}U_{TH}$$

$$I_D = \frac{K}{2} \cdot (U_{GS} - U_{TH})^2 \qquad \textit{Abschnürbereich (AB)} \qquad [113]$$
$$U_{GS} > U_{TH};\ U_{DS} > U_{GS}\text{-}U_{TH}$$

Abb. 4.19:
Gleichspannungsersatzschaltbild mit Steilheitskoeffizient

mit K -   *Steilheitskoeffizient* $[A/V^2]$
U_{TH} - *Schwellspannung (Threshold Voltage)*
U_{GS} - *Gate-Sourcespannung*
U_{DS} - *Drain-Sourcespannung*

Alternativ zum Steilheitskoeffizient kann für den Abschnürbereich auch der Strom $I_{D,0}$ als Parameter verwendet werden. Der Strom wird bei einer Gatespannung von $U_{GS} = 0$ V gemessen und kann für alle FETs genutzt werden, die bei dieser Spannung im Abschnürbereich arbeiten. Hauptsächlich wird die Gleichung jedoch für SFETs genutzt, da hier der maximale Strom gleich $I_{D,0}$ ist.

$$I_D = I_{D,0} \cdot \left(1 - \frac{U_{GS}}{U_{TH}}\right)^2 \qquad \textit{Abschnürbereich (AB)} \qquad [114]$$
$$U_{GS} > U_{TH};\ U_{DS} > U_{GS}\text{-}U_{TH}$$

mit $I_{D,0}$ - *Drainstrom bei* $U_{GS} = 0$ V
U_{TH} - *Schwellspannung (Threshold Voltage)*
U_{GS} - *Gate-Sourcespannung*

Zwischen dem Steilheitskoeffizient und $I_{D,0}$ existiert eine direkte Abhängigkeit, so dass beide ineinander umgerechnet werden können.

$$K = 2 \cdot I_{D,0}\left(\frac{1}{U_{TH}}\right)^2 \qquad \textit{Abschnürbereich (AB)} \qquad [115]$$
$$U_{GS} > U_{TH};\ U_{DS} > U_{GS}\text{-}U_{TH}$$

Parameterbestimmung

Die Parameterbestimmung von U_{TH} und K erfolgt an der Transferkennlinie im Abschnürbereich. Hierfür wird die Modellgleichung für den Abschnürbereich nach dem Verfahren der kleinsten Quadrate angefittet.

$$I_D = \frac{K}{2} \cdot (U_{GS} - U_{TH})^2 \qquad\qquad \begin{array}{l} \textit{Abschnürbereich (AB)} \\ U_{GS} > U_{TH}; \ U_{DS} > U_{GS}\text{-}U_{TH} \end{array} \qquad\qquad [116]$$

Dies geschieht mit Hilfe von mathematischen Auswerteroutinen (z.B. EXCEL oder Mathlab) oder grafisch durch Linearisierung der Kennlinie.

Für die Linearisierung der Kennlinie wird aus den Termen auf beiden Seiten die Wurzel gezogen und so eine lineare Geradengleichung erzeugt.

$$\sqrt{I_D} = \sqrt{\frac{K}{2}} \cdot (U_{GS} - U_{TH}) \qquad\qquad \begin{array}{l} \textit{Abschnürbereich (AB)} \\ U_{GS} > U_{TH}; \ U_{DS} > U_{GS}\text{-}U_{TH} \end{array} \qquad\qquad [117]$$

Diese entspricht der Geradennormalform:

$$x = \frac{1}{m} \cdot (y - n) \qquad\qquad\qquad\qquad\qquad\qquad [118]$$

$$mit \qquad x = \sqrt{I_D} \qquad m = \sqrt{\frac{2}{K}} \qquad n = U_{TH} \qquad y = U_{GS}$$

Damit erhält man U_{TH} als Schnittpunkt mit der Y-Achse ($I_D = 0$) und der Anstieg der Ausgleichsgerade ist ein Maß für den Steilheitskoeffizient.

$$U_{TH} = U_{GS} \, |_{I_D=0} \qquad\qquad\qquad\qquad\qquad\qquad [119]$$

$$K = 2 \cdot \left(\frac{\Delta\sqrt{I_D}}{\Delta U_{GS}} \right)^2 \qquad\qquad\qquad\qquad\qquad [120]$$

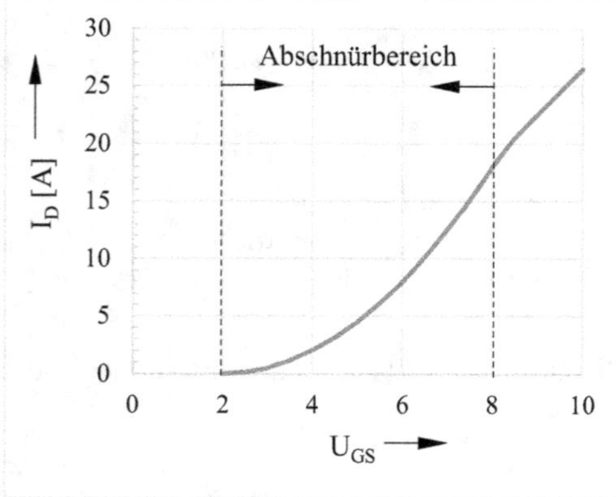

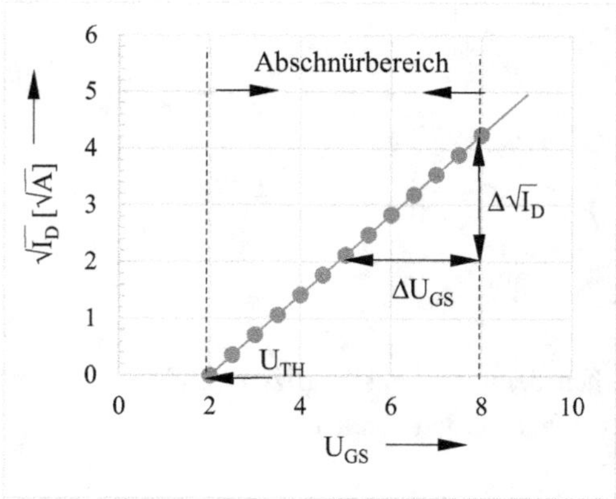

Abb. 4.20: Transferkennlinie

Abb. 4.21: Linearisierte Transferkennlinie für die Parameterbestimmung

Kleinsignalersatzschaltbild

Das Kleinsignalersatzschaltbild eines FETs beinhaltet eine gesteuerte Stromquelle mit einem parallelen Drain-Sourcewiderstand (r_{DS}). Der Steuerparameter ist u_{gs}, der mit der Steilheit S multipliziert den Strom der Stromquelle bestimmt.

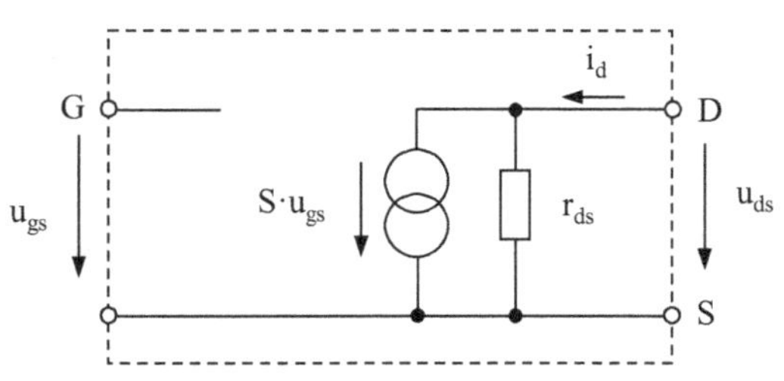

$$i_d = S \cdot u_{gs} + \frac{1}{r_{ds}} u_{ds} \qquad [121]$$

$$S = \left. \frac{\partial I_D}{\partial U_{GS}} \right|_{U_{DS}=konst.} \qquad [122]$$

$$r_{ds} = \left. \frac{\partial U_{DS}}{\partial I_D} \right|_{U_{GS}=konst.} \qquad [123]$$

mit S - Steilheit [A/V]

r_{ds} - Drain-Sourceausgangswiderstand [Ω]

Abb. 4.22: Kleinsignalersatzschaltbild der Sourceschaltung

In Datenblättern wird meist die Steilheit und nicht der Steilheitskoeffizient angegeben, da sie in einem weiten Bereich quasi konstant ist. Bei gegebenen Arbeitspunkt kann der Steilheitskoeffizient (K) aus der Steilheit (S) berechnet werden.

$$K = \frac{S}{U_{GS} - U_{TH}} \qquad\qquad \begin{array}{l} \textit{Abschnürbereich (AB)} \\ U_{GS} > U_{TH};\ U_{DS} > U_{GS}\text{-}U_{TH} \end{array} \qquad [124]$$

4.10 Anwendung von FETs als Wechselspannungsverstärker

Wie beim Bipolartransistor gibt es auch für den Feldeffekttransistor drei Kleinsignal-Schaltungsarten, die Source-, die Drain- und die Gateschaltung. In allen Verstärkerschaltungen wird der FET als Wechselspannungsverstärker im Abschnürbereich betrieben.

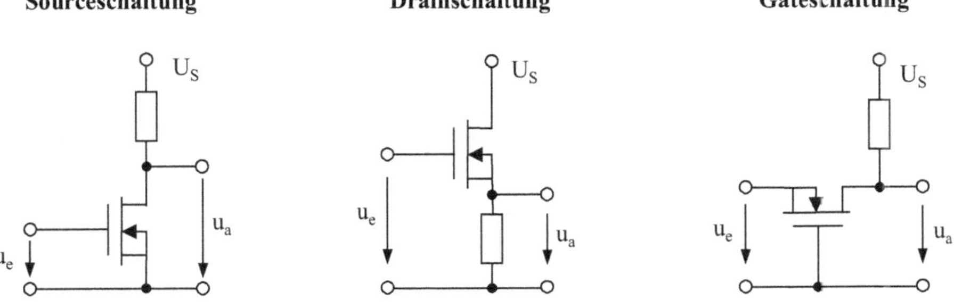

Abb. 4.23: Schematische Darstellung der Schaltungsvarianten von Verstärkergrundschaltungen mit FET

Das in Abb. 4.22 gezeigte Kleinsignalmodell kann für alle Verstärkergrundschaltungen genutzt werden. Für die Gateschaltung gibt es zusätzlich ein angepasstes Modell.

Arbeitspunkteinstellung für dir Sourceschaltung

Abb. 4.24 zeigt einen typischen Wechselspannungsverstärker in Sourceschaltung, bei dem die Eingangs- und Ausgangssignale über Koppelkondensatoren ein- und ausgespeist werden.

Für die Berechnung des Arbeitspunktes des Feldeffekttransistors werden alle Kondensatoren abgeklemmt und das Gleichspannungsmodell des FETs eingesetzt. Man erhält damit die Gleichungen zur Arbeitspunktberechnung mit Gl. [125] - [127].

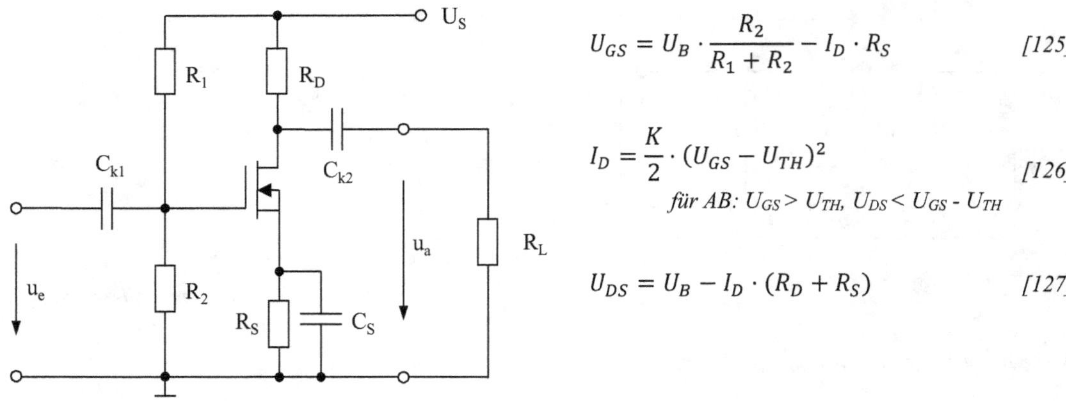

$$U_{GS} = U_B \cdot \frac{R_2}{R_1 + R_2} - I_D \cdot R_S \qquad [125]$$

$$I_D = \frac{K}{2} \cdot (U_{GS} - U_{TH})^2 \qquad [126]$$
$$\text{für AB: } U_{GS} > U_{TH}, \ U_{DS} < U_{GS} - U_{TH}$$

$$U_{DS} = U_B - I_D \cdot (R_D + R_S) \qquad [127]$$

Abb. 4.24: Wechselspannungsverstärker mit FET in Sourceschaltung

Kleinsignal-Wechselspannungs-Ersatzschaltbild der Sourceschaltung

Für das Kleinsignal-Wechselspannungsmodel des Verstärkers werden die Kondensatoren und die Gleichspannungsquellen kurzgeschlossen und das Kleinsignalmodell des FETs in die Schaltung eingesetzt. Daraus ergibt sich das Kleinsignalmodell nach Abb. 4.25 und die daraus errechneten Parameter des Wechselspannungsverstärkers mit Gl. [128] - [131].

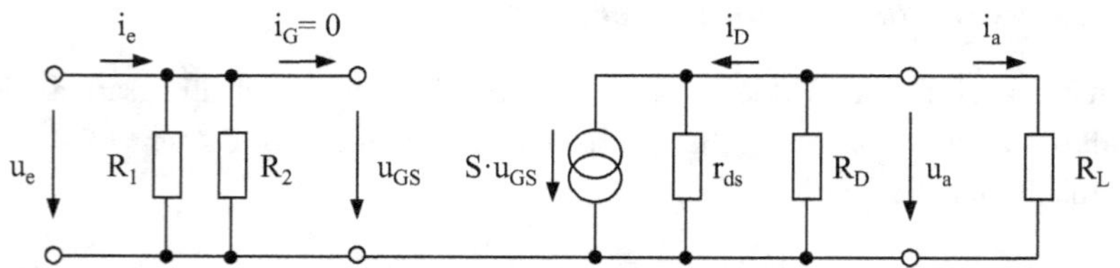

Abb. 4.25: Wechselspannungsersatzschaltbild für die Schaltung nach Abb. 4.24

$$v_{u,0} = -S \cdot [r_{ds} \parallel R_D] \qquad [128]$$

$$v_u = -S \cdot [r_{ds} \parallel R_D \parallel R_L] \qquad [129]$$

$$r_e = \frac{u_e}{i_e} = R_1 \parallel R_2 \qquad [130]$$

$$r_a = R_D \parallel r_{ds} \qquad [131]$$

4.11 Anwendung von FETs als steuerbarer Widerstand

Im ohmschen Bereich können FETs als steuerbare Widerstände eingesetzt werden. Für FET-Typen ohne Body-Diode ist die lineare Kennlinie auch im negativen Bereich von U_{DS} gültig.
Man erhält den Drain-Sourcewiderstand des Kanals mit Gl. [132]. Die darin enthaltene Abhängigkeit von U_{DS} erzeugt eine Nichtlinearität der Kennlinie, die sich vergrößert je näher man dem Abschnürbereich kommt.

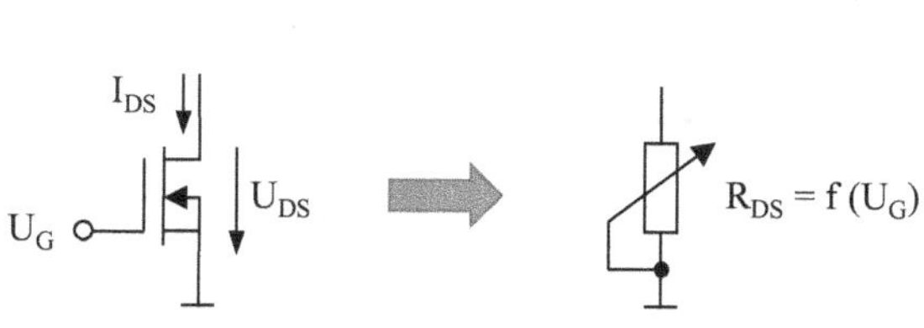

Abb. 4.26: FET als spannungsgesteuerter Widerstand

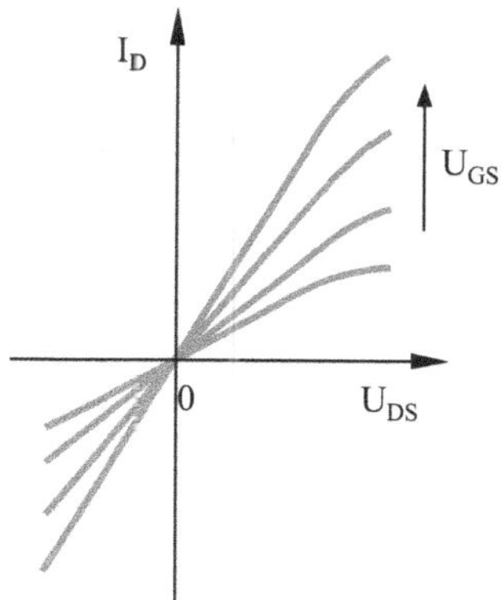

Abb. 4.27: Ausgangskennline eines FETs ohne Bodydiode

$$R_{DS} = \frac{U_{DS}}{I_{DS}} = \frac{1}{K\left(U_{GS} - U_{TH} - \frac{U_{DS}}{2}\right)} \qquad \text{für den ohmschen Bereich } U_{DS} < U_{GS}\text{-}U_{TH} \qquad [132]$$

$$R_{DS} = \frac{1}{K(U_{GS} - U_{TH})} \qquad \text{für } U_{DS} \to 0 \qquad [133]$$

Um eine reine ohmsche Abhängigkeit zu erhalten, kann U_{DS} sehr klein gehalten werden (Gl. [133]) oder es wird, wie in Abb. 4.28 gezeigt, mittels R_1 und R_2 eine Linearisierung durchgeführt. Das Beispiel in Abb. 4.28 zeigt einen spannungsgesteuerten Hochpassfilter, bei dem über U_{GS} die Grenzfrequenz eingestellt werden kann (Gl. [135]).

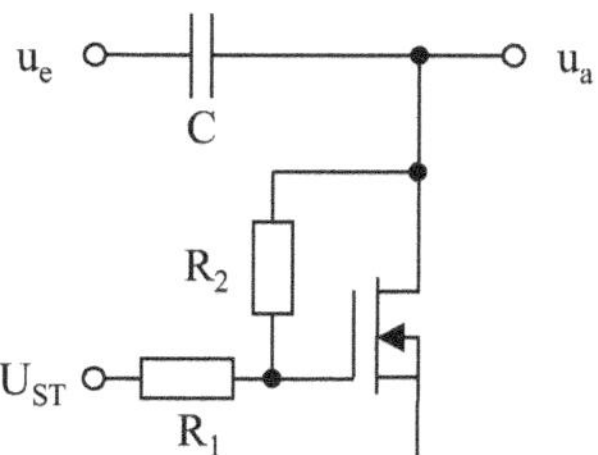

Abb. 4.28: Spannungsgesteuertes Hochpassfilter

$$R_{DS} = \frac{1}{K(0{,}5 \cdot U_{ST} - U_{TH})} \qquad \text{für } R_1 = R_2 \qquad [134]$$

$$f_g = \frac{1}{2\pi R_{DS}C} = \frac{K \cdot (0{,}5 \cdot U_{ST} - U_{TH})}{2\pi C} \qquad [135]$$

4.12 Übungsaufgaben - Feldeffekttransistor

<u>Aufgabe 3.1</u>

Gegeben ist die Ausgangskennlinie eines MOSFETS.

1. Um was für einen FET-Typen (Anreicherung/Verarmung, n/p-Kanal) handelt es sich hierbei?
2. Konstruieren Sie die Transferkennlinie für $U_{DS} = 4$ V.
3. Bestimmen Sie grafisch die Schwellspannung.
4. Zeichnen Sie in beiden Diagrammen die Grenze zwischen ohmschen Bereich und Abschnürbereich ein.
5. Bestimmen Sie den Steilheitskoeffizienten für $U_{DS} = 4$ V und $U_{GS} = 4$ V.

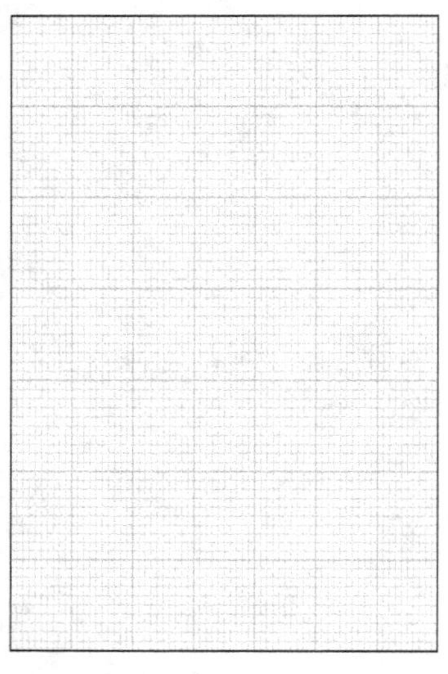

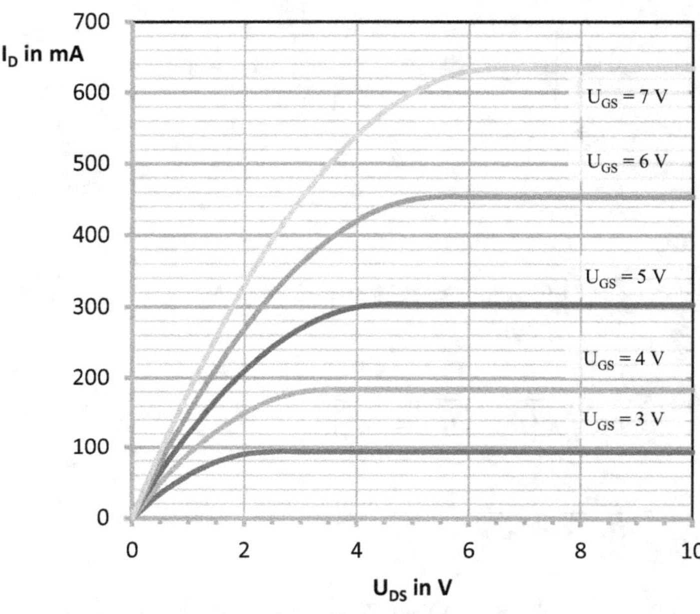

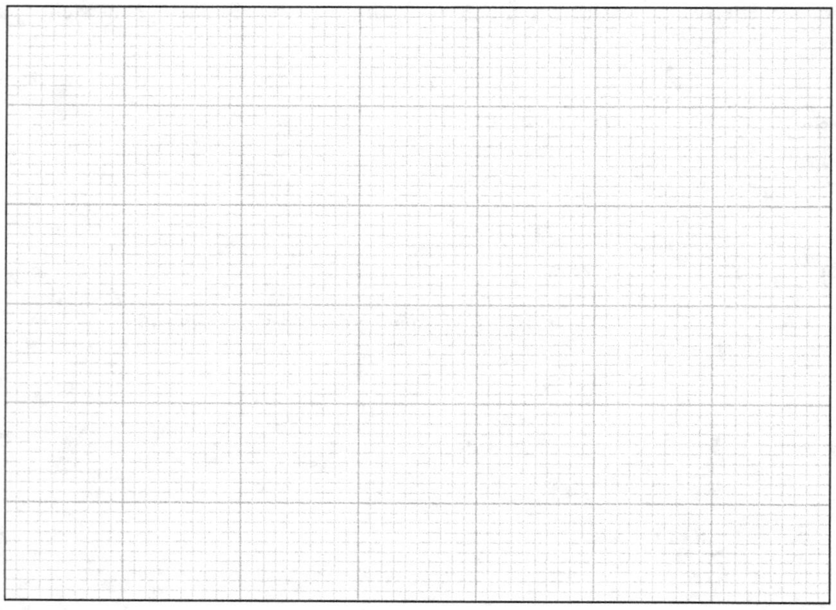

Aufgabe 3.2

Die abgebildete Konstantstromquelle mit einem SFET soll einen Strom $I_L = 3,6$ mA liefern.

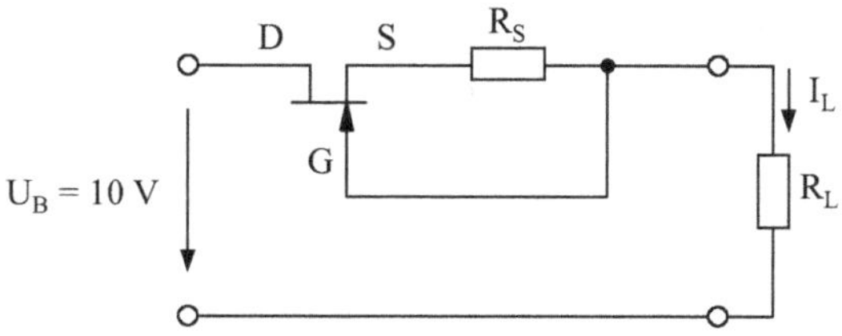

Von der Steuerkennlinie des Feldeffekt-Transistors, die durch die Gleichung

$$I_D = I_{D,0} \left(1 - \frac{U_{GS}}{U_{TH}}\right)^2$$

angenähert werden kann, sind bekannt:

max. Sättigungsstrom ($U_{GS} = 0$ V): $I_{D,0} = 20$ mA

Abschnürspannung ($I_D = 0$ mA): $U_{TH} = -4$ V

1. Berechnen Sie den erforderlichen Widerstand R_S.
2. Wie groß ist die Steilheit ($S = dI_D/dU_{GS}$) des Feldeffekt-Transistors in dem sich einstellenden Arbeitspunkt?
3. In welchem Bereich darf R_L sich bewegen, damit der Transistor ausschließlich im Abschnürbereich arbeitet?

Aufgabe 3.3

Die Abbildung zeigt einen Verpolungsschutz realisiert mittels n-DMOSFET.

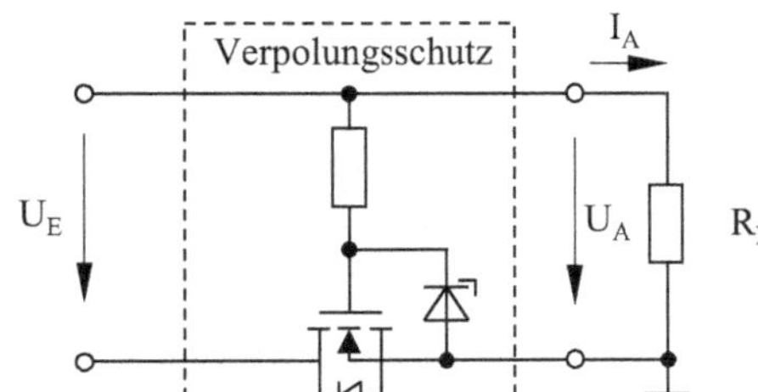

Z-Diode: FTZU6_2E

FET: Si7336ADP

R_1:   1 kΩ

R_L: 10 Ω

1. Simulieren Sie die Ausgangsspannung für einen Eingangsspannungsbereich von -10 V $\leq U_E \leq 10$ V.
2. Welche Funktion hat die Z-Diode in der Schaltung?
3. Was ist der Vorteil eines Verpolungsschutzes mittels MOSFET gegenüber einer einfachen Diode?

Aufgabe 3.4

Die Abbildung zeigt eine Drainschaltung (Sourcefolger) mit einem Feldeffekt-Transistor.

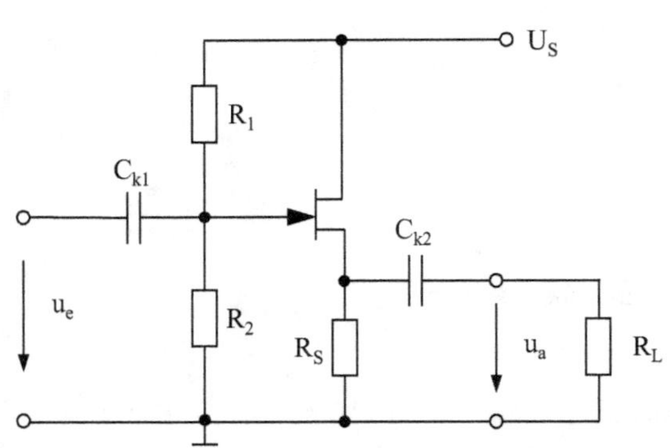
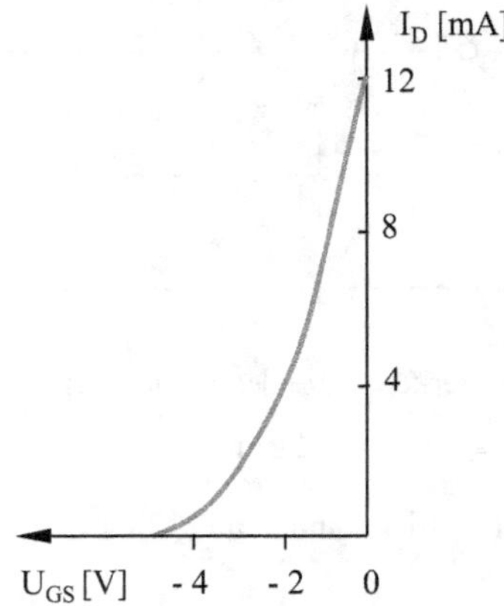

Versorgungsspannung: $U_S = 12$ V

Arbeitspunkt: $U_{DS} = 6$ V, $R_L = 10$ kΩ

Transistorparameter: $r_{DS} = 5$ kΩ, $S = 2$ mS

1. Zeichnen Sie das vollständige Wechselspannungs-Kleinsignal-Ersatzschaltbild des Sourcefolgers.
2. Berechnen Sie R_S für einen Ausgangswiderstand von $r_a = 1{,}154$ kΩ.
3. Berechnen Sie die Widerstände R_1 und R_2 des Spannungsteilers, wenn der Eingangswiderstand der Verstärkerstufe $r_e = 1$ MΩ betragen soll.
4. Wie groß ist die Spannungsverstärkung v_u des Sourcefolgers?

Aufgabe 3.5

Die Abbildung zeigt eine Verstärkerschaltung mittels PMZB290UNE von NXP Semiconductors.
Dimensionieren Sie die Schaltung.

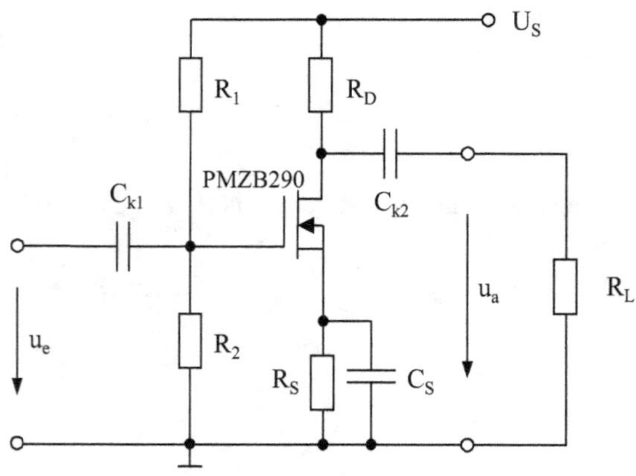

Schaltungsparameter: $U_S = 5$ V

$R_S = R_D$

$R_1 = 1$ MΩ

Transistorparameter: siehe Datenblatt

Arbeitspunkt: $U_{DS} = 2{,}5$ V

$I_{DS} = 300$ mA

Aufgabe 3.6

Die Abbildung zeigt einen Wechselspannungsverstärker in Kaskodeschaltung. In der gezeigten Schaltung wird ein SFET in Sourceschaltung mit einem Bipolartransistor in Basisschaltung kombiniert.

1. Zeichnen Sie das Wechselspannungs-Kleinsignal-Ersatzschaltbild des Verstärkers.
2. Berechnen Sie die Vierpolparameter für die Basisschaltung.
3. Berechnen Sie die Spannungsverstärkung, den Eingangswiderstand und den Ausgangswiderstand der Schaltung.

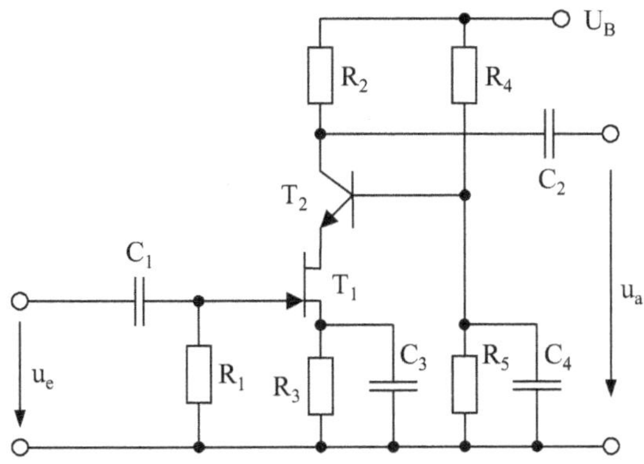

$U_B = 10$ V

$R_1 = 1$ MΩ; $R_2 = 10$ kΩ

T_1: $S = 6$ mS; $r_{DS} = 18$ kΩ

T_2: $r_{BE} = 6$ kΩ; $\beta = 180$; $r_{CE} = 83{,}3$ kΩ

Aufgabe 3.7

Ein Leuchtdioden-Array soll mit einem FET geschaltet werden.

1. Dimensionieren Sie R_D für $I_D = 1$ A bei $U_E = 3{,}5$ V.
2. Bestimmen Sie den maximalen ON-Strom durch das Leuchtdioden-Array.
3. Bestimmen Sie $R_{DS,On}$ für $U_E = 3{,}5$ V und 5 V.

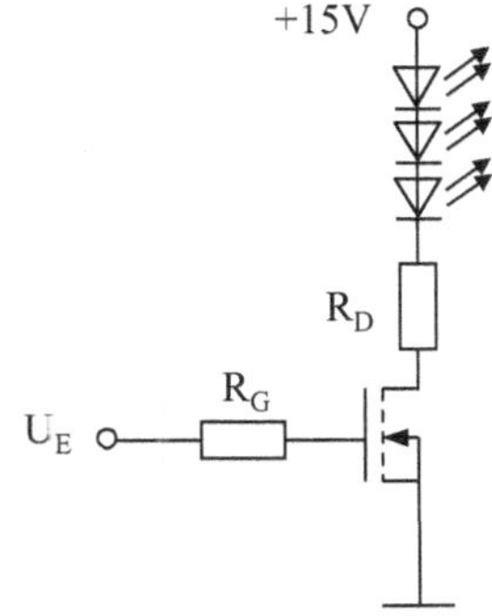

Eingangssignal	Zustand der Leuchtdiode	
5 V $\geq$ H $\geq$ 3,5 V	On	$I_D \geq 1$ A
0 V $\leq$ L $\leq$ 0,8 V	Off	$I_D \leq 100$ µA

$$R_G = 50\ \Omega$$

Transistor: $U_{TH} = 2$ V; $I_{DSS} = 100$ nA

Leuchtdiode: $U_{F1} = 3$ V; $I_{L,max} = 1{,}5$ A

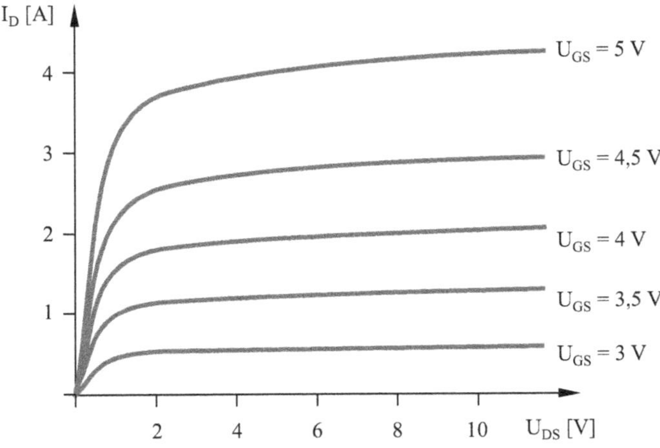

5 DC/DC-Schaltwandler

DC/DC-Schaltwandler wandeln Gleichspannungen in eine andere Gleichspannung um. Dabei kann die Ausgangsspannung vergrößert, verkleinert oder invertiert werden.

Sie beruhen auf der Zwischenspeicherung von Energie in einer Induktivität, wodurch ist es möglich, beliebige Eingangs- und Ausgangsspannungskonfigurationen zu erzeugen. Schaltwandler erreichen typischerweise Wirkungsgrade von über 90 %.

Die einfachste Anwendung sind Drosselwandler. Sie speichern in einem ersten Schritt magnetische Energie aus dem Eingangsstrom und geben sie in einem zweiten Schritt als Ausgangsstrom wieder ab. Drosselwandler benötigen dafür einen getakteten Schalttransistor, eine Induktivität, eine Diode und einen Glättungskondensator.

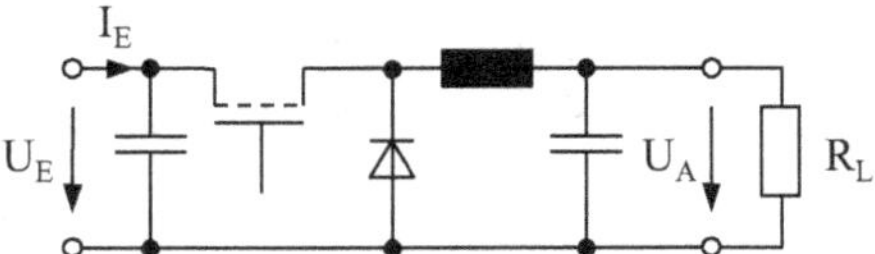

Abb. 5.1: Drossel-Abwärtswandler

Drosselwandler arbeiten im Leistungsbereich bis zu 200 W. Es gibt sie als Aufwärts-, Abwärts- und Inverswandler. Des Weiteren können mit diesem Prinzip auch Stromquellen realisiert werden. Aufgrund ihrer Architektur sind der Ausgang und Eingang galvanisch nicht voneinander getrennt.

Etwas aufwendiger sind primär getaktete Schaltwandler. Sie übertragen die Energie zwischen Eingang und Ausgang mithilfe eines Transformators, der mindestens eine Primär- und eine Sekundärwicklung besitzt. Der Strom auf der Primärseite wird durch einen Schalttransistor getaktet und die Ausgansspannung an der Sekundärseite abgenommen.

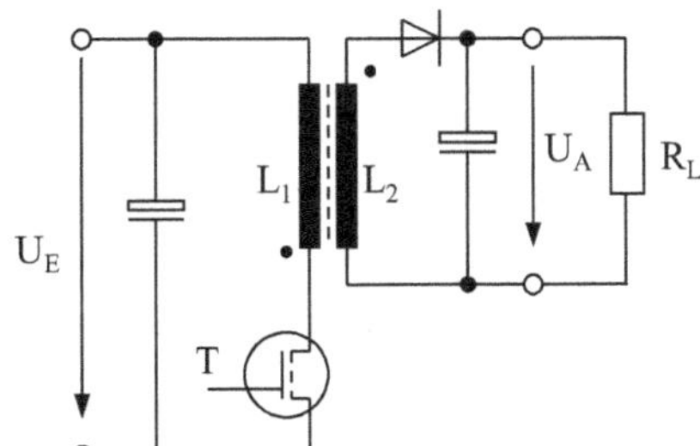

Abb. 5.2: Primär getakteter Sperrwandler

Durch die Verwendung unterschiedlicher Windungszahlen zwischen Primär- und Sekundärseite können Eingangs- und Ausgangsspannungskonfigurationen mit einem großen Spannungsverhältnis realisiert werden. Dies und die Tatsache, dass durch den Trafo die Eingangs- und Ausgangsseite galvanisch voneinander entkoppelt sind, macht diese Art von Schaltwandlern für den Netzbetrieb interessant.

Primär getaktete Schaltwandler gibt es in den unterschiedlichsten Leistungsklassen. Dies reicht vom einfachen Stromversorgungsmodul für Handys und Laptops (30 bis 150 W) bis hin zu Spannungsumrichter im MW-Bereich.

Alle nachfolgend dargestellten Abhängigkeiten von Schaltwandlern sollen auf idealen Bauelementen basieren, so dass der theoretisch maximale Wirkungsgrad von 100 % erreicht wird.

5.1 Drosselwandler

Drosselwandler beruhen auf der Spannungstransformation an einer geschalteten Induktivität. Deshalb soll im ersten Teil des Kapitels die Strom-Spannungsbeziehung an einer geschalteten Induktivität aufgezeigt werden.

$$U_L = L \frac{dI_L}{dt}$$

[136]   mit U_L - Spannung über der Induktivitä
         L - Induktivität
         I_L - Strom durch die Induktivität

Abb. 5.3 zeigt das Strom- und Spannungsverhalten einer geschalteten Induktivität. Mittels V_1 wird in diesem Beispiel periodisch eine Spannung von 10 V an die Induktivität angelegt. Es entsteht ein dreiecksförmiger Stromverlauf, der durch die Induktivität und die angelegte Spannung bestimmt wird. Der Gleichstromanteil des Stromes wird durch den Gleichanteil der Spannungsquelle und ihrem Innenwiderstand bestimmt.
Für eine konstante Spannung über der Induktivität erhält man einen linearen Anstieg des Stromes in dieser.

$$\frac{\Delta I_L}{\Delta t} = \frac{1}{L} U_L$$

[137]   mit U_L - Spannung über der Induktivitä
         L - Induktivität
         I_L - Strom durch die Induktivität

Da über dem Innenwiderstand der Quelle ($R_{Ser} = 10\ \Omega$) mit steigendem Strom eine Spannung abfällt, ist in dem Beispiel in Abb. 5.3 die Ansteuerspannung nicht konstant und man erhält einen leicht abgerundeten Stromverlauf.

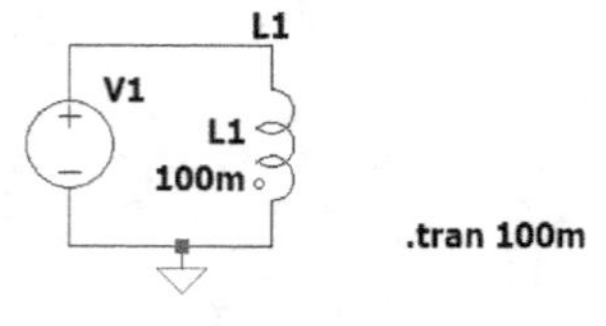
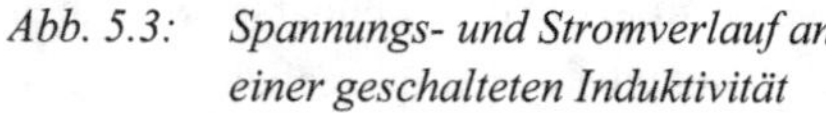

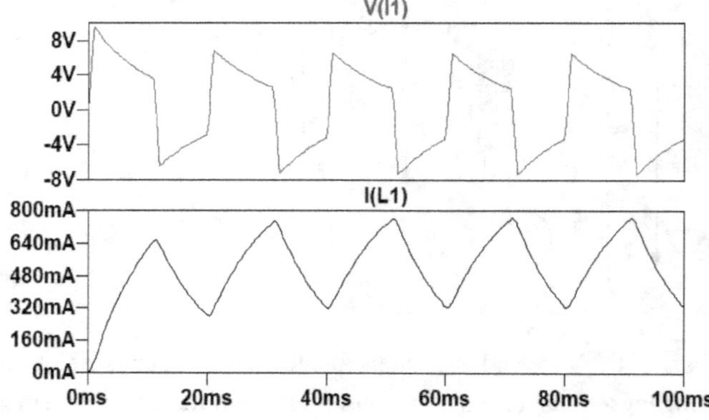

Abb. 5.3:   Spannungs- und Stromverlauf an einer geschalteten Induktivität

Abwärtswandler (Buck Converter)

Abwärtswandler transformieren eine höhere Eingangsspannung in eine geringer Ausgangsspannung. Sie haben damit die selbe Funktion wie Linearregler jedoch mit einen deutlich höheren Wirkungsgrad.

Abb. 5.4 zeigt ihre Funktionsweise. Während der Einschaltphase fließt der Strom über die Induktivität zum Ausgang. Hier lädt er zum einen den Kondensator auf, zum anderen liefert er den Ausgangsstrom. Zusätzlich wird durch den Strom Energie in Form eines magnetischen Flusses in der Drossel gespeichert. Während der Ausschaltphase wird die Induktivität zum Generator und liefert die während der Einschaltphase gespeicherte Energie in der Drossel an den Ausgang. Der Stromfluss erfolgt über die Diode, die in der Ausschaltphase in Flussrichtung gepolt ist.

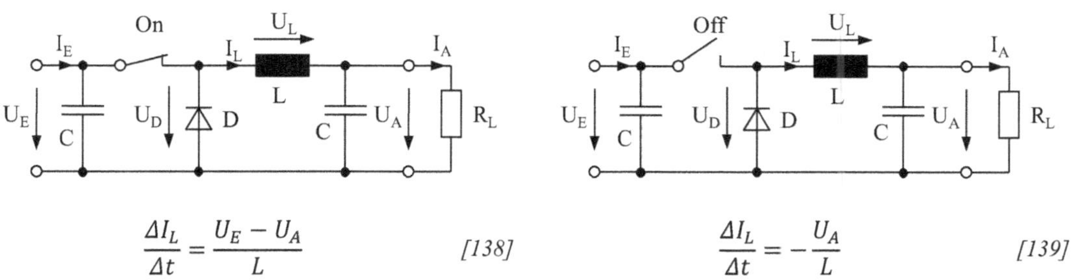

$$\frac{\Delta I_L}{\Delta t} = \frac{U_E - U_A}{L} \qquad [138]$$

$$\frac{\Delta I_L}{\Delta t} = -\frac{U_A}{L} \qquad [139]$$

Abb. 5.4:   Schaltzustände Abwärtswandler

Für den eingeschwungenen Zustand erhält man einen dreiecksförmigen Verlauf des Spulenstroms (I_L), der im Mittel dem Ausgangsstrom entspricht. Die Ausgangsspannung (U_A) ist eine Funktion des Tastverhältnisses und der Eingangsspannung.

Obwohl der Strom I_L stark dreiecksförmig schwankt, erhält man mit der obigen Schaltung eine fast konstante Ausgangsspannung. Dafür verantwortlich ist der Kondensator im Ausgang. Die darüberhinaus entstehende Restwelligkeit am Ausgang (ΔU_A) kann mit Gl. [142] errechnet werden.

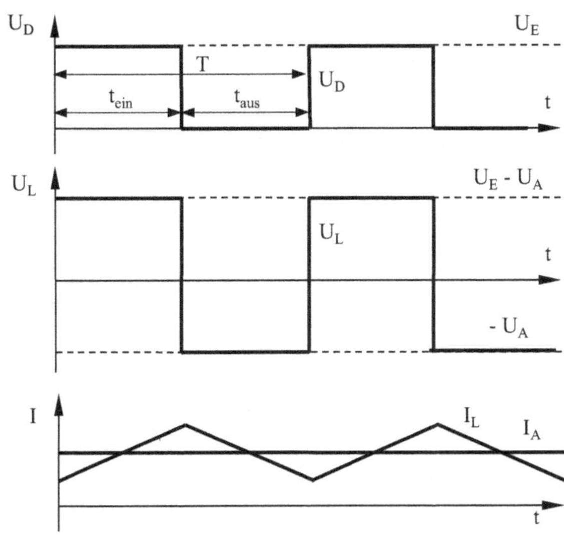

$$U_A = \frac{t_{ein}}{T} U_E \qquad \text{für } I_A > I_{A,Min} \qquad [140]$$

$$I_{A,min} = \frac{T}{2L} U_A \cdot \left(1 - \frac{U_A}{U_E}\right) \qquad [141]$$

$$\Delta U_A = \frac{T^2}{8C} \cdot \frac{1}{L} \cdot \left(1 - \frac{U_A}{U_E}\right) \cdot U_A \qquad [142]$$

$$I_A = \overline{I_L} \qquad [143]$$

$$\Delta I_L = \frac{1}{L} \cdot (U_E - U_A) \cdot t_{ein} \qquad [144]$$

Abb. 5.5:   Strom- und Spannungsverläufe am Abwärtswandler

Ändert sich der Ausgangsstrom, verschiebt sich der dreiecksförmige Verlauf des Spulenstroms mit ihm, wobei das ΔI_L konstant bleibt.

Beim Unterschreiten eines Mindestausgangsstroms ($I_{A,Min}$) kann die Induktivität während der Einschaltphase nicht mehr genügend Energie aufnehmen, um den Ausgangsstrom über die gesamte Ausschaltphase zu liefern. Es entsteht eine Lücke bei der der Spulenstrom auf null fällt, weswegen man hier vom lückenden Betrieb des Drosselwandlers spricht.

Die Gl. [140] - [144] sind nur für den nichtlückenden Betrieb ($I_A \geq I_{A,Min}$) gültig. Im lückenden Betrieb steigt die Ausgangsspannung mit Verringerung des Ausgangsstroms an, bis sie bei $I_A = 0$ der Eingangsspannung entspricht. Soll der Drosselwandler auch im lückenden Betrieb arbeiten können, ist deshalb eine Spannungsregelung erforderlich.

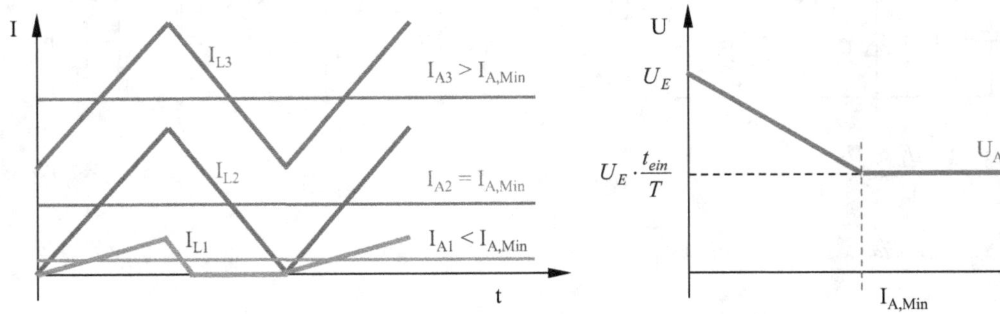

Abb. 5.6:   Stromverlauf an der Drossel (I_L) für verschiedene Ausgangsströme (I_A)

Abb. 5.7:   Ausgangsspannung als Funktion des Ausgangsstroms

Aufwärtswandler (Boost Converter)

Aufwärtswandler transformieren eine kleinere Eingangsspannung in eine höhere Ausgangsspannung. Abb. 5.8 zeigt den Grundaufbau. Während der Einschaltphase fließt der Strom über die Induktivität und dem Schalter gegen Masse. Während der Ausschaltphase wird die Induktivität zum Generator und schiebt den Strom über die Diode zum Ausgang. Da sich in dieser Phase die Spulenspannung und die Eingangsspannung addieren, ist die resultierende Ausgangsspannung größer als die Eingangsspannung.

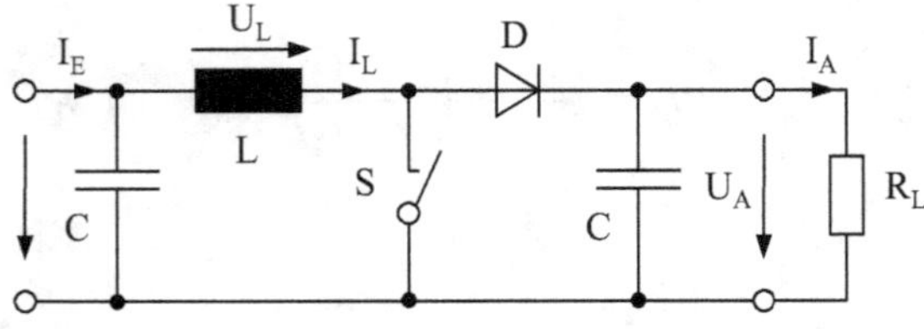

Abb. 5.8:   Aufwärtswandler – Sperrwandler

Die Ausgangsspannung ist ausschließlich vom Verhältnis der Schaltperiode (T) zur Ausschaltzeit (t_{aus}) und der Eingangsspannung abhängig, solange der Ausgangsstrom größer ist als $I_{A,Min}$. Für kleinere Aussgangsströme steigt die Ausgangsspannung an und erreicht für $I_A = 0$ einen theoretisch unendlich hohen Spannungspegel. Aus diesem Grund kann der ungeregelte Aufwärtswandler nicht im Leerlauf betrieben werden.

Wie schon beim Abwärtswandler ist der Betrieb unterhalb von $I_{A,Min}$ im lückenden Betrieb möglich, wenn eine Spannungsregelung genutzt wird.

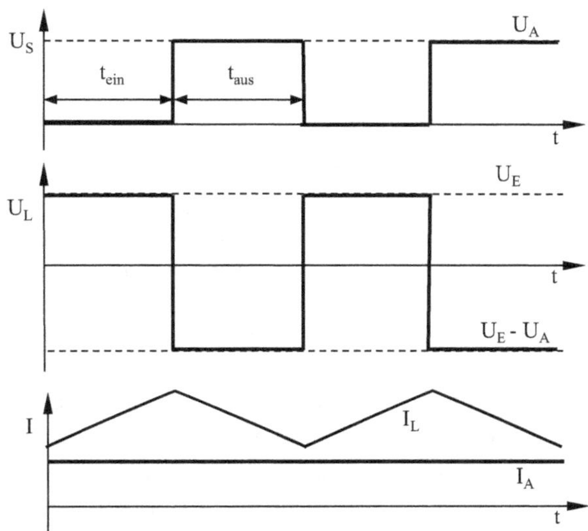

$$U_A = \frac{T}{t_{aus}} U_E \qquad \textit{für } I_A > I_{A,Min} \qquad [145]$$

$$I_{A,min} = \frac{U_E^2}{U_A} \cdot \left(1 - \frac{U_E}{U_A}\right) \cdot \frac{T}{2L} \qquad [146]$$

$$\Delta U_A \approx \frac{t_{ein}}{C} I_A \qquad [147]$$

$$I_A = \overline{I_L} \cdot \frac{t_{aus}}{T} \qquad [148]$$

$$\Delta I_L = \frac{1}{L} \cdot U_E \cdot t_{ein} \qquad [149]$$

Abb. 5.9:   Strom- und Spannungsverläufe am Aufwärtswandler

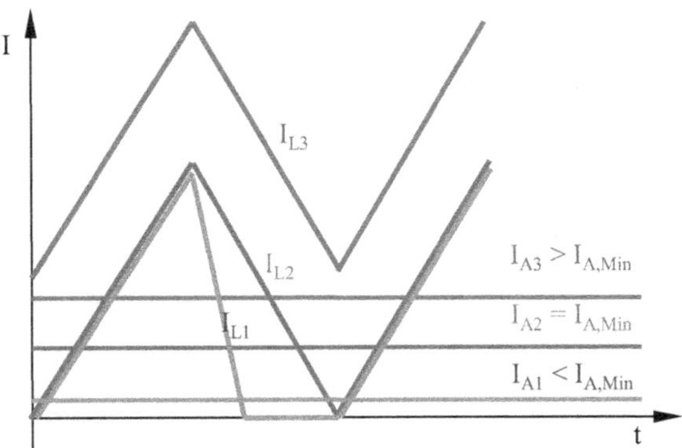

Abb. 5.10: Stromverlauf an der Drossel (I_L) für verschiedene Ausgangsströme (I_A)

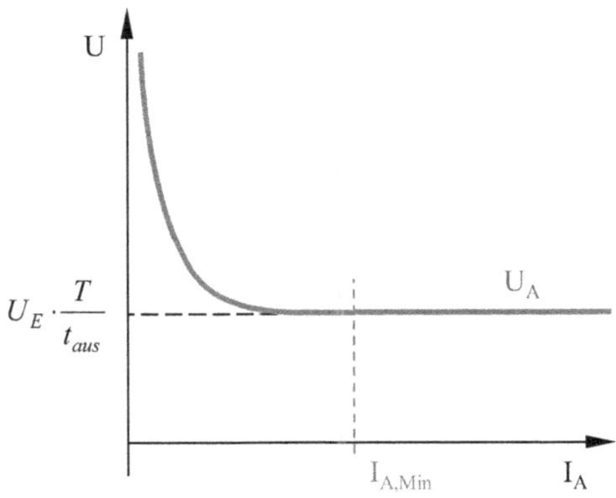

Abb. 5.11: Ausgangsspannung als Funktion des Ausgangsstroms

Regelung der Ausgangsspannung bei Drosselwandlern

In der Praxis kommen ausschließlich geregelte Schaltwandler zum Einsatz. Dadurch wird zum einen die Abhängigkeit von der Eingangsspannung als auch die in der Realität auftretende Abhängigkeit vom Ausgangsstrom unterdrückt. Weiterhin kann der Drosselwandler sowohl im lückenden als auch nichtlückenden Betrieb arbeiten.

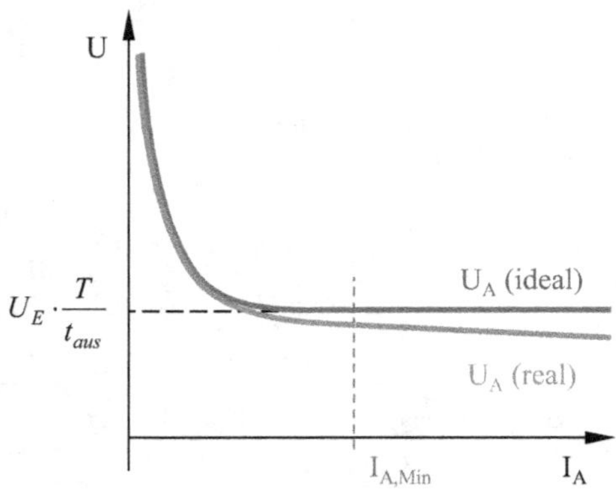

Abb. 5.12: Darstellung der Ausgangsspannung als Funktion des Ausgangsstroms am Beispiel eines Aufwärtswandlers (konstantes Tastverhältnis der Ansteuerspannung bei ungeregeltem Betrieb)

Die Regelung von Schaltwandlern erfolgt über das Tastverhältnis. Hierfür wird die Ausgangsspannung mit einer Referenzspannung verglichen und daraus eine Regelspannung (U_R) erzeugt. Diese wird mit einer Sägezahnspannung (U_{SZ}) verglichen. Wenn die Sägezahnspannung kleiner als die Regelspannung ist, bleibt der Transistor eingeschaltet. Sobald die Sägezahnspannung die Regelspannung überschreitet, wird der Transistor ausgeschaltet. Man erhält für die Ansteuerung des Schalttransistors ein geregeltes Tastverhältnis, welches die Ausgangsspannung trotz Eingangsspannungs- und Lastschwankungen konstant hält.

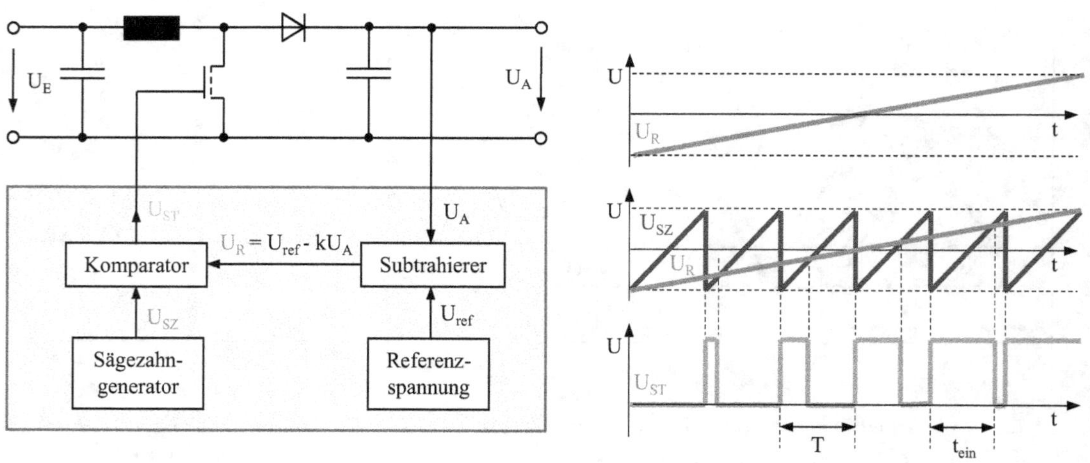

Abb. 5.13: Regelung der Ausgangsspannung im Voltage-Mode

Die Current-Mode-Regelung nutzt den sägezahnförmigen Strom der geschalteten Induktivität. Dafür erzeugt ein Rechteckgenerator einen festen Takt, der den Schalttransistor über ein FlipFlop regelmäßig einschaltet. Nach dem Einschalten des Transistors steigt der Strom durch die Induktivität linear an und an R_{Sense} entsteht ein dreiecksförmiger Spannungsverlauf. Sobald die Spannung einen Schwellwert erreicht, wird das FlipFlop durch den Komparator zurückgesetzt und der Transistor sperrt wieder.

Da sich der Anstieg des Stroms über die Induktivität proportional zur Eingangsspannung verhält, wird für größer werdende Eingangsspannungen der Schaltpunkt eher erreicht und dadurch das Tastverhältnis der Ansteuerspannung verkleinert. Dies führt wiederum zu einer Verringerung des Verhältnisses von Ausgangs- zu Eingangsspannung und so zu einer Stabilisierung der Ausgangsspannung in Bezug auf Eingangsspannungsänderungen. Zusätzlich wird über den Subtrahierer die Ausgangsspannung gemessen und mit Hilfe eines variablen Schaltpunkts die Ausgangsspannung zusätzlich stabilisiert.

Da die Current-Mode-Regelung einfacher zu realisieren ist und bessere Regeleigenschaften besitzt, wird sie in den meisten integrierten Schaltkreisen für Aufwärtswandler genutzt.

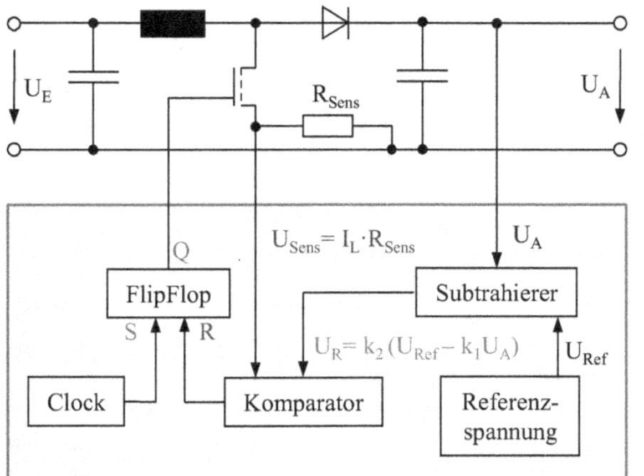

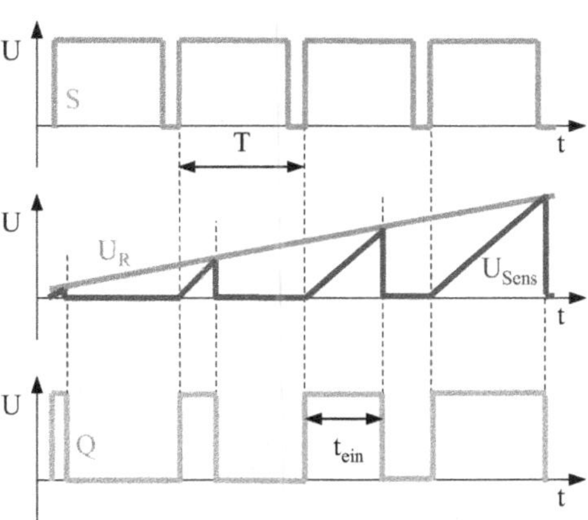

Abb. 5.14: Regelung der Ausgangsspannung im Current-Mode

Kommerzielle Drosselwandlermodule

Für die Erzeugung einer stabilisierten Ausgangsspannung, die kleiner als die Eingangsspannung ist, können sowohl Drosselwandler (Step Down) als auch Linearregler genutzt werden. Der Vorteil von Schaltreglern ist ihr hoher Wirkungsgrad. Dies führt zum einen zu einer höheren Energieeffizienz der Gesamtschaltung als auch zu einer geringen Verlustleistung. Schaltwandler können deshalb meist ohne externen Kühlkörper betrieben werden.

Der Vorteil von Linearreglern liegt in ihrer geringeren Störspannung am Ausgang. Findet man bei Schaltwandlern immer die Schaltfrequenz als Störspannungsanteil am Ausgang, ist beim Linearregler nur eine geringe Rauschspannung zu messen. Außerdem sind Linearregler deutlich billiger als Schaltwandlermodule.

Typ	Würth Elektronik[30] 17301xx35	ReCOM[31] R-78E-1.0	ONSEMI[32] MC7800
	Step Down Regulator Module	Step Down Regulator Module	Linear Voltage Regulator
Ausgangsspannung	5 V	5 V	5 V
Eingangsspannungsbereich	8 - 36 V	8 - 28 V	7 - 35 V
Maximaler Ausgangsstrom	1 A	1 A	1 A
Maximale Verlustleistung ungekühlt/gekühlt	-	-.	1,3 W / 25 W
Wirkungsgrad (für U_E = 12 V, I_A = 1A)	86 - 94 %	84 - 91 %	41%
Störpegel	17,5 mV$_{pp}$	120 mV$_{pp}$	50 µV$_{rms}$
Schaltfrequenz	520 kHz	330 kHz	-
Baugröße (ohne Anschlüsse)	11,6 x 10,4 x 8 mm^3	11,6 x 10,4 x 8,5 mm^3	6 x 6,5 x 2,2 mm^3
Preis (Mouser, 2022, Stückzahl: 1)	6,80 €	3,92 €	0,68 €

Tab. 5.1:   *Gegenüberstellung von Drosselwandlermodulen und dem Linearreglerbaustein MC7800*

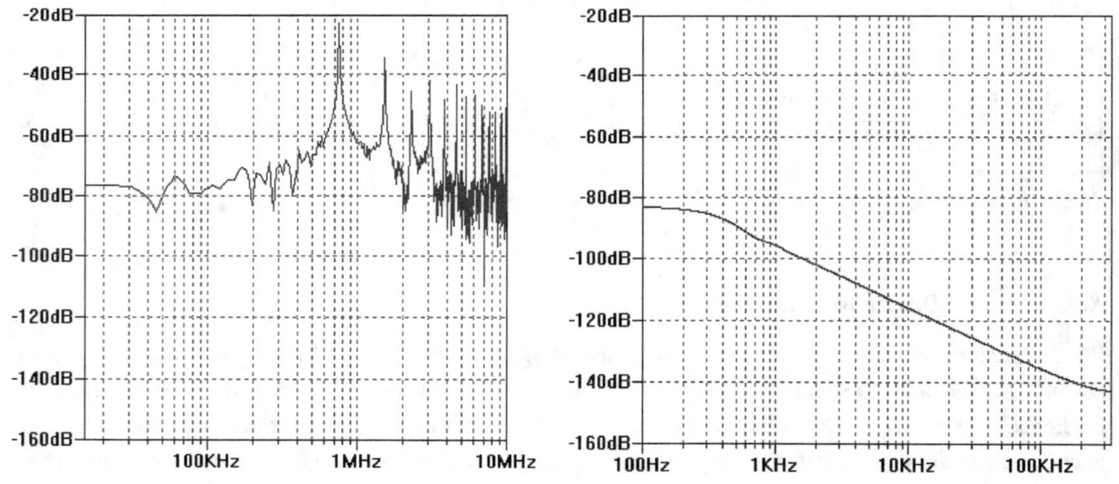

Abb. 5.15:   *Störspektrum der Ausgangsspannungen (bezogen auf 1V) des Schaltwandlers LT3682 (links) im Vergleich zum Linearregler LT1086 (rechts)[33]*

---

[30] Datenblatt 17301xx35, Würth Elektronik, 2021

[31] Datenblatt R-78E-1.0, RECOM-Power, 2021

[32] Datenblatt MC7800, Semiconductor Components Industries, LLC, 2014

[33] LTSPICE Simulation, Analog Devices, Inc., 2018

5.2 Primär getaktete Schaltwandler

Primär getaktete Schaltwandler unterteilen sich in Fluss- und Sperrwandler. Während ersterer ähnlich eines Wechselspannungstrafos die Energie vom Eingangs- in den Ausgangskreis über einen Transformator überträgt, speichert der Sperrwandler die Energie während der Einschaltphase und gibt sie während der Ausschaltphase wieder ab.

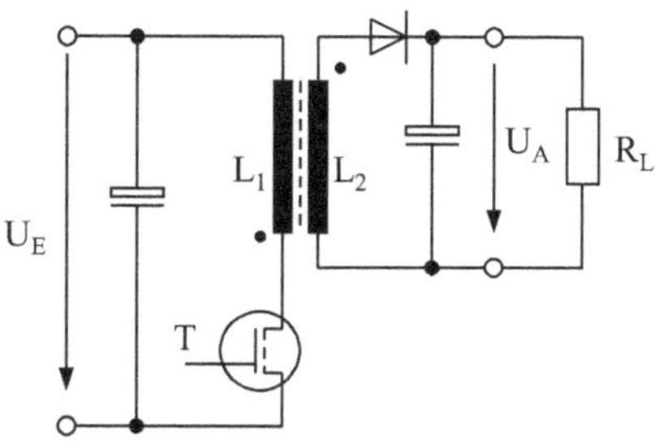

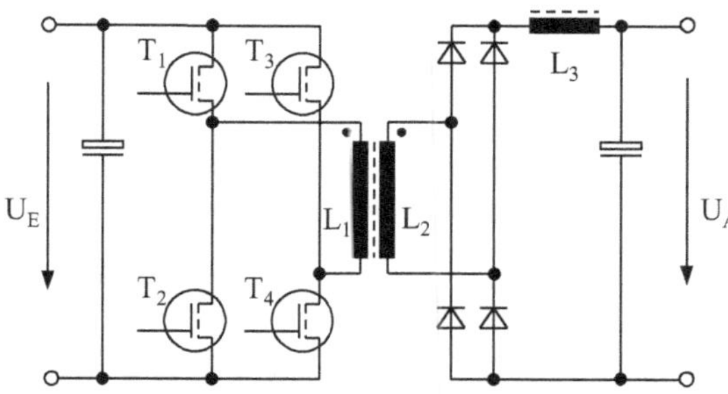

Abb. 5.16: Sperrwandler-Architektur   *Abb. 5.17: Flusswandler-Architektur*

Beiden gemeinsam ist die Verwendung eines Transformators mit einer Eingangsspule und mindestens einer Ausgangsspule. Dadurch sind Eingang und Ausgang galvanisch voneinander getrennt, womit sie für die Erzeugung einer Versorgungsspannung von elektronischen Schaltungen im Netzbetrieb geeignet sind.

Für die Transformatoren kommen Ferritkerne zum Einsatz. Sie haben geringe Wirbelstromverluste und können mit Frequenzen bis zu 1 GHz betrieben werden. Die meisten Schaltwandler arbeiten jedoch in einem niedrigeren Frequenzbereich, zwischen 50 kHz und 2 MHz.

Spannungen und Ströme an einem geschalteten Transformator

Für Transformatoren gilt, dass nur Wechselspannungen und Ströme übertragen werden können, da nur diese eine Spannung in die Ausgangsspule induzieren (Induktionsgesetz). Bei Schaltwandlern sind dies meist dreiecksförmige Signalverläufe.

Abb. 5.17 zeigt den Spannungsverlauf an einem Transformator, dessen Primärseite durch V_1 von 0 auf 10 V periodisch geschaltet wird. Nach dem Einschalten steigt der Strom in der Primärspule linear an, was durch den Innenwiderstand der Quelle ($R_{Ser} = 10\ \Omega$) einen Spannungsabfall der Spulenspannung an L_1 ($V_{Primär}$) zur Folge hat. Die Sekundärspannung ($V_{Sekundär}$) ist durch das Windungsverhältnis fest mit der Primärspannung verkoppelt. Das Spannungsverhältnis ist gleich dem Verhältnis der Windungszahlen der beiden Induktivitäten und damit der Wurzel aus dem Verhältnis der beiden Induktivitäten.

$$\frac{V_{Sekundär}}{V_{Primär}} = \frac{N_2}{N_1} = \sqrt{\frac{L_2}{L_1}} \qquad [150]$$

mit $V_{Sekundär}$ *- Spannung an der Sekundärspule*
 $V_{Primär}$ *- Spannung an der Primärspule*
 N_1 *- Windungszahl Primärseite*
 L_1 *- Induktivität Primärseite*
 N_2 *- Windungszahl Sekundärseite*
 L_2 *- Induktivität Sekundärseite*

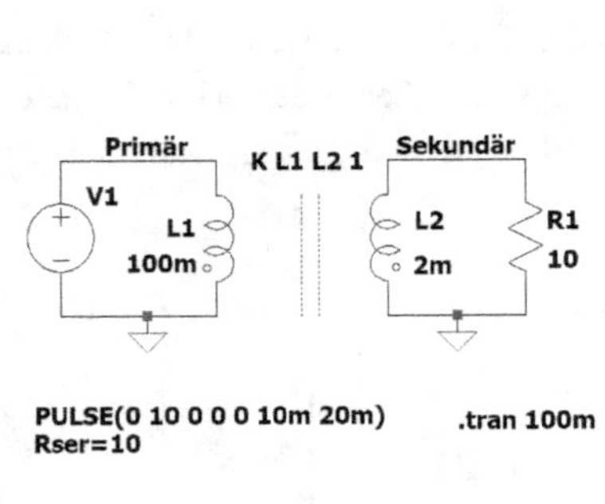

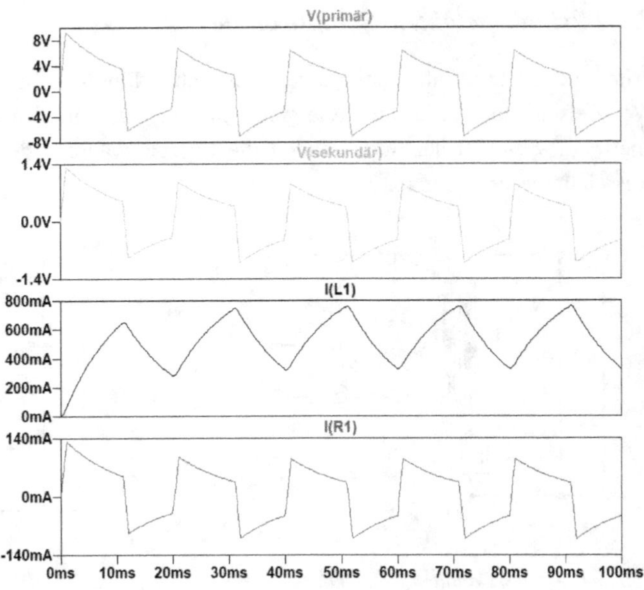

Abb. 5.18: Spannungs-und Stromverlauf an einem geschalteten Transformator

Für den Strom in den beiden Spulen gilt eigentlich die umgekehrte Proportionalität zur Windungszahl. Dies gilt jedoch nur für den Fall des Kurzschlusses der Sekundärseite. In dem in Abb. 5.17 gezeigten Fall bestimmt R_1 den Strom im Sekundärkreis. Damit ist der Strom durch die Spule L_2 proportional der Ausgangsspannung. Für den Eingangsstrom stellt sich ein Dreiecksstrom mit einem Gleichstromanteil ein. Der Gleichstromanteil wird hierbei durch den Gleichanteil der Spannungsquelle und ihren Innenwiderstand bestimmt.

$$\overline{I_{L1}} = \frac{V_1}{R_{Ser}} \cdot \frac{t_{ein}}{T} \qquad [151]$$

mit $\overline{I_{L1}}$ - *Mittlerer Strom durch L_1*
V_1 - *Amplitude der Rechteckspannung*
R_{Ser} - *Innenwiderstand der Spannungsquelle*
t_{ein} - *Zeit mit Spannungspegel V_1*
T - *Periodendauer*

Der Anstieg des überlagerten Dreiecksstroms wird durch die Spannung über L_1 und der Induktivität bestimmt.

$$\frac{dI_{L1}}{dt} = \frac{U_{L1}}{L_1} \qquad [152]$$

Im nachfolgenden soll als Beispiel für primär getaktete Schaltwandler der Flyback-Converter näher betrachtet werden.

Sperrwandler (Flyback-Converter)

Primär getaktete Sperrwandler speichern in einem ersten Schritt magnetische Energie im Trafokern. Dafür wird der Transistor durchgeschaltet. Dies hat zur Folge, dass der Spulenstrom über L_1 linear ansteigt. In einem zweiten Schritt sperrt der Transistor und es wird durch die gespeicherte magnetische Energie im Kern ein Spulenstrom in L_2 induziert.

Die Ausgangsspannung im eingeschwungenen Zustand ist auch hier, wie beim Drosselwandler, eine Funktion des Tastverhältnisses und der Eingangsspannung. Hinzu kommt noch als Parameter das Verhältnis der Sekundär- zur Primärwindungszahl (N_2/N_1).

Da während der Ausschaltphase die gesamte Energie für den Ausgangsstrom im Kern zwischengespeichert werden muss, kommen Kerngeometrien mit Luftspalt zum Einsatz. Des Weiteren ist beim Trafoaufbau für einen möglichst hohen Wirkungsgrad des DC/DC-Wandlers eine möglichst ideale Kopplung zwischen Eingangs- und Ausgangsinduktivität zu realisieren.

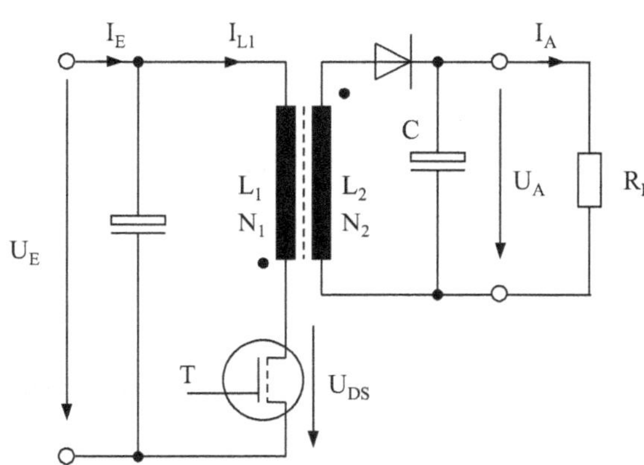

$$U_A = U_E \cdot \frac{N_2}{N_1} \frac{t_{ein}}{t_{aus}} \qquad [153]$$

$$I_{A,min} = \frac{1}{2L_2} \cdot U_A \frac{t_{aus}^2}{T} \qquad [154]$$

$$\Delta U_A \approx \frac{t_{ein}}{C} I_A \qquad [155]$$

$$\Delta I_{L2} = -\frac{1}{L_2} \cdot U_A \cdot t_{aus} \qquad [156]$$

$$I_A = \overline{I_{L2}} \cdot \frac{t_{aus}}{T} \qquad [157]$$

Abb. 5.19: Sperrwandler mit galvanischer Trennung

Abb. 5.19 zeigt den Spannungs- und Stromverlauf für den Sperrwandler nach Abb. 5.18 im nichtlückenden Betrieb. Während der Einschaltphase ist die Spannung über dem Schalttransistor (U_{DS}) gleich null. Der Strom (I_{L1}) steigt linear an. Während der Ausschaltphase steigt die Spannung am Schalttransistor auf deutlich höhere Spannungswerte als die eigentliche Eingangsspannung, da in dieser Phase die Induktivität als Generator agiert und die Spulenspannung sich zur Eingangsspannung addiert. Im Falle des Tastverhältnisses von 0,5, wie in Abb. 5.19 dargestellt, steigt die Sperrspannung auf das Doppelte der Eingangsspannung.

Transponiert man den Strom I_{L1} mit dem Faktor des Windungsverhältnisses (N_1/N_2) erhält man für den nichtlückenden Betrieb einen Dreiecksform des Stroms, bei der der ansteigende Ast des Stromverlaufs von der Primärwicklung und der abfallende von der Sekundärwicklung übernommen wird.

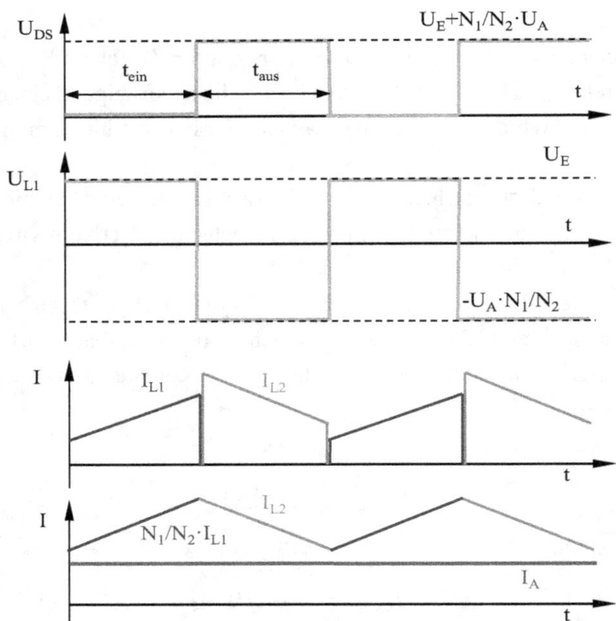

Abb. 5.20: Strom- und Spannungsverlauf am primär getakteten Sperrwandler

Snubber-Schaltung

Primär getaktete Sperrwandler benötigen eine Schutzschaltung (Snubber-Schaltung) gegen Spannungsspitzen am Transistor. Diese entstehen während des Ausschalten des Transistors und werden hervorgerufen durch eine nicht vollständige Kopplung zwischen Primär- und Sekundärwicklung des Transformators (Koppelfaktor $K < 1$). Da diese parasitäre Induktivität ihre Energie nicht über die Sekundärwicklung während der Ausschaltphase ableiten kann, entstehen beim Sperren des Transistors theoretisch unendlich hohe Spannungsspitzen, welche den Transistor zerstören würden. Abb. 5.21 zeigt eine Simulation für einen Koppelfaktor von 0,99 bei der ohne Snubber-Schaltung eine etwa sechsmal größere Sperrspannung als die normale Sperrspannung von 100 V auftritt.

Im einfachsten Fall besteht die Snubber-Schaltung aus einer Diode, die im Normalbetrieb in Sperrrichtung gepolt ist. Durch den Zusatz eines Widerstands kann der maximale Diodenstrom begrenzt werden und ein parallel geschalteter Kondensator nimmt die Energie von hochfrequenten Überschwingern auf. Zusätzlich kann die Snubber-Schaltung noch mit einer TVS-Diode ergänzt werden, um nur die Überspannungsspitzen der parasitären Induktivität abzufangen.

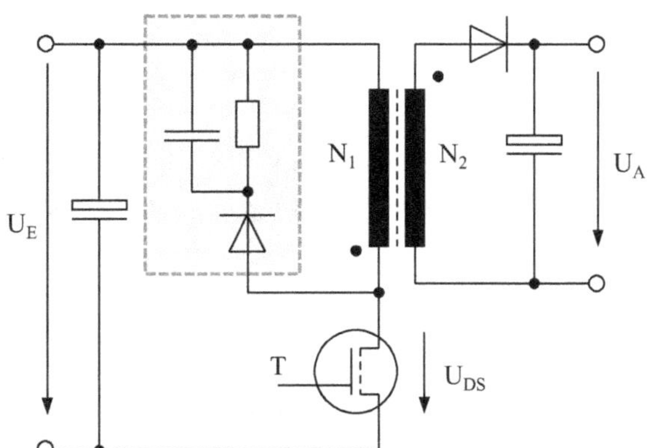

Abb. 5.21: Snubberschaltung zur Reduzierung der Spannungsspitzen am Schalttransistor

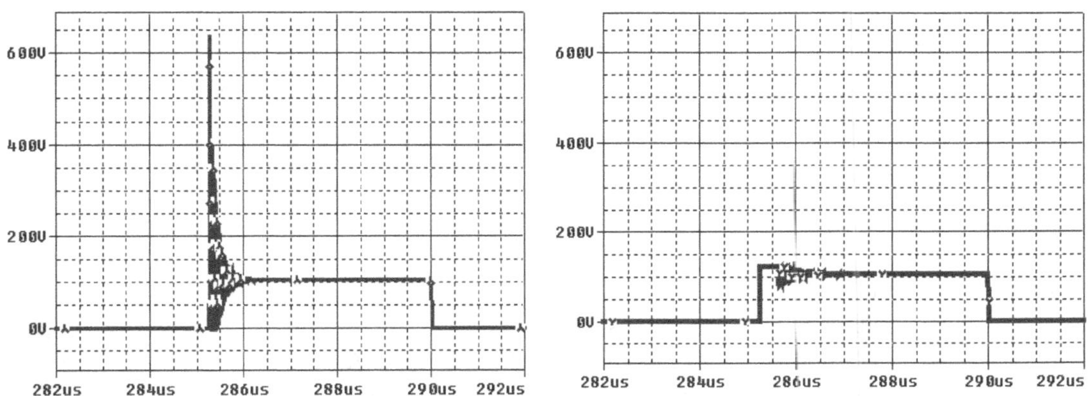

Abb. 5.22: U_{DS} für einen Koppelfaktor K = 0.99 ohne Snubber-Kompensation

Abb. 5.23: U_{DS} mit Snubber-Kompensation (R =100 kΩ, C =100 nF)

Sperrwandler mit mehreren Ausgangsspannungen

Ein großer Vorteil von primär getakteten Sperrwandlern ist die Möglichkeit, mehrere Ausgangsspannungen zu realisieren. Die Spannungsverhältnisse der einzelnen Ausgangsspannungen werden dabei über die Windungsverhältnisse der Sekundärwicklungen eingestellt.

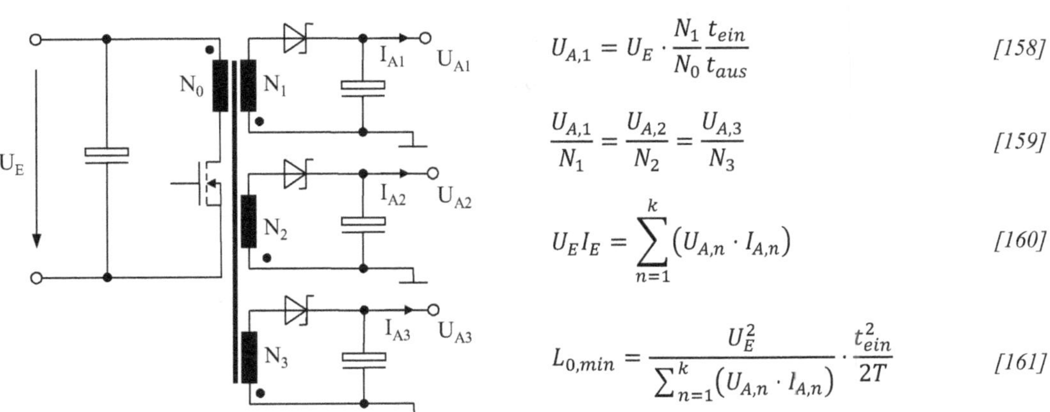

$$U_{A,1} = U_E \cdot \frac{N_1}{N_0} \frac{t_{ein}}{t_{aus}} \qquad [158]$$

$$\frac{U_{A,1}}{N_1} = \frac{U_{A,2}}{N_2} = \frac{U_{A,3}}{N_3} \qquad [159]$$

$$U_E I_E = \sum_{n=1}^{k} \left(U_{A,n} \cdot I_{A,n} \right) \qquad [160]$$

$$L_{0,min} = \frac{U_E^2}{\sum_{n=1}^{k} \left(U_{A,n} \cdot I_{A,n} \right)} \cdot \frac{t_{ein}^2}{2T} \qquad [161]$$

Abb. 5.24: Primär getakteter Sperrwandler mit mehreren Ausgangsspannungen

5.3 Übungsaufgaben – DC/DC-Schaltwandler

Aufgabe 4.1

Es soll mittels Abwärtswandler eine Spannung von $U_A = 5$ V mit einer maximalen Welligkeit $\Delta U_A = 10$ mV erzeugt werden. Der maximale Ausgangsstrom beträgt 5 A und der minimale Ausgangsstrom 0,3 A. Als Eingangsspannung stehen 15 V zur Verfügung.

1. Berechnen Sie die notwendigen Schaltzeiten t_{ein} und t_{aus} bei einer Frequenz des Schaltreglers von 250 kHz.
2. Berechnen Sie die minimale Induktivität und die minimale Ausgangskapazität.
3. Skizzieren Sie U_D, U_L, U_A, I_L für $I_A = 0,3$ A und $I_A = 5$ A

Aufgabe 4.2

Die Abbildung zeigt die Schaltung eines Schaltreglers.

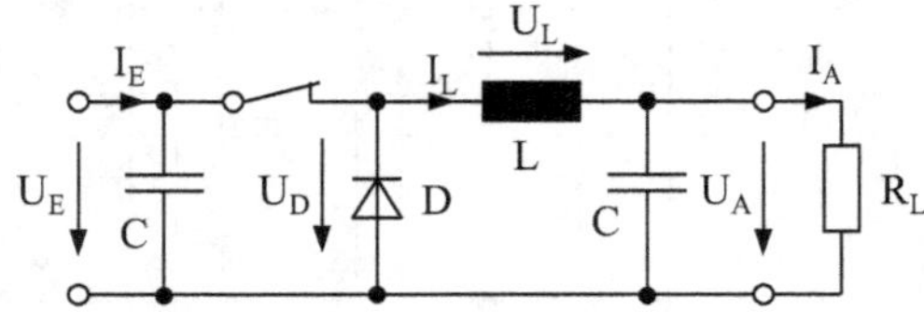

Gegeben sind: $U_e = 45$ V, $C = 220$ µF

                Schalter S: $t_{ein} = 2$ µs, $t_{aus} = 10$ µs

                Der Verbraucherstrom I_A ändert sich zwischen 0,5 A und 1 A.

Die Bauelemente sind als verlustfrei anzunehmen, die Diodenspannung U_D ist zu vernachlässigen.

1. Welche Ausgangsspannung U_A stellt sich für $I_A > I_{A,Min}$ ein?
2. Berechnen Sie für die Speicherdrossel den kleinstmöglichsten Wert der Induktivität L.
3. Wie groß ist die Welligkeit ΔU_A der Ausgangsspannung?
4. Wie muss die Einschaltzeit t_{ein} verändert werden (t_{aus} = konstant), damit sich eine Ausgangsspannung von $U_A = 5$ V einstellt? Wird die Bedingung $I_A > I_{A,Min}$ auch in diesem Falle erfüllt?

Aufgabe 4.3

In der unten gegebenen Schaltung messen Sie die Spannung U_1 und den Strom I_L mittels Oszilloskop.

1. Ermitteln Sie folgende Parameter: U_A, U_E, L, I_E, I_A.
2. Geben Sie eine Messmethode zur Messung von I_L mittels Oszilloskop an.

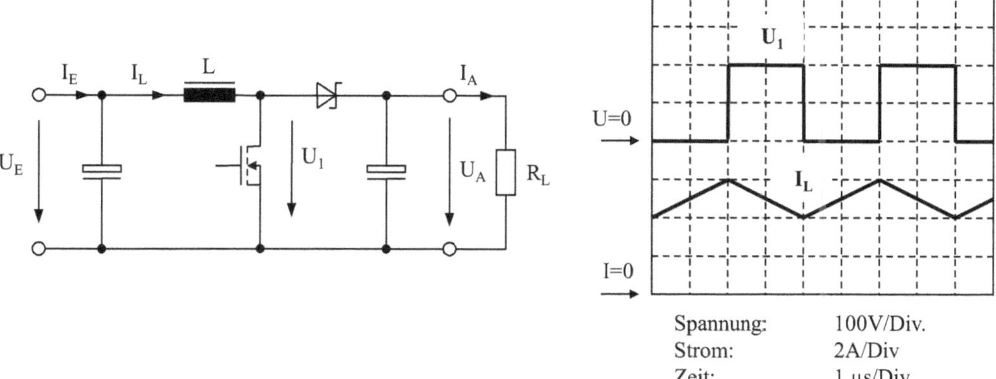

Aufgabe 4.4

Ein Aufwärtswandler soll eine Batteriespannung von 3 V auf 12 V hochsetzen. Der Ausgangsstrom beträgt 50 mA und soll $I_{A,Min}$ entsprechen. Der Wandler arbeitet mit einer festen Frequenz von 100 kHz.

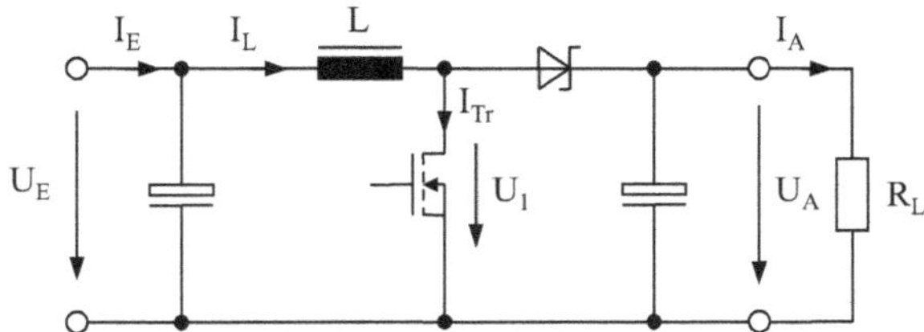

1. Berechnen Sie das notwendige Tastverhältnis t_{ein}/T.
2. Berechnen Sie die Induktivität L.
3. Stellen Sie den zeitlichen Verlauf der Spannungen U_1 und U_L sowie der Ströme I_L, I_D und I_{Tr} in einem Diagramm dar.

Aufgabe 4.5

Ein Sperrwandler soll zur Spannungsversorgung eines Laptops eingesetzt werden. Das Weitbereichsnetzteil erzeugt bei einer Eingangsspannung von $U_E = 120$ V ... 360 V am Ausgang 19,5 V bei einem Ausgangsstrom von 4 A. Die Schaltfrequenz soll 120 kHz betragen. Bei der maximalen Eingangsspannung (360 V) soll das Tastverhältnis $t_{ein}/T = 0{,}5$ betragen und der Strom gerade nicht lücken. Der Wirkungsgrad soll mit $\eta = 1$ angenommen werden.

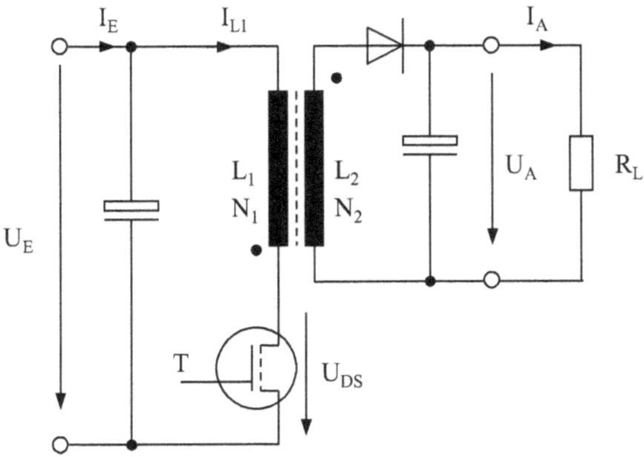

1. Berechnen Sie die Trafoinduktivität L_1 und das Windungsverhältnis N_1/N_2.
2. Skizzieren Sie den zeitlichen Verlauf des Strom I_{L1} und der Spannung U_{DS} für $U_E = 120$ V.

Aufgabe 4.6

Ein Schaltnetzteil für einen LCD-Bildschirm soll 5 V / 1 A, ± 12 V / 0,5 A und 120 V / 0,5A erzeugen. Die Schaltfrequenz beträgt 50 kHz und das Tastverhältnis $t_{ein}/T = 0,5$.

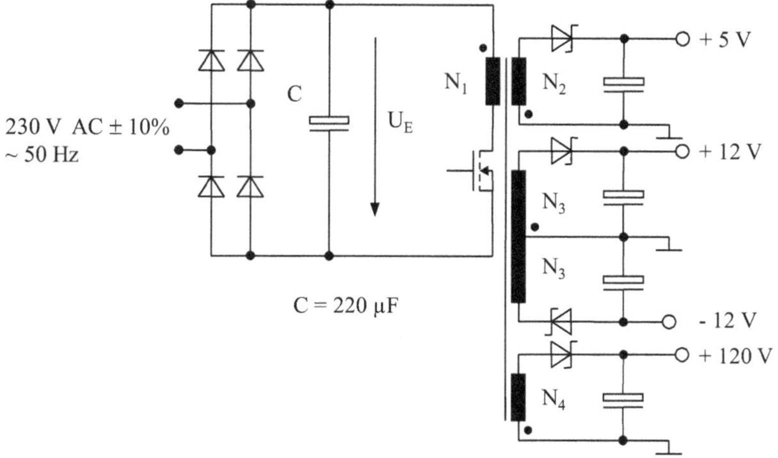

1. Der Sperrwandler soll bei minimaler Spannung $U_{E,min}$ im gerade nicht lückenden Betrieb laufen. Berechnen Sie einen geeigneten Wert für die primäre Induktivität L_1. Die Netzimpedanz soll 0,5 Ω betragen.
2. Berechnen Sie die notwendigen Windungen $N_1 - N_4$ für einen Kern mit $A_L = 50$ nH.
3. Für welche maximale Spannung (U_{DS}) muss der Transistor in der oben angegebenen Schaltung dimensioniert werden?

Aufgabe 4.7

In der unten gegebenen Schaltung messen Sie die Spannung U_1 und den Strom I_{L1} mittels Oszilloskop. Ermitteln Sie folgende Parameter: U_A, U_E, L_1, L_2 I_E, I_A.

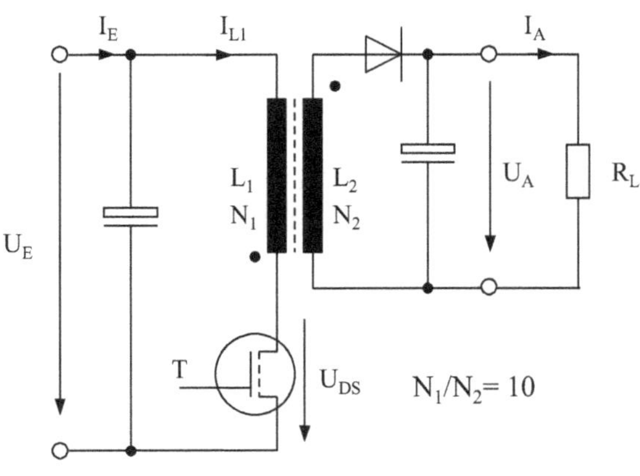

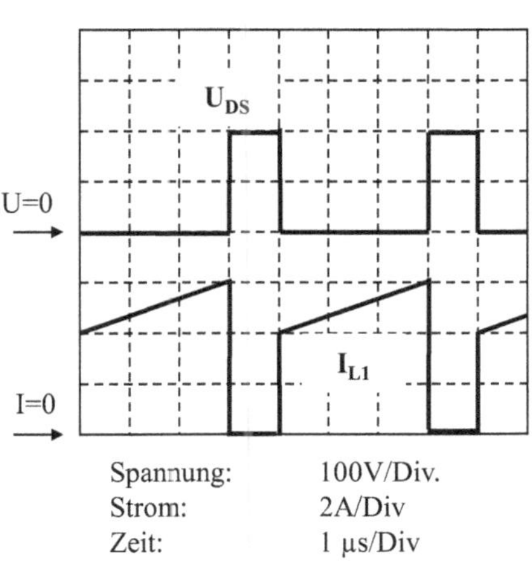

6 LTSPICE-Bauelementemodelle

Im nachfolgenden Kapitel sollen kurz die SPICE-Modelle für Dioden und Transistoren vorgestellt werden, um einen Vergleich zwischen den in den vorhergehenden Kapiteln gemachten Abschätzungen von Bauelemente- und Schaltungsparametern und den Ergebnissen der Simulation mit dem Schaltungssimulator LTSPICE zu ermöglichen.

6.1 Diodenmodelle in LTSPICE

Statisches Modell

Im statischen Bereich gibt es zwei Diodenmodelle, die durch LTSPICE genutzt werden. Das Standardmodell beschreibt die Diode mit einem exponentiellen und anschließend linearen Verlauf. Das zweite Modell ist ein phänomenologisches Modell und entspricht in weiten Zügen dem Knickspannungsmodell.

Phänomenologisches Modell

Das Modell beschreibt das statische Diodenverhalten mit Hilfe eines Knickspannungsmodells. Hierfür werden die Flussspannung und der Bahnwiderstand definiert. Weiterhin können durch die Parameter >EPSILON< und >REFEPSILON< eine Verrundung der Kennlinie ab der Flussspannung simuliert und mit den Parametern >ILIMIT< und >REVILIMIT< eine Stromobergrenze festgelegt werden. Letzteres soll die Stromtragfähigkeit der Diode beschreiben, was jedoch bei den meisten Dioden innerhalb des Arbeitsbereiches nicht relevant ist.

Das phänomenologische Modell wird in LTSPICE genutzt, sobald einer ihrer Parameter in der Modelldefinition auftritt.

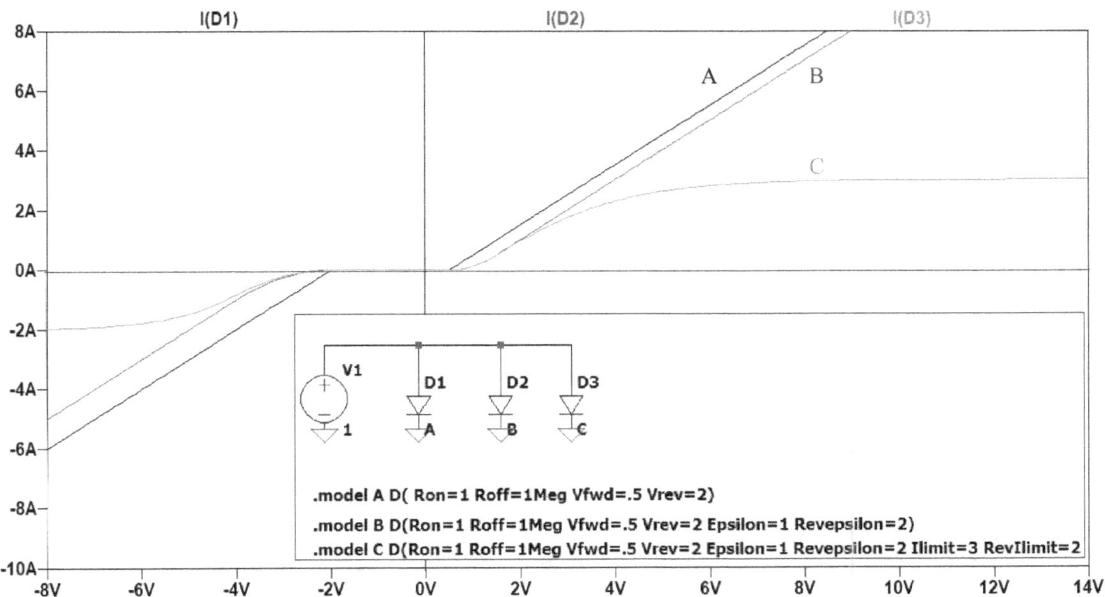

Abb. 6.1: Strom-Spannungs-Kennlinie nach dem phänomenologischem Diodenmodell

Physikalisches Modell

Das physikalische Modell in LTSPICE beruht in weiten Zügen auf dem exponentiellen Verlauf des Stroms in Abhängigkeit von der angelegten Spannung am pn-Übergang mit anschließendem linearem Bereich durch die Bahnwiderstände.

Als Beispiel für die Parameterdefinition dieses Modells soll die Diode 1N914 genutzt werden.

.model 1N914 D(Is=2.52n Rs=.568 N=1.752 Cj0=4p M=.4 tt=20n Iave=200m Vpk=74 mfg=OnDemi type=Silicon)

$$I_D = I_S \left(e^{\frac{U_D - R_S I_D}{N \cdot kT/e}} - 1 \right) \qquad [162]$$

$$\begin{aligned}
mit \quad & U_D && \text{- Diodenspannung} \\
& I_D && \text{- Diodenstrom} \\
& I_S && \text{- Sperrsättigungsstrom} \\
& N && \text{- Emissionskoeffizient} \\
& k && \text{- Boltzmannkonstante} \\
& T && \text{- Temperatur} \\
& e && \text{- Ladung eines Elektrons}
\end{aligned}$$

>Name<	Description	Units	Default	Example 1N914
Is	Saturation Current	A	1e-14	2.52 n
Rs	Ohmic Resistance	Ω	0	0.568
N	Emission Coefficient	-	1	1.752

Tab. 6.1:   Diodenparameter im LTSPICE

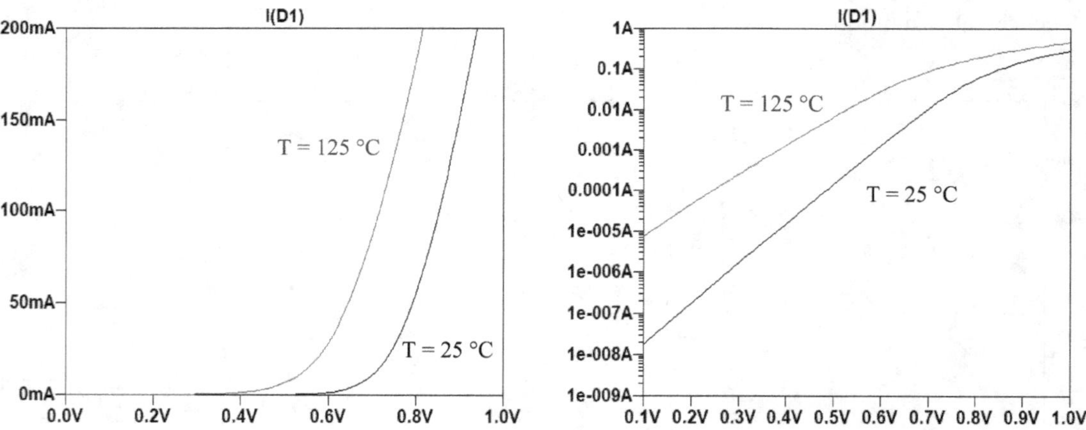

Abb. 6.2:   Simulierte Strom-Spannungs-Kennlinie der Diode 1N914 für zwei verschiedene Temperaturen in linearer (links) und logarithmischer Darstellung (rechts)

Für die Abhängigkeit des Diodenstroms von der Temperatur ist im Duchlassbereich vorallem der Term kT/e im Exponenten der e-Funktion in Gl. [162] verantwortlich. Dadurch kommt es zu einer effektiven Verschiebung der Kennlinie um cirka -1.1 mV/°C. Daneben kann in LTSPICE für den Bahnwiderstand eine lineare oder quadratische Temperaturabhängigkeit definiert und dem Sperrsättigungsstrom eine zusätzliche Temperaturabhängigkeit gegeben werden.

$$I_S(T) = I_{S0} \left(\frac{T}{T_0}\right)^{\frac{X_{ti}}{N}} \cdot e^{\left(\frac{E_G}{N \cdot kT/e} \frac{T-T_0}{T_0}\right)} \qquad [163]$$

mit
I_{S0} - Sperrsättigungsstrom bei der Referenztemperatur T_0
Xti - Temperaturkoeffizient des Sperrsättigungsstroms
Eg - Aktivierungsenergie, Bandbreite des Halbleitermaterials
N - Emissionskoeffizient
k - Boltzmannkonstante
T_0 - Referenztemperatur (Tnom)
e - Ladung eines Elektrons

$$R_S(T) = R_{S0}(1 + T_{rs1}(T - T_0) + T_{rs2}(T - T_0)^2 \qquad [164]$$

mit
R_{S0} - Serienwiderstand bei der Referenztemperatur T_0
T_{RS1} - Linearer Temperaturkoeffizient des Bahnwiderstands
T_{RS2} - Quadratischer Temperaturkoeffizient des Bahnwiderstands

>Name<	Description	Units	Default	Example 1N914
Xti	Saturation Current Temperature Exp	-	3.0	-
Eg	Activation Energy	eV	1.11	-
Tnom	Parameter Measurement Temperature	°C	27	-
Trs1	Linear Temperature Coefficient for Rs	°C^{-1}	0	-
Trs2	Quadratic Temperature Coefficient for Rs	°C^{-2}	0	-

Tab. 6.2:   Diodenparameter im LTSPICE

Für den Sperrbereich der Diode kann ein erhöhter Sperrstrom durch die Generation von Ladungsträgern in der Raumladungszone definiert werden (>ISR<). Weiterhin nimmt der Strom exponentiell zu, sobald die Sperrspannung in die Größenordnung der Durchbruchspannung (>BV<) kommt. Dafür kann in LTSPICE ein Sperrstrom (>IBV<) bei der Durchbruchspannung festgelegt werden, der dann im Simulator zu einer e-Funktion umgerechnet wird, welche bei der Durchbruchspannung diesen Sperrstrom ergibt. Der Bahnwiderstand (>RS<) im Durchbruchbereich entspricht dem des Flussbereichs und kann nicht gesondert eingestellt werden.

>Name<	Description	Units	Default	Example 1N914
Isr	Recombination current parameter	A	0	-
Nr	Isr emission coeff.	-	2	-
Bv	Reverse breakdown voltage	V	∞	-
Ibv	Current at breakdown voltage	A	1e-10	-

Tab. 6.3:   Diodenparameter im LTSPICE

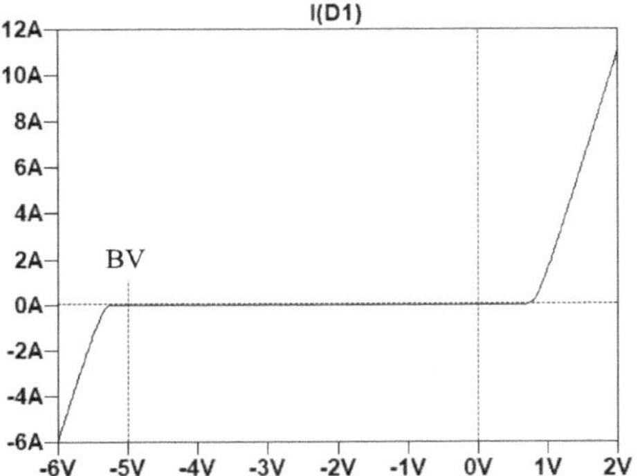

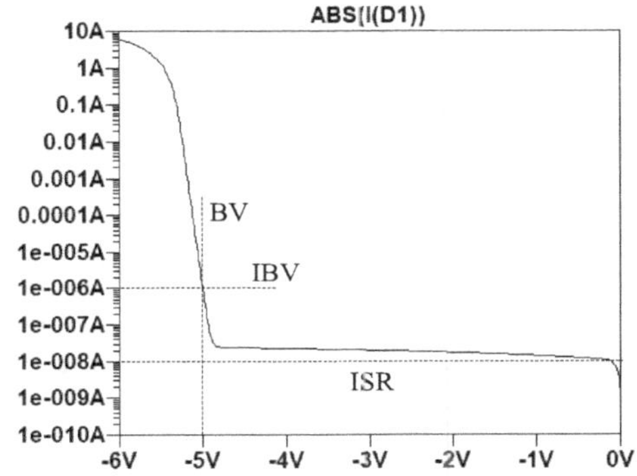

Abb. 6.3:   Simulierte Strom-Spannungs-Kennlinie einer Diode im Sperrbereich
.model dd D (BV=5 IBV=1e-6 ISR=1e-8 RS=0.1)

Weitere Parameter können im Diodenmodell angegeben werden, die jedoch nur beschreibenden Charakter haben und auf die Ergebnisse der Simulation keinen Einfluss haben.

Name	Description	Units
Vpk	Peak voltage rating	V
Ipk	Peak current rating	A
Iave	Ave current rating	A
Irms	RMS current rating	A
Mfg	Manufacturer	
Type	Dioden Type	

Tab. 6.4:   Diodenparameter im LTSPICE

Dynamisches Modell

Das dynamische Verhalten einer Diode wird in LTSPICE durch eine Sperrschichtkapazität und eine Transitzeit zum Abbau von Speicherladungen simuliert.

Name	Description	Units	Default	Example 1N914
tt	Transit-time	sec	0.	20 n
Cjo	Zero-bias junction capacity	F	0	4 p
Vj	Junction potential	V	1.	-
M	Grading coefficient	-	0.5	0.4

Tab. 6.5:   Diodenparameter im LTSPICE

Abb. 6.4 zeigt eine Simulation des Schaltvorgangs an der Beispieldiode 1N914. Sie wird bei 2 ns ein- und bei 32 ns ausgeschaltet. Beim Einschalten der Diode entsteht durch das Umladen der Sperrschichtkapazität eine Stromspitze im Verlauf des Diodenstrom (I_{D1}) und ein verzögerter Anstieg der Diodenspannung (U_{D1}).

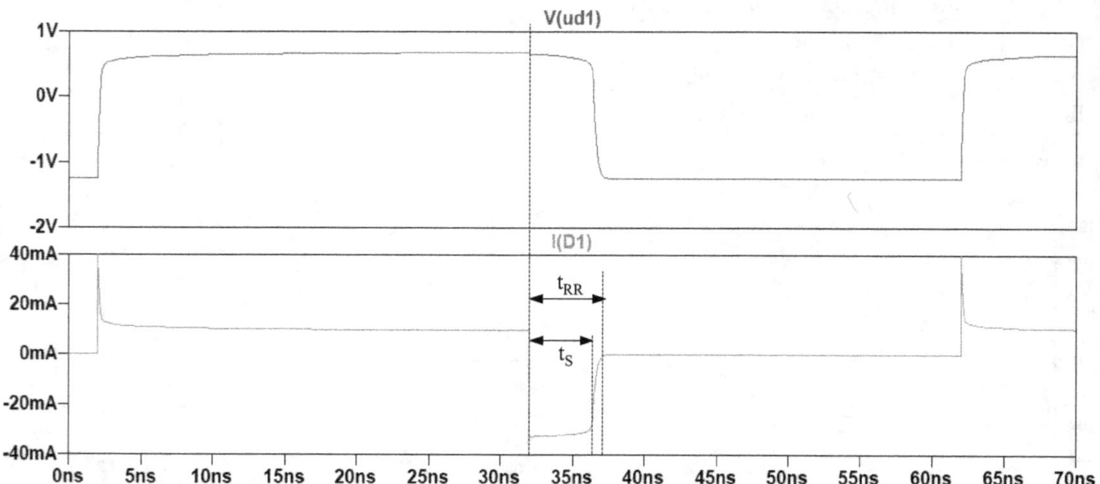

Abb. 6.4:   Simulierter Schaltprozess an einer Diode (1N914)

Die Sperrschichtkapazität ist im LTSPICE-Modell spannungsabhängig gestaltet. Dabei gibt der Parameter >*Cj0*< des Diodenmodells die Kapazität bei 0 V Diodenspannung an.

$$C_j = C_{j0} \cdot \left(\frac{1}{1 - U_D/V_j}\right)^M \qquad [165]$$

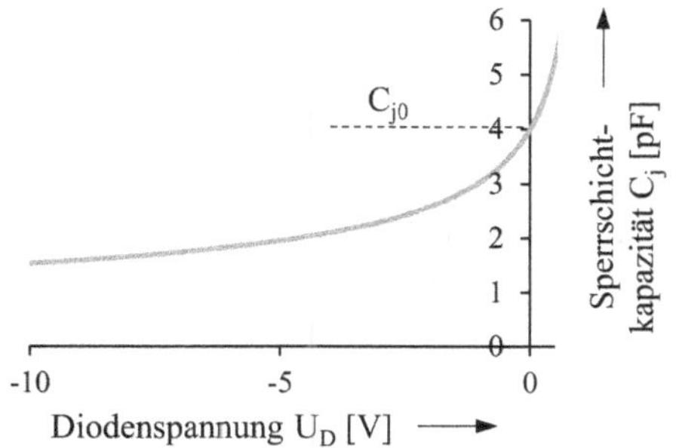

mit C_j *- Speicherkapazität*
        C_{j0} *- Speicherkapazität für $V_D = 0$ V*
        V_j *- Junctionpotential*
        U_D *- Diodenspannung*
        M *- Gradationsexponent*

Abb. 6.5:   Spannungsabhängigkeit der Sperrschichtkapazität am Beispiel der Diode 1N914

Der zweite Parameter im LTSPICE-Modell ist die Transitzeit (>*tt*<). Sie beschreibt den Abbau der Speicherladung beim Umschalten der Diode aus dem leitenden in den gesperrten Zustand. Je größer der Sperrstrom während der Speicherzeit desto schneller kann die Diffusionsladung abgebaut werden und desto kleiner ist die Speicherzeit (t_s). Abb. 6.6 zeigt den simulierten Schaltprozess für drei verschiedene Sperrströme. Im ersten Fall ist die Sperrspannung 0 V und der daraus resultierende Sperrstrom während der Speicherzeit circa 10 mA. Nach 10 ms ist in diesem Beispiel die Speicherladung abgebaut und der Strom fällt auf Null ab. Bei höheren Sperrspannungen ist der Sperrstrom nach dem Umschalten höher und daraus bedingt, ist die Speicherzeit deutlich kürzer. Für eine Sperrspannung von -10 V an der Diode erhält man einen Sperrstrom von 80 mA und eine Speicherzeit von nur noch 2 ms.

Für eine analytische Abschätzung der Speicherzeit einer Diode kann Gl. [166] genutzt werden. Sie beschreibt den Zusammengang zwischen der Speicherzeit und dem LTSPICE-Parameter >*tt*<.

$$t_S = tt \cdot ln\left(1 + \frac{|I_F|}{|I_R|}\right) \qquad [166]$$

mit t_S *- Speicherzeit*
        tt *- Transit-Time*
        I_F *- Durchflussstromstärke vor dem Umschalten*
        I_R *- Maximaler Sperrstrom nach dem Umschalten*

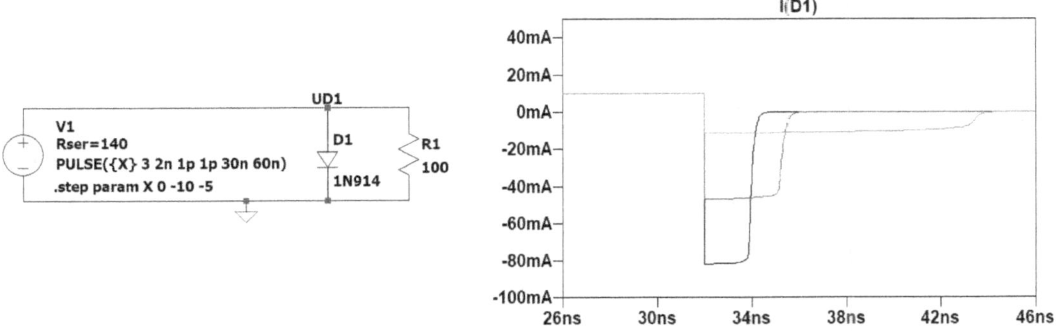

Abb. 6.6:   Simulierter Schaltprozess an einer Diode (1N914) für verschiedene Sperrströme

6.2   LTSPICE-Modell des Bipolartransistors

.model 2N2222 NPN   (IS=1E-14 VAF=100 BF=200 IKF=0.3 XTB=1.5 BR=3
CJC=8E-12 CJE=25E-12 TR=100E-9 TF=400E-12 ITF=1 VTF=2 XTF=3
RB=10 RC=.3 RE=.2 Vceo=30 Icrating=800m mfg=Philips)

LTSPICE nutzt für die Simulation von Bipolartransistoren das Gummel-Poon-Modell. Es besteht aus zwei antiparallel geschalteten Dioden an der Basis und einer gesteuerten Stromquelle zwischen Kollektor und Emitter. Zusätzlich erhält jedes Terminal des Transistors einen Bahnwiderstand (>RE, RB, RC<), die in Abb. 6.7 nicht mit dargestellt sind.

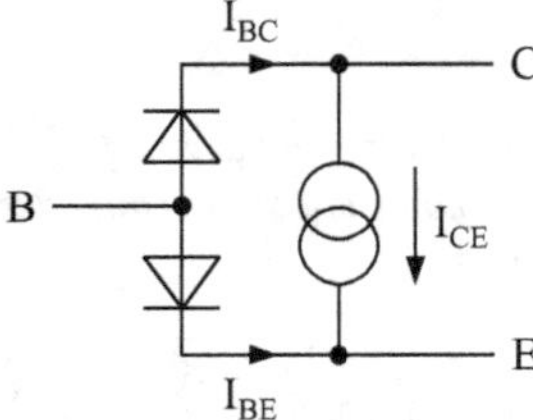

Abb. 6.7:   LTSPICE-Transistormodell für einen npn-Bipolartransistor

Die Basis-Emitter- und die Basis-Kollektordiode des Bipolartransistors werden mit dem im vorhergehenden Abschnitt beschriebenen Diodenmodell modelliert und sollen hier nicht näher beschrieben werden.

Der eigentliche Transistoreffekt entsteht durch die gesteuerte Stromquelle zwischen Kollektor und Emitter. In erster Näherung ist der Kollektor-Emitterstrom im Normalbetrieb des Transistors ein um den Stromverstärkungsfaktor >BF< Vielfaches von I_{BE}.

$$I_{CE} \cong I_{BE} \cdot B_F \qquad\qquad [167]$$

mit I_{BE} - Basis-Emitterstrom
I_{CE} - Kollektor-Emitterstrom
B_F - Stromverstärkungsfaktor

Bei näherer Betrachtung hat auch die Kollektor-Emitterspannung einen leichten Einfluss auf den Strom I_{CE}. Durch die Vergrößerung der Raumladungszone mit Erhöhung der Sperrspannung wird die effektive Basisbreite des Transistors kleiner, so dass der Strom leicht ansteigt. Modelliert wird dieses Verhalten durch die Earlyspannung (>V_{AF}<).

Im Sättigungs- und Reversebetrieb des Transistors kommt zum Basisemitterstrom noch der Basis-Kollektorstrom als Steuerparameter hinzu. Er wird mit dem Faktor >BR< verstärkt und verringert um diesen Betrag den Kollektor-Emitterstrom.

$$I_{CE} = (I_{BE} \cdot B_F - I_{BC} \cdot B_R) \cdot \left(1 + \frac{U_{CE}}{V_{AF}}\right) \qquad\qquad [168]$$

mit U_{CE} - Kollektor-Emitterspannung
B_F - Forward Stromverstärkungsfaktor
B_R - Reverse Stromverstärkungsfaktor
V_{AF} - Earlyspannung

Name	Description	Units	Default	Example 2N2222
BF	Ideal maximum forward beta	-	100	200
VAF	Forward early voltage	V	∞	100
BR	Ideal maximum reverse beta	-	1.0	3

Tab. 6.6:   Parameter des Bipolartransistors im LTSPICE

Abb. 6.8 zeigt die Simulation des Ausgangskennlinienfeldes eines fiktiven Bipolartransistors mit dem Stromverstärkungsfaktor 200 und einer Earlyspannung von 50 V.

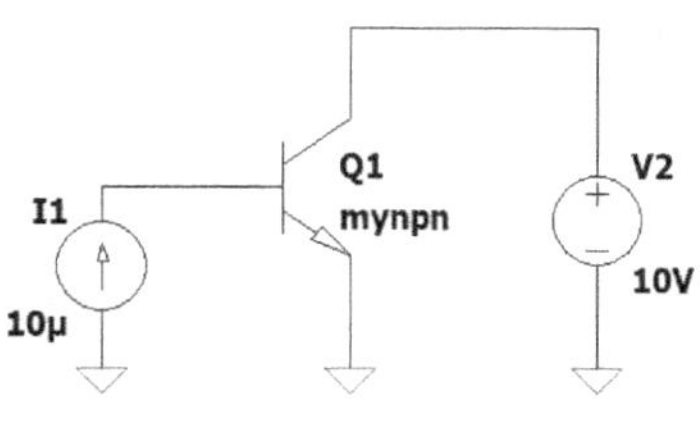

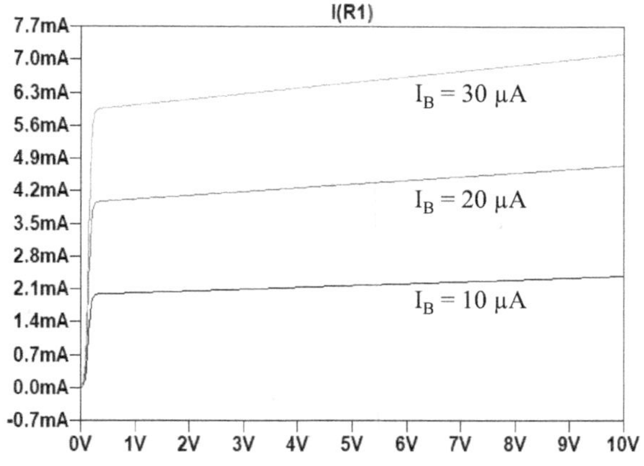

Abb. 6.8: Ausgangskennlinienfeld für einen Bipolartransistor mit einer Earlyspannung von 50 V

Bei höheren Strömen kommt es beim Bipolartransistor aufgrund der hohen Ladungsträgerkonzentration im Basisgebiet zu einer Reduktion des Stromverstärkungsfaktors (Hochstromeffekt).

$$B_F = B_{F0}\left(1 + \left(\frac{I_{BE} \cdot B_{F0}}{IKF}\right)\right)^{-NK} \qquad [169]$$

mit B_{F0} - *Stromverstärkungsfaktor für $I_B \to 0$*
B_F - *reduzierter Stromverstärkungsfaktor*
IKF - *Knickpunktparameter für den Hochstromeffekt*
NK - *Reduzierungskoeffizient für den Hochstromeffekt*

In Abb. 6.9 ist die Reduktion der Stromverstärkung für einen fiktiven Bipolartransistor dargestellt. Im Bereich des Knickpunktparameters (>*IKF*<) verringert sich die Stromverstärkung kontinuierlich mit dem Reduzierungskoeffizienten (>*NK*<).

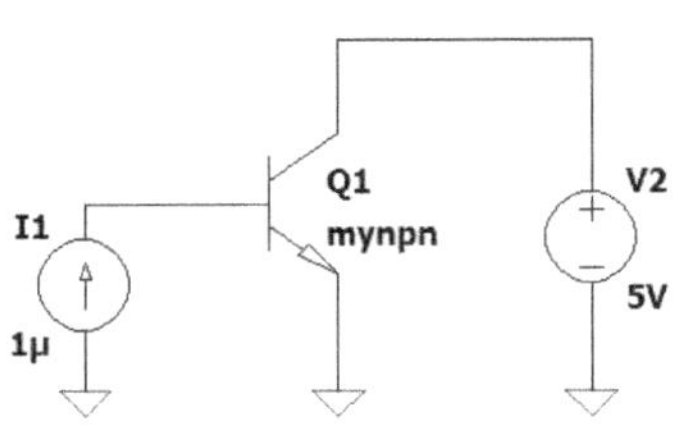

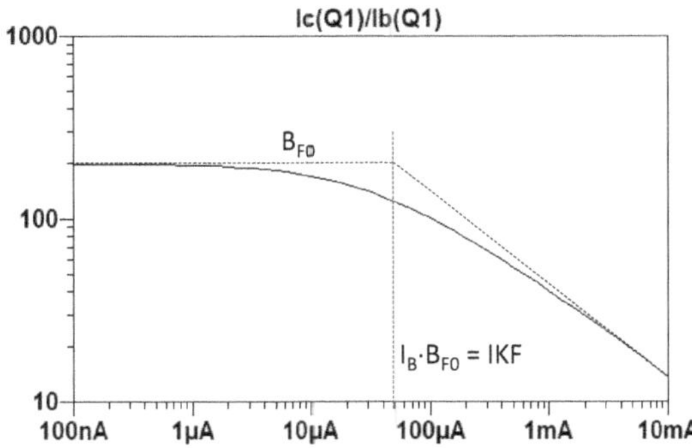

Abb. 6.9: Reduzierter Stromverstärkungsfaktor bei höheren Strömen

Neben der Temperaturabhängigkeit der Diodenströme besitzt auch der Stromverstärkungsfaktor einen Temperaturkoeffizienten (>XTB<). Er gilt sowohl für die forward (>B_F<) als auch für die reverse Stromverstärkung (>B_R<).

$$B_F(T) = B_{F0} \left(\frac{T}{T_0}\right)^{XTB}$$

[170]   mit B_{F0} - Stromverstärkungsfaktor bei der Referenztemperatur T_0
            XTB - Temperaturkoeffizient des Stromverstärkungsfaktors
            T - Temperatur [K]

Da mit steigender Temperatur die Stromverstärkung von Bipolartransistoren zunimmt, erhält man für diese einen positiven Temperaturkoeffizienten.

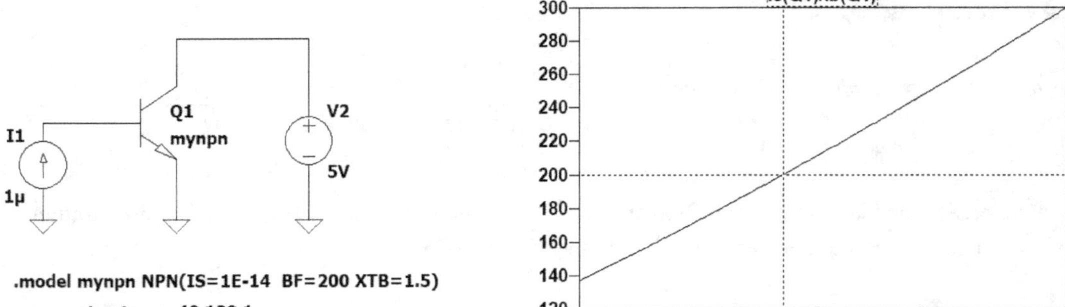

Abb. 6.10: Temperaturabhängigkeit der Stromverstärkung

Name	Description	Units	Default	Example 2N2222
IKF	Corner for forward-beta high-current roll-off	A	∞	-
NK	High-current roll-off coefficient	-	0.5	-
XTB	Forward and reverse beta temperature coefficient	-	0	1.5

Tab. 6.7:   Parameter des Bipolartransistors im LTSPICE

Dynamisches Modell

Das dynamische Verhalten eines Bipolartransistors wird in LTSPICE durch die zwei Sperrschichtkapazitäten der Basis-Emitter- sowie der Basis-Kollektordiode und die Transitzeit zum Abbau der Speicherladung simuliert.

Abb. 6.11 zeigt das Schaltverhalten eines Bipolartransistors vom Off-Zustand in den ungesättigten On-Zustand und wieder zurück. Dafür wird die Basisspannung nach 2 ns auf 1,2 V angehoben und nach 500 ns wieder auf Null gesetzt.

Beim Einschalten kommt es durch die Basis-Emitterkapazität (>CJE<) zum Überschwingen des Basisstroms bevor dieser auf einen stationären Zustand von I_B = 477 µA fällt. Nach dem Aufbau der Basisspeicherladung fließt einen Kollektorstrom von 82 mA, was zu einer Kollektor-Basis-Spannung von 1,7 V führt. Damit ist die Basis-Kollektordiode noch vollständig gesperrt und der Transistor arbeitet im ungesättigten Bereich.

Nachdem die Basis-Emitterspannung nach 500 ms wieder auf Null gesetzt wurde, kommt es zum Abbau der Basisspeicherladung über den Basisstrom. Erst wenn diese Ladung vollständig abgebaut ist, sperrt der Transistor wieder vollständig. Die Transitzeit (tt$_F$) kann in erster Näherung durch das Verhältnis von Kollektorstrom im On-Zustand und den maximalen Basisstrom in der Off-Phase beschrieben werden.

$$tt_F \cong TF \cdot \left| \frac{I_{C,On}}{I_{B,Off}} \right| \qquad [171]$$

mit

tt_F - Transitzeit für den ungesättigten Schaltbetrieb

TF - Transitzeitparameter für den ungesättigten Schaltbetrieb

$I_{C,On}$ - Kollektorstrom im On-Zustand des Transistors

$I_{B,Off}$ - Maximaler Basisstrom nach dem Umschalten vom On- in den Off-Zustand

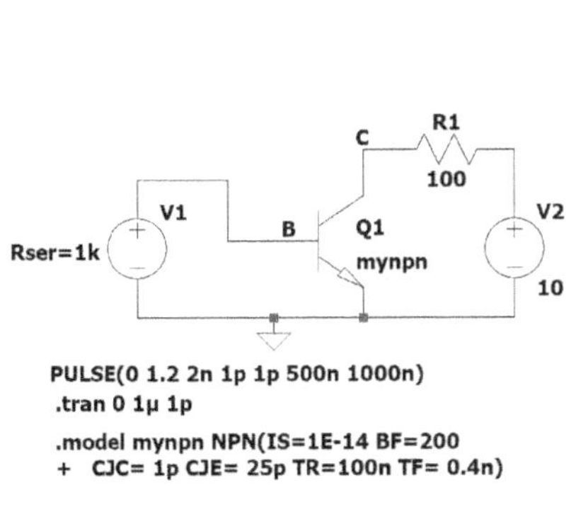

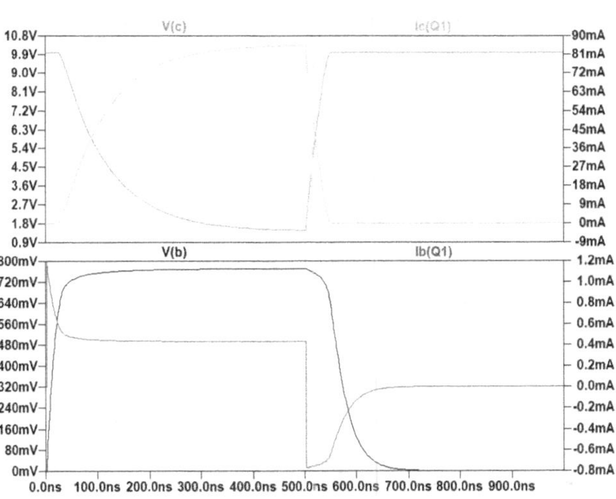

Abb. 6.11: Schaltverhalten eines Bipolartransistors im ungesättigten Schaltbetrieb

Deutlich länger wird die Transitzeit eines Bipolartransistors, wenn er aus dem gesättigten Zustand in den OFF-Zustand geschaltet wird. Im LTSPICE wird dies durch den Parameter $>TR<$ beschrieben. Je größer der Übersteuerungsfaktor (Ü) im ON-Zustand ist, desto mehr Speicherladungen werden im Basisgebiet akkumuliert und umso langamer schaltet der Bipolartransistor wieder in den OFF-Zustand.

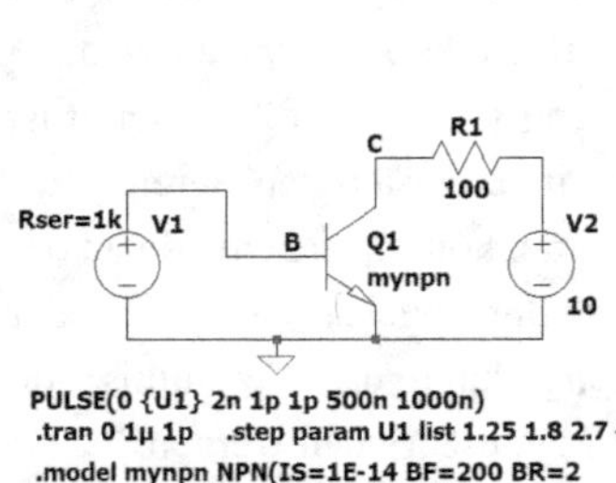

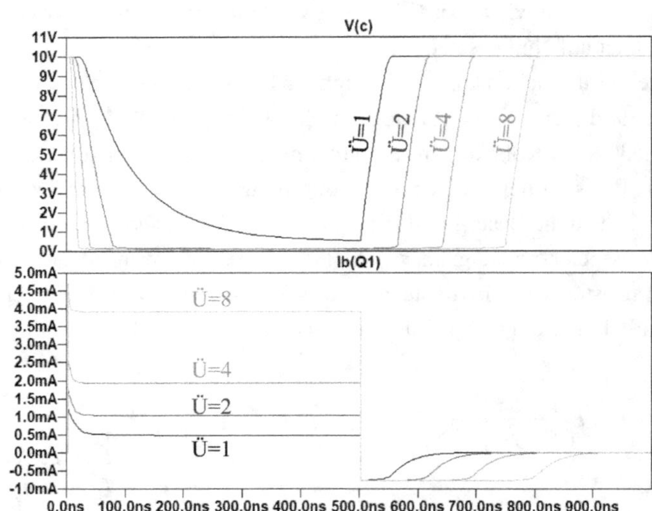

Name	Description	Units	Default	Example 2N2222
CJC	Base-collector zero-bias p-n capacitance	F	0	8e-12
MJC	Base-collector p-n grading factor	-	0.33	
VJC		V	0.75	
FC	Forward-bias depletion capacitor coefficient	-	0.5	
CJE	Base-emitter zero-bias p-n capacitance	F	0	25e-12
MJE	Base-emitter p-n grading factor	-	0.33	
VJE	Base-emitter built-in potential	V	0.75	
TR	Ideal reverse transit time	sec	1e-8	100e-9
TF	Ideal forward transit time	sec	0	400e-12
ITF	Transit time dependency on Ic	A	0	1
XTF	Transit time bias dependence coefficient	-	0	3
VTF	Transit time dependency on Vbc	V	∞	2

Tab. 6.8:   Parameter des Bipolartransistors im LTSPICE

6.3　LTSPICE-Modell D-MOSFET

LTSPICE unterstützt sieben verschiedene FET-Modelle. Das einfachste ist das Level-1-Modell, dass in großen Teilen dem Modell in Abschnitt 4.9 entspricht. Zusätzlich enthält das statische Modell einen Parameter für die Kanalmodulation (>Lamda<).

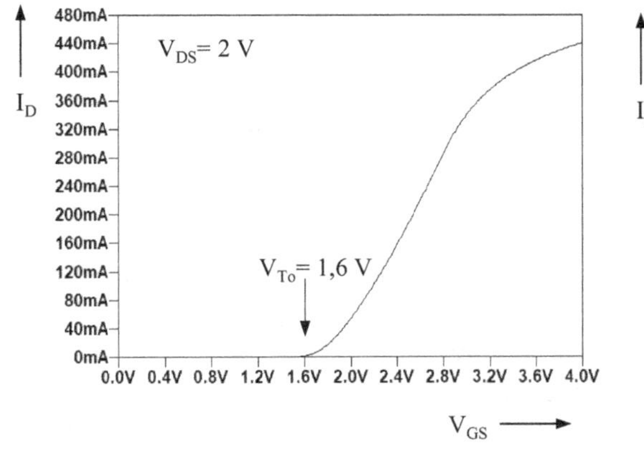

$$I_D = 0 \qquad\qquad [172]$$

Sperrbereich (SB)
$V_{GS} < U_{To}$

$$I_D = K_P \cdot V_{DS} \left(V_{GS} - V_{To} - \frac{V_{DS}}{2} \right) \cdot (1 + \lambda) \qquad [173]$$

Ohmscher Bereich (OB)
$V_{GS} > V_{To};\ V_{DS} < V_{GS}\text{-}V_{To}$

$$I_D = \frac{K_P}{2} \cdot (U_{GS} - U_{TH})^2 \cdot (1 + \lambda) \qquad [174]$$

Abschnürbereich (AB)
$V_{GS} > V_{To};\ V_{DS} > V_{GS}\text{-}U_{To}$

Abb. 6.12:　Statisches Level-1-Transistormodell für einen D-MOSFET

mit　K_P　*- Steilheitskoeffizient [A/V²]*
V_{To}　*- Schwellspannung (Threshold Voltage)*
λ　*- Kanallängen-Modulationskoeffizient*
V_{GS}　*- Gate-Sourcespannung*
V_{DS}　*- Drain-Sourcespannung*

Für den diskreten vertikalen D-MOSFET wurde in LTSPICE eine eigene Modellklasse geschaffen, die in großen Teilen dem Level-1-Modell entspricht. Zusätzlich wurde für den Bereich um die Schwellspannung (Subthreshold-Bereich) ein exponentieller Anstieg des Drainstroms berücksichtigt und mit dem Parameter >mtriode< die Möglichkeit gegeben, den Steilheitskoeffizienten für den ohmschen und Abschnürbereich unterschiedlich anzupassen.

Zur Standardbibliothek von LTSPICE gehören verschiedenste D-MOSFET Transistoren. Beispielhaft sollen die Parameter und deren Einfluss auf des Verhalten des Transistors anhand des Transistor BSP89[34] beschrieben werden. Es handelt sich um einen n-Kanal D-MOSFET mit einer maximalen Drain-Sourcespannung von 240 V und einem maximalen Drainstrom von 350 mA.

```
.model BSP89 VDMOS    (Rg=3 Rd=2.1 Rs=1.7 mtriode=.8 lambda=0.01 Vto=1.6 ksubthres=70m Kp=1.1
                       Cgdmax=300p Cgdmin=3p A=1 Cgs=70p Cjo=10p M=.25 Vj=.9 Is=600f Rb=.3
                       mfg=Infineon Vds=240 Ron=4.9 Qg=4.3n)
```

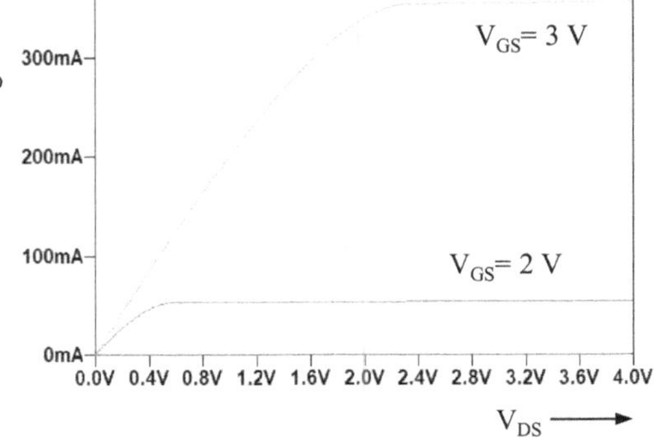

Abb. 6.13:　Transfer- und Ausgangskennlinie des BSP89

---

[34] Datenblatt BSP89, Infineon Technologies, 2012

Durch die Kanallängenmodulation kommt es im Abschnürbereich bei höheren Drain-Sourcespannungen zu einer Verkürzung der effektiven Kanallänge und damit zu einer Verringerung des Kanalwiderstands. Diese führt zu einer leichten Erhöhung des Drainstroms mit steigender Drain-Sourcespannung. Simuliert wird dies mit dem Term $(1 - \lambda)$ in Gl. [113]. Damit es an der Übergangsstelle vom ohmschen zum Abschnürbereich nicht zu einem Sprung in der Ausgangskennlinie des Transistors kommt, muss dieser Term auch für den ohmschen Bereich angewendet werden.

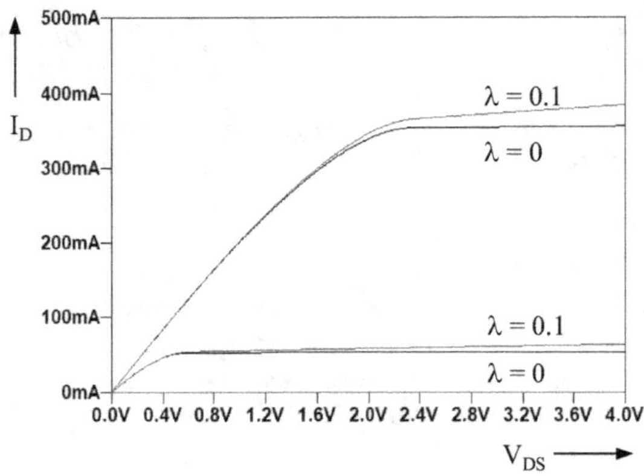

Abb. 6.14: Einfluss des Kanallängen-Modulationsparameters auf das Ausgangskennlinienfeld

Im Standard Level-1-Modell setzt der Drainstroms erst beim Überschreiten der Schwellspannung des Transistors ein. In der Realität kommt es schon vor dem Erreichen der Schwellspannung zu einem Anstieg des Drainstroms (Subthreshold-Bereich). Das VDMOS-Modell simuliert dies durch einen exponentiellen Anstieg des Stromes ausgehend von einem minimalen Sperrstrom des Transistors. Modelliert wird dies mit dem Parameter >*ksubtreas*<.

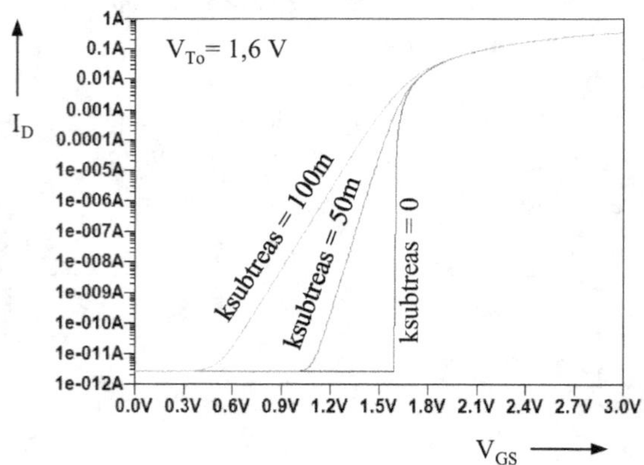

Abb. 6.15: Kennlinienmodulation im Subthreshold-Bereich

Zusätzlich zu dem in Abb. 6.12 gezeigten statischen Transistormodell sind im VDMOS-Modell an allen drei Terminals (S, G, D) Bahnwiderstände (>Rg, Rd, Rs<) integriert. Weiterhin ist es möglich, über den Parameter >*mtriode*< den Steilheitskoeffizienten im ohmschen Bereich anzupassen.

Sämtliche Parameter des Level-1-Modells, die den Einfluss der Substratspannungen beschreiben, sind beim VDMOS-Modell auf null gesetzt, da bei diesem Transistortyp Source und Substrat miteinander verbunden sind.

Für die Simulation der Bodydiode sind die Parameter >*IS*< und >*RB*< im Modell integriert.

Name	Description	Units	Default	Example BSP89
Vto	Threshold voltage	V	0	1.6
Kp	Transconductance parameter	A/V²	1	1.1
Phi	Surface inversion potential	V	0.6	
Lambda	Channel-length modulation	1/V	0	0.01
mtriode	Conductance multiplier in triode region	-	1	0.8
ksubtreas	Slope in the single parameter subthreshold model	-	0	0.07
Rd	Drain ohmic resistance	W	0	2.1
Rs	Source ohmic resistance	W	0	1.7
Rg	Gate ohmic resistance	W	0	3
nchan	N-channel VDMOS	-	default	-
pchan	P-channel VDMOS	-	required, if PMOS	-

Tab. 6.9: Parameter des D-MOSFETs im LTSPICE

Dynamisches Verhalten

Das AC-Modell des VDMOS enthält drei Kapazitäten. Die Gate-Sourcekapazität wird als konstant angenommen (C_{GS}). Die Gate-Drainkapazität ist je nach angelegter Gatespannung variabel. Zur Beschreibung werden die Parameter (C_{GDmin}, C_{GDmax} und A) verwendet.

Die Drain-Sourcekapazität wird vor allem durch die Sperrschichtkapazität der Bodydiode bestimmt.

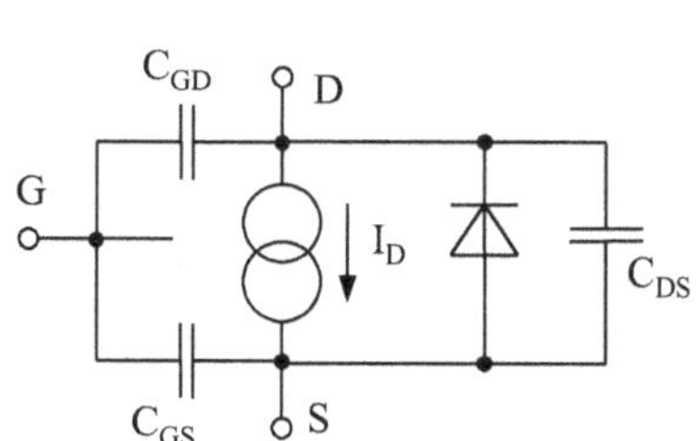

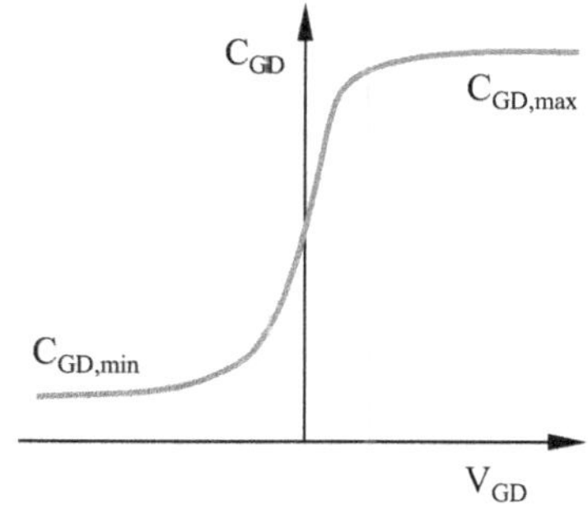

Abb. 6.16: Dynamisches Level-1-Transistormodell für MOSFET

Abb. 6.17: Variation der Gate-Drainkapazität in Abhängigkeit von der Gate-Drainspannung

Name	Description	Units	Default	Example BSP89
Cjo	Zero-bias body diode junction capacitance	F	0	10 p
Cgs	Gate-source capacitance	F	0	70 p
Cgdmin	Minimum non-linear G-D capacitance	F	0	3 p
Cgdmax	Maximum non-linear G-D capacitance	F	0	300 p
A	Non-linear Cgd capacitance parameter	-	1	1

Tab. 6.10: Parameter des D-MOSFETs im LTSPICE

7 Lösungen der Übungsaufgaben

Diode

1.1 $U_1 = 0{,}7$ V $I_1 = 14{,}3$ mA
       $U_2 = 15$ V $I_2 = 0$ mA
                            $I_3 = 14{,}3$ mA
                            $I_4 = 0{,}7$ mA
       $U_5 = 0{,}7$ V $I_5 = 13{,}6$ mA
                            $I_6 = 0$ mA
                            $I_7 = 0{,}7$ mA
                            $I_8 = 13{,}6$ mA
       $U_9 = 14{,}3$ V $I_9 = 14{,}3$ mA
       $U_{10} = 1{,}4$ V $I_{10} = 13{,}6$ mA
                            $I_{ges} = 56{,}5$ mA

1.2

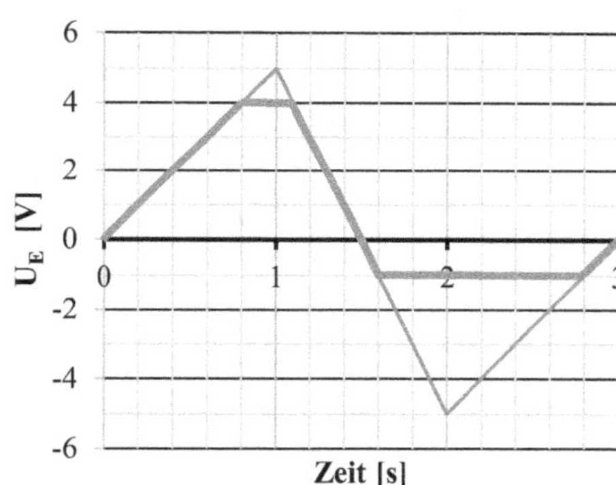

1.3.1 $U_{F,0} = 0{,}6$ V, $R_B = 0{,}067$ Ω
1.3.2 $I_D = 3$ A
         $U_D = 0{,}8$ V
1.3.3 $U_D = U_B$ für $U_B < U_{F,0}$
         $U_D = 0{,}514\text{V} + 0{,}143 \cdot U_B$ für $U_B \geq U_{F,0}$

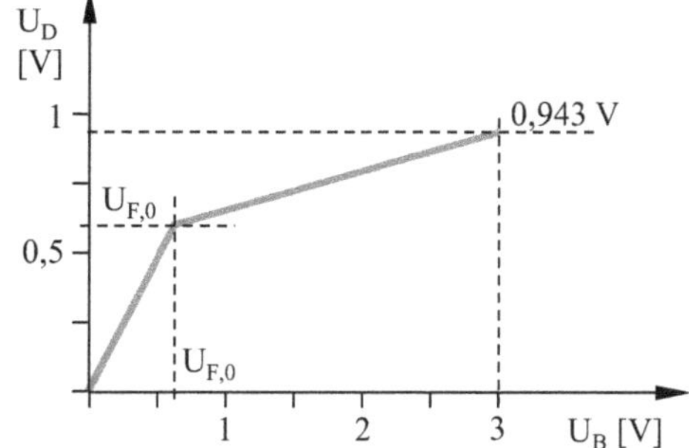

1.4.1

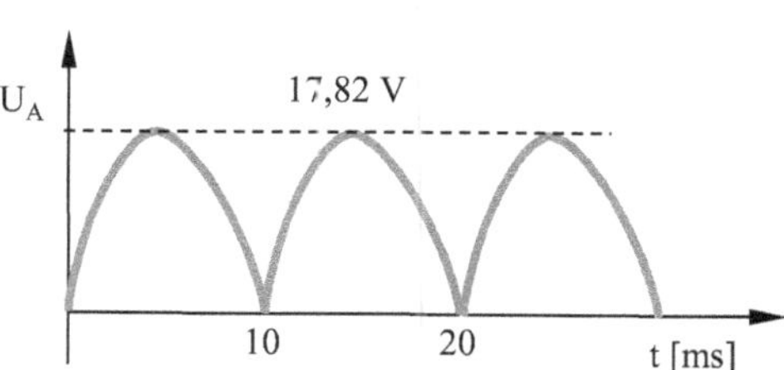

1.4.2 a

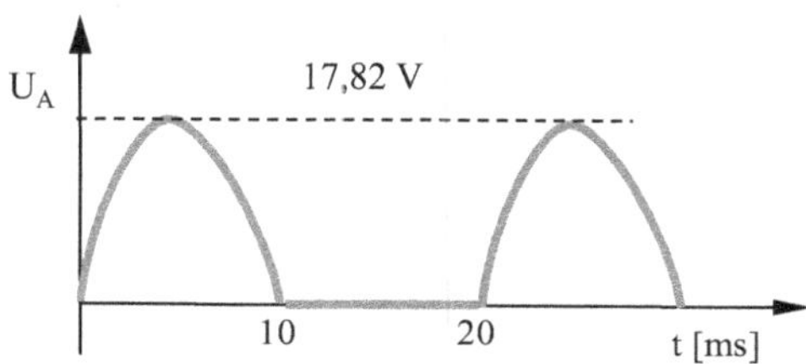

1.4.2 b

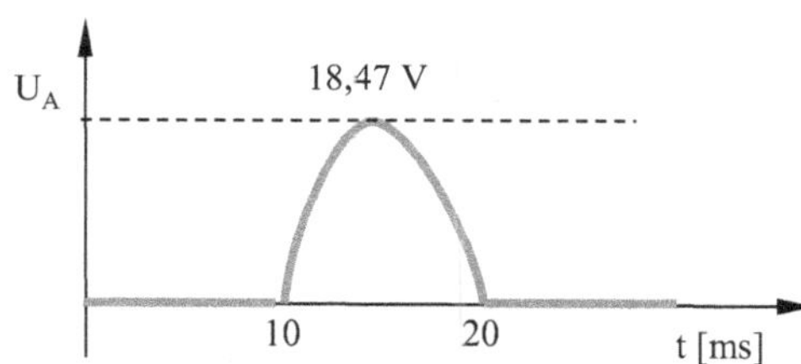

1.4.3 $U_{a,\infty} = 15{,}57$ V; $U_{a,min} = 14{,}66$ V

1.5.1   M55
1.5.2 $U_N = 6{,}64$ V; $I_N = 2{,}25$ A
1.5.3 $W_2 = 97$, $d_2 = 0{,}62$ mm
1.5.4 $C = 3758$ µF
1.5.5 $U_{A,max} = 11{,}37$ V

1.6.1 $R_V = 250$ Ω
1.6.2 $I_{a,max} = 33$ mA, $R_L = 280$ Ω
1.6.3 $U_{L,eff} = 17{,}1$ V
1.6.4 $G = 11{,}89$; $U_{BR,OUT,SS} = 24{,}5$ mV

1.7.1 $n = 3$
1.7.2 $U_{A,0} = 16{.}2$ V, $U_{A,L} = 14{.}15$ V
1.7.3 $R_I = 2$ kΩ

1.8.1 $P_V = 0{,}369$ W
1.8.2 $\eta = 0{,}40$
1.8.3 $u_{A,BR,SS} = 46$ µV

Bipolartransistor

2.1.1

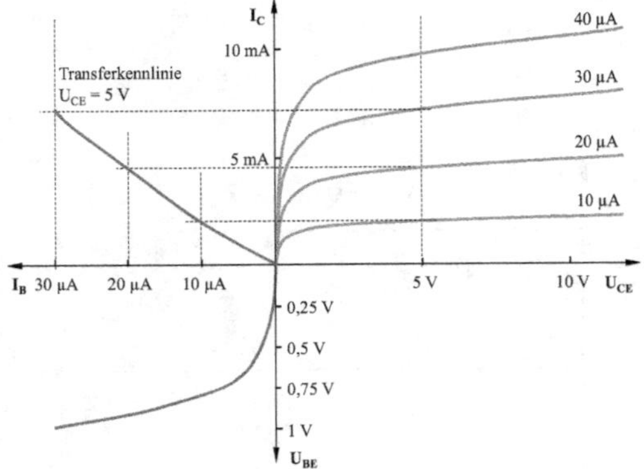

2.1.2 $B = 240$; $U_{BE,0} = 0,75$ V; $R_{BE} = 8,33$ kΩ

2.1.3 $U_{BE} = 0,75$ V; $I_B = 7$ µA;
$I_{CE} = 1,45$ mA; $U_{CE} = 7,2$ V

2.1.4

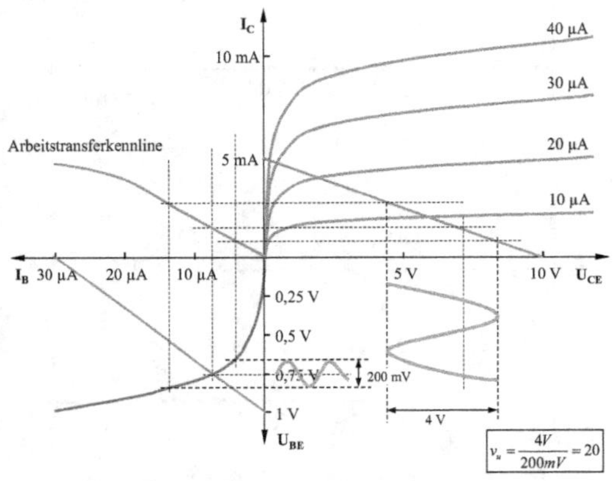

2.1.5 $r_{BE} = 20$ kΩ; $\beta = 207$; $r_{CE} = 26$ kΩ;
$v_u = 19,22$

2.2.1 $R_V = 2,2$ kΩ

2.2.2 $I_L = 49,5$ mA

2.2.3 $R_{L,max} = 88,9$ Ω

2.2.4 $I_L = 49,5$ mA

2.2.5 $dI_L/dU_Z = 0,0099$ S; $dI_L/dR_V = 0$
$dI_L/dU_S = 0$; $dI_L/dR_E = -0,495 \cdot 10^{-3}$ A/Ω

2.3.1 $U_{Shift} = 1,89$ V

2.3.2 $U_A = 2,89$ V

2.4.1 $R_E = 999$ Ω; $R_C = 4.995$ kΩ; $R_1 = 208$ kΩ;
$R_2 = 35,6$ kΩ

2.4.2 $v_u = -200$; $r_e = 2,3$ kΩ

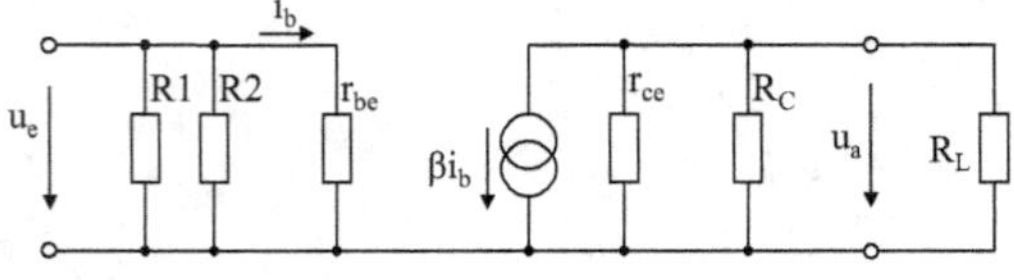

2.4.3 $C_E = 43$ µF

2.5.1 $R_{C1} = 15,5$ kΩ; $R_{C2} = 9$ kΩ; $R_E = 1,7$ kΩ

2.5.2 $r_e = 9,1$ kΩ; $r_a = 9$ kΩ; $v_u = 5470$

2.6.1 $R_E = 497,5$ Ω; $R_1 = 8,8$ kΩ $R_2 = 12,4$ kΩ

2.6.2 $v_u = 0,893$

2.6.3 $r_e = 4,815$ kΩ; $r_a = 36,8$ Ω

2.7.1 $R_E = 497$ Ω; $R_1 = 3,8$ kΩ; $R_2 = 18$ kΩ

2.7.2

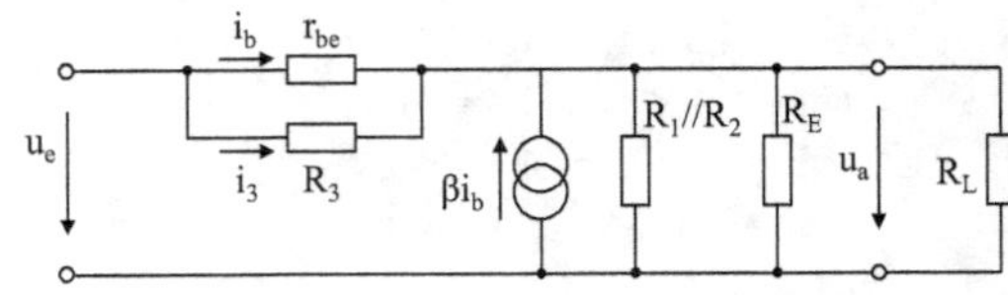

2.7.3 $v_u = 0,883$

2.7.4 $r_e = 58,9$ kΩ; $r_a = 36,4$ Ω

2.8.1 $U_{CE} = 4,2$ V; $I_C = 4,9$ mA

2.8.2

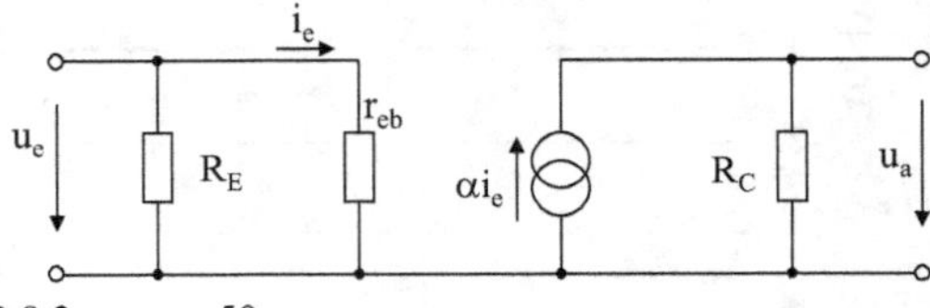

2.8.3 $v_u = 50$

2.8.4 $r_e = 17,6$ Ω

2.9.1 $1,91$ mA $\leq I_C \leq 2,65$ mA;
$3,39$ V $\leq U_{CE} \leq 5,27$ V

2.9.2 $v_u = -169,5$

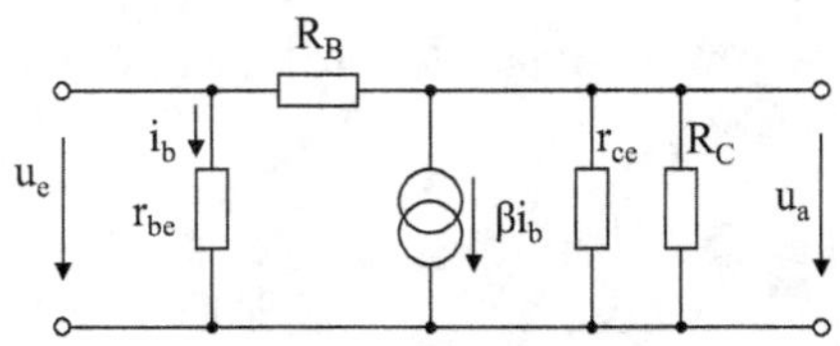

2.10.1 $R_C = 2,42$ kΩ; $R_E = 2,3$ kΩ

2.10.2 $v_D = -120$; $v_{GL} = 0,51$; $G = 235$

2.10.3 $-11,5$ V $\leq U_{e,GL} \leq 3.9$ V

2.10.4

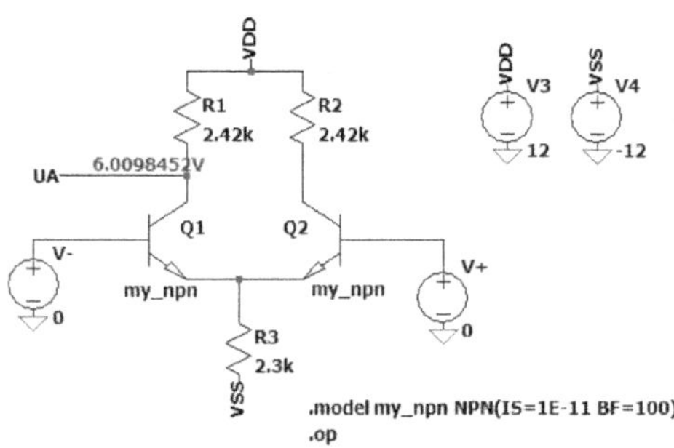

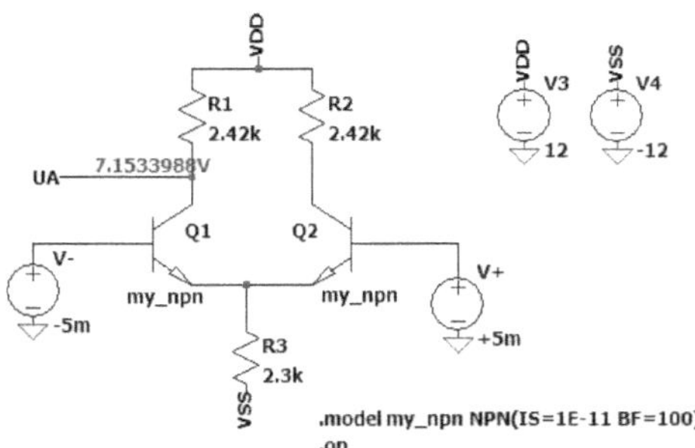

Differenzverstärkung: $v_d = (7{,}15-6{,}01)\text{V}/10\text{mV} = 114$

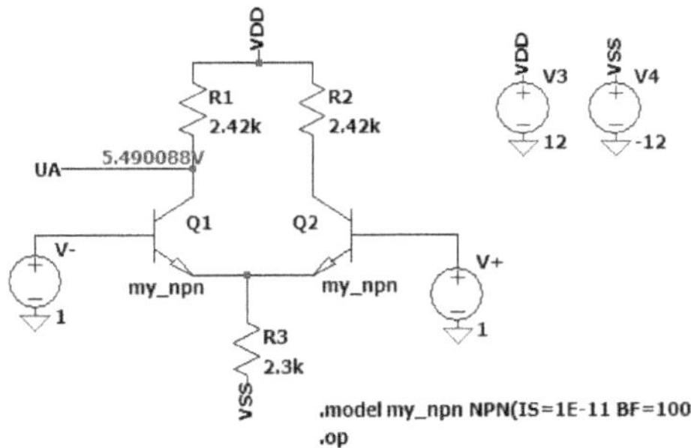

Gleichtaktverstärkung: $v_{Gl} = (5{,}49-6{,}01)\text{V} / 1\text{V} = -0{,}52$
Gleichtaktunterdrückung: $G = |114/0{,}52| = 219$

2.10.5

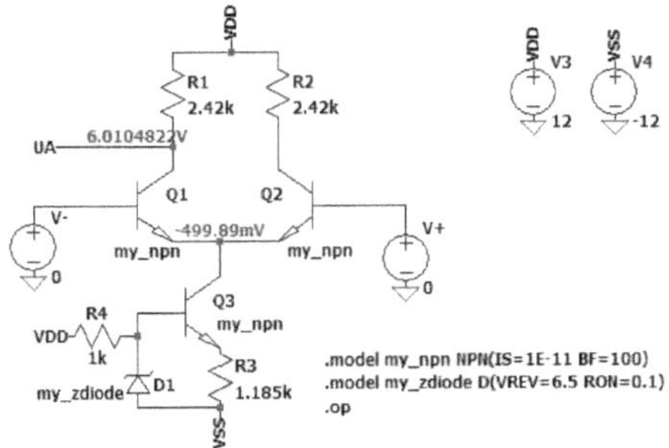

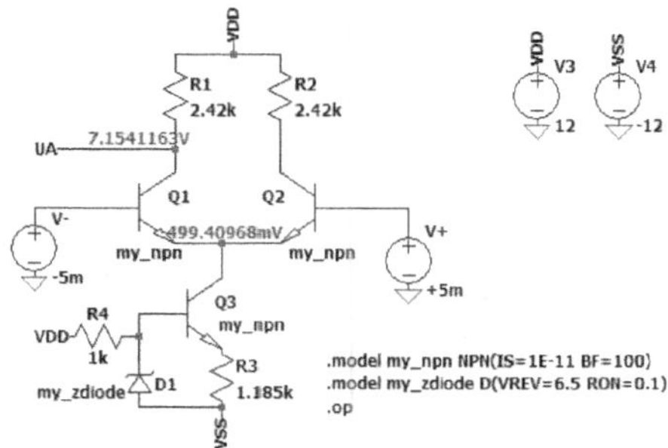

Differenzverstärkung: $v_d = (7{,}15\text{V}-6{,}01\text{V})/10\text{mV} = 114$

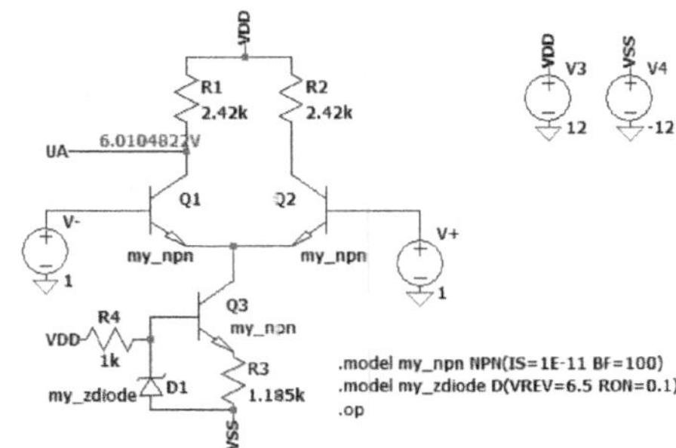

Gleichtaktverstärkung: $v_{Gl} = (6{,}010 - 6{,}009) / 1 = 10^{-3}$
Gleichtaktunterdrückung:
$$G = 177/10^{-3} = 177000 = 105 \text{ dB}$$

2.11.1 $R_C = 230\ \Omega$, $R_B = 17\ \text{k}\Omega$
2.11.2 $I_{B,max} = 188\ \mu\text{A}$

2.12.1

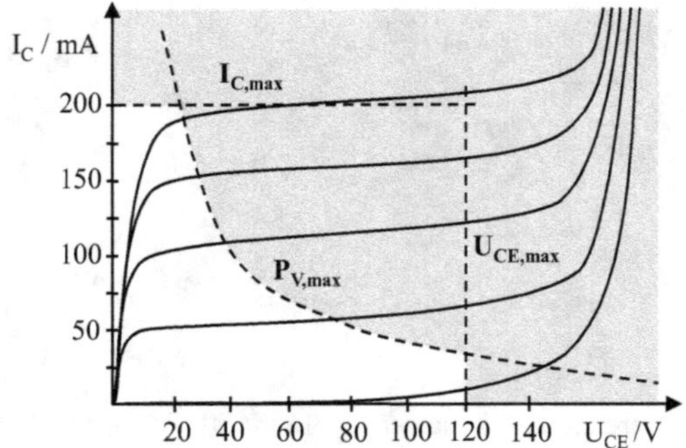

2.12.4

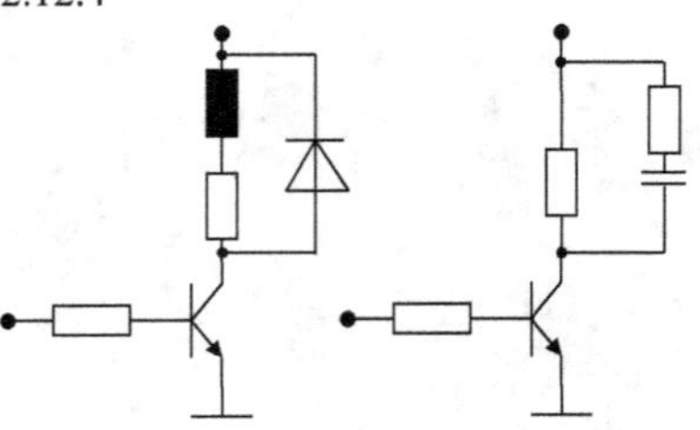

2.12.2

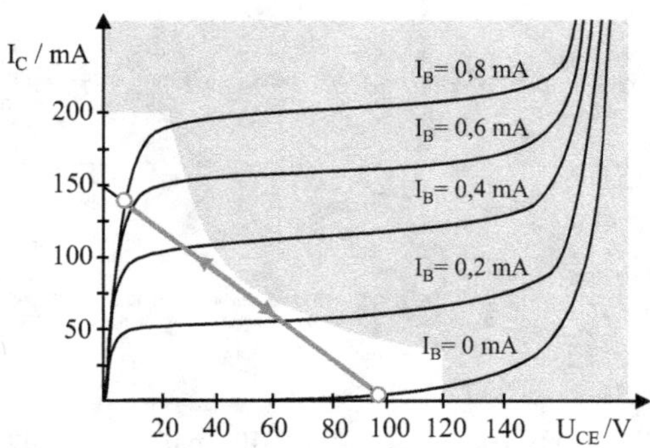

2.12.3

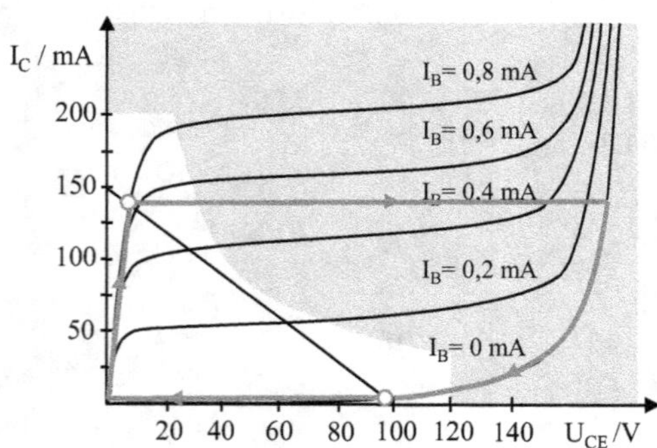

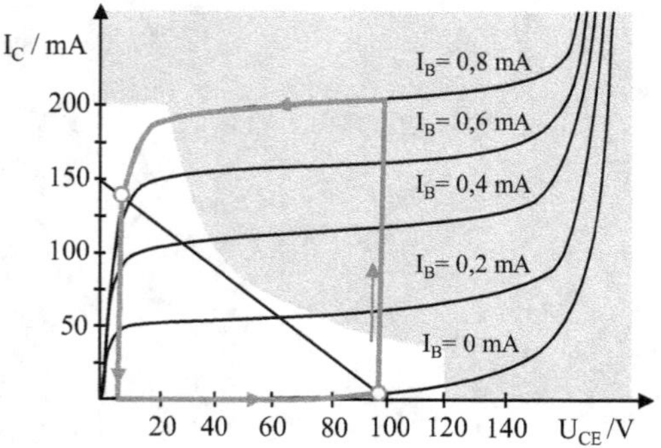

Feldeffekttransistor

3.1.1   n-Kanal, Anreicherungstyp

3.1.2

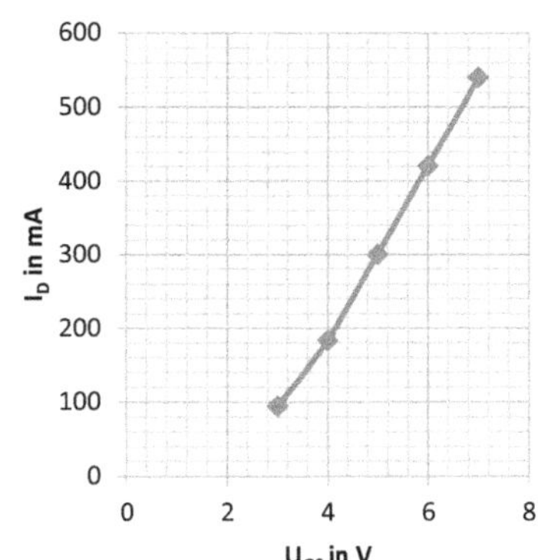

3.1.3 $U_{TH} = 0,5$ V

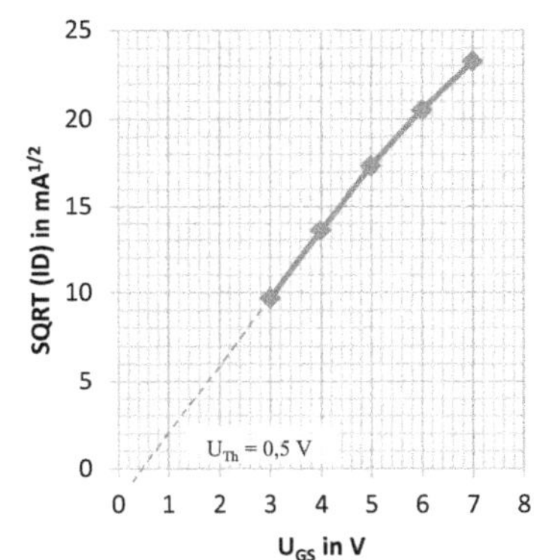

3.1.4

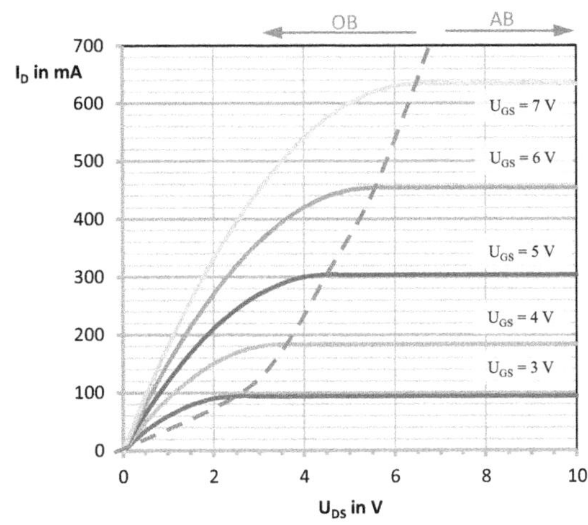

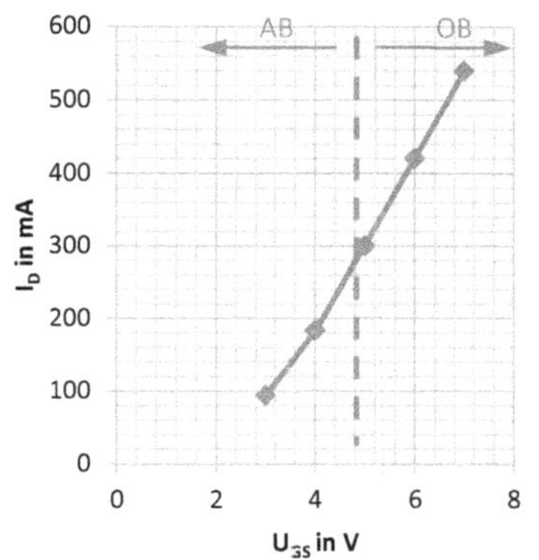

3.1.5 $k = 30$ mA/V^2

3.2.1 $R_S = 640\ \Omega$

3.2.2 $S = 4,25$ mS

3.2.3 $0 \le R_L \le 1,667$ kΩ

3.3.1

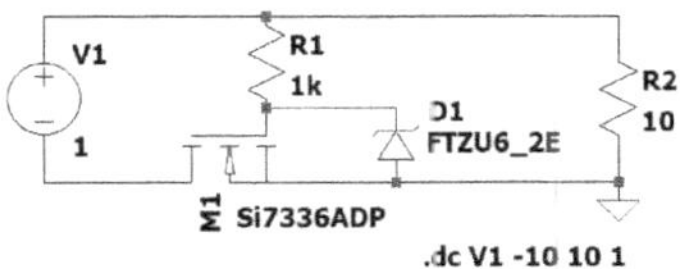

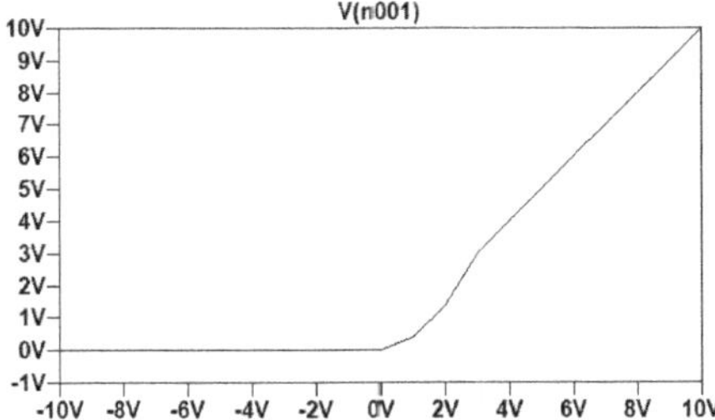

3.3.2   Begrenzung der maximalen Gate-Sourcespannung

3.3.3   Der Spannungsabfall über dem FET ist deutlich geringer als bei einer Diode

3.4.1

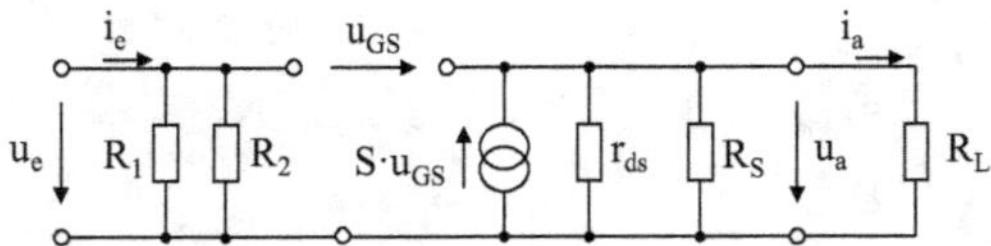

3.4.2 $R_S = 1,5\ k\Omega$

3.4.3 $R_2 = 1,5\ M\Omega;\ R_1 = 3\ M\Omega$

3.4.4 $V_U = 0,674$

3.5 $R_D = R_S = 4,166\ \Omega$
$R_1 = 1\ M\Omega\ ;\ R_2 = 1,13\ M\Omega$

3.6.1

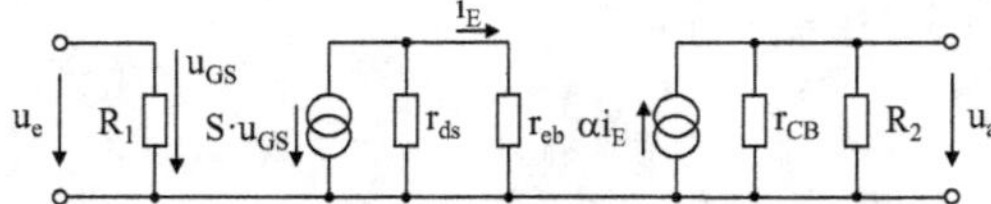

3.6.2 $r_{eb} = 33,15\ \Omega,\ \alpha = 0,994;\ r_{cb} = 15,08\ M\Omega$

3.6.3 $v_u = -\ 59,7;\ r_e = 1\ M\Omega;\ r_a = 10\ k\Omega$

3.7.1 $R_D = 5\ \Omega$

3.7.2 $I_{D,On,max} = 1,1\ A$

3.7.3 $R_{DS,On}\ (U_{GS} = 3,5\ V) = 1\ \Omega,$
$R_{DS,On}\ (U_{GS} = 5\ V) = 0,27\ \Omega$

DC/DC-Schaltwandler

4.1.1 $t_{ein} = 1{,}33\ \mu s$; $t_{aus} = 2{,}66\ \mu s$

4.1.2 $L_{min} = 22{,}2\ \mu H$, $C = 30\ \mu F$

4.1.3

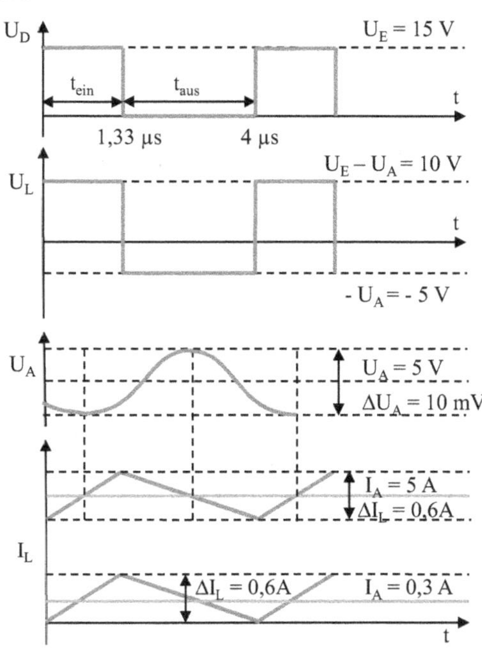

4.2.1 $U_A = 7{,}5\ V$

4.2.2 $L = 75\ \mu H$

4.2.3 $\Delta U_A = 6{,}8\ mV$

4.2.4 $t_{ein} = 1{,}25\ \mu s$;
$I_{A,Min} = 0{,}333\ A \rightarrow I_A > I_{A,Min}$

4.3.1 $U_A = 200\ V$; $U_E = 100\ V$; $L = 100\ \mu H$;
$I_E = 5\ A$; $I_A = 2{,}5\ A$

4.3.2   Strommesszange, Shunt Widerstand

4.4.1 $t_{ein}/T = 0{,}75$

4.4.2 $L = 56{,}25\ \mu H$

4.4.3

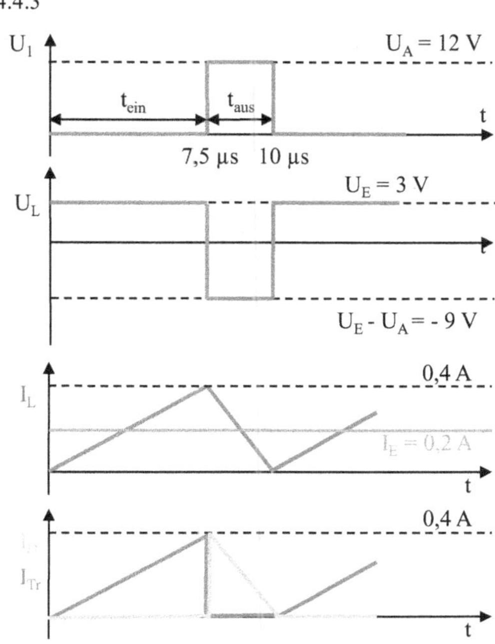

4.5.1 $L_1 = 1{,}73\ mH$; $N_1/N_2 = 18{,}46$

4.5.2

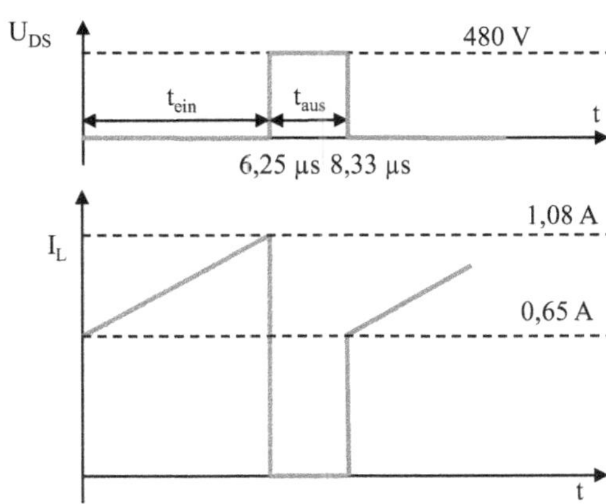

4.6.1 $U_{E,min} = 281{,}4\ V$, $L_1 = 2{,}57\ mH$

4.6.2 $N_1 = 226{,}7 \rightarrow 227$
$N_2 = 4{,}03$; $N_3 = 9{,}67$; $N_4 = 96{,}7$

4.6.3 $U_{DS,max} = 716\ V$

4.7 $U_E = 50\ V$; $U_A = 15\ V$;
$L_1 = 75\ \mu H$; $L_2 = 0{,}75\ \mu H$;
$I_E = 3{,}75\ A$; $I_A = 12{,}5\ A$

8   Anhang RC-Filter

8.1   Tiefpassfilter

Frequenzgang

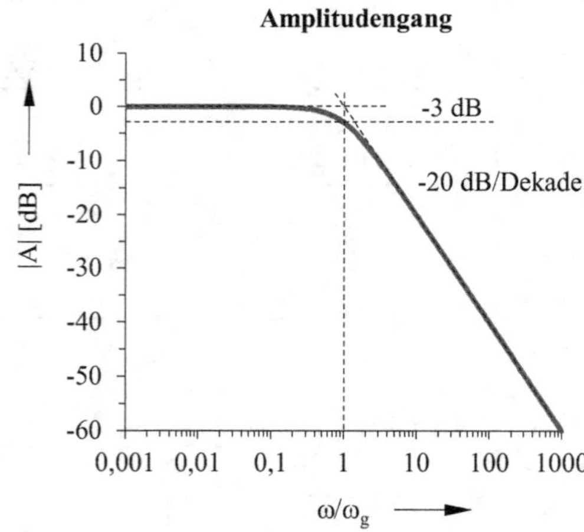

$$A = \frac{u_a}{u_e} = \frac{\dfrac{1}{j\omega C}}{R + \dfrac{1}{j\omega C}} = \frac{1}{j\omega CR + 1} \qquad [175]$$

Abb. 8.1:   RC-Tiefpass

$$A = \frac{1}{j\omega/\omega_g + 1} \qquad\qquad mit \;\; \omega_g = \frac{1}{RC} \qquad [176]$$

$$A(s_n) = \frac{1}{1 + s_n} \qquad [177]$$

$$mit \;\; s_n = j\,\frac{\omega}{\omega_g}$$

mit

A - *Komplexe Übertragungsfunktion*

s_n - *Normiert komplexe Frequenzvariable*

ω_g - *Grenzfrequenz*

ω - *Zu analysierende Frequenz*

$$|A| = \sqrt{\frac{1}{1 + \left(\dfrac{\omega}{\omega_g}\right)^2}} \qquad [178]$$

$$\varphi = -\arctan\frac{\omega}{\omega_g} \qquad [179]$$

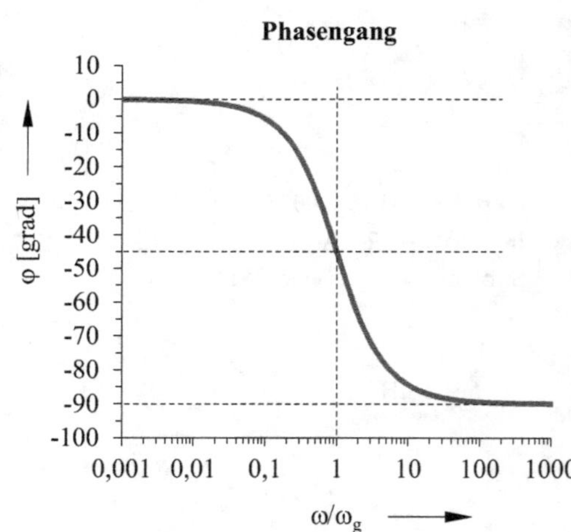

Abb. 8.2:   *Bode-Diagramm eines passiven Tiefpassfilters 1. Ordnung*

Zeitverhalten

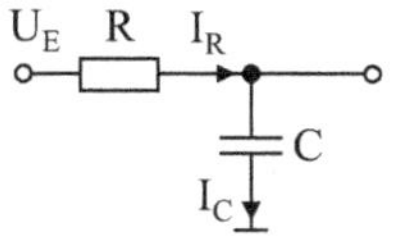

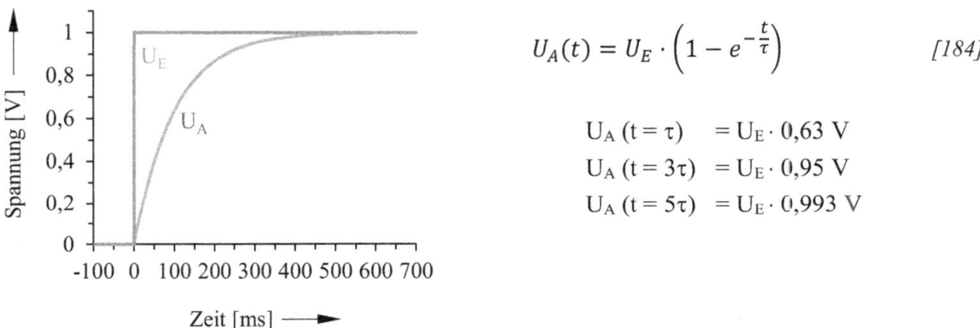

Abb. 8.3:   RC-Tiefpass

$$U_A(t) = U_E(t) - R \cdot I_R(t) \tag{180}$$

$$I_R = I_C = C\frac{dU_C}{dt} = C\frac{dU_A}{dt} \tag{181}$$

$$U_A(t) = U_E(t) - RC\frac{dU_A(t)}{dt} \tag{182}$$

$$U_A(t) = U_E(t) - \tau\frac{dU_A(t)}{dt} \qquad mit \quad \tau = RC \tag{183}$$

$$U_A(t) = U_E \cdot \left(1 - e^{-\frac{t}{\tau}}\right) \tag{184}$$

$$U_A\,(t=\tau) \quad = U_E \cdot 0{,}63 \text{ V}$$
$$U_A\,(t=3\tau) \quad = U_E \cdot 0{,}95 \text{ V}$$
$$U_A\,(t=5\tau) \quad = U_E \cdot 0{,}993 \text{ V}$$

Abb. 8.4:   Sprungantwort eines RC-Tiefpasses mit $\tau = 100$ ms

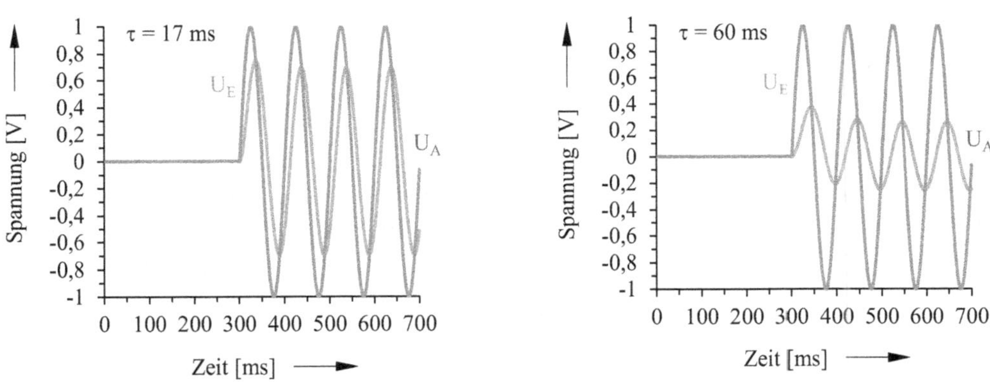

Abb. 8.5:   Einschaltverhalten von RC-Tiefpässen für sinusförmige Eingangsspannungen

8.2 Hochpassfilter

Frequenzgang

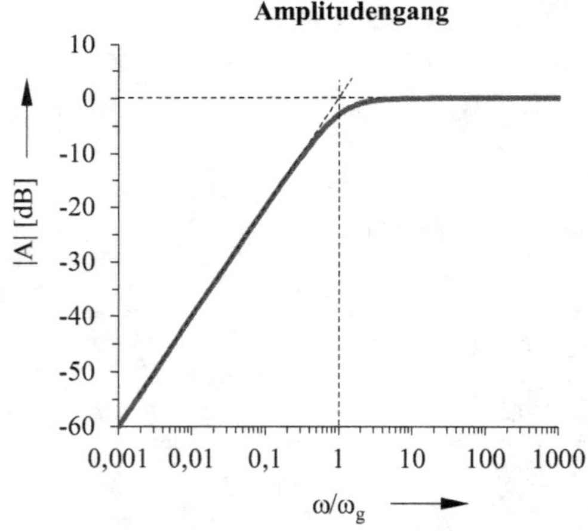

Abb. 8.6:   RC-Hochpass

$$A = \frac{u_a}{u_e} = \frac{R}{R + \dfrac{1}{j\omega C}} = \frac{1}{1 + \dfrac{1}{j\omega CR}} \qquad [185]$$

$$A = \frac{1}{1 + \dfrac{1}{j\omega/\omega_g}} \qquad mit \quad \omega_g = \frac{1}{RC} \qquad [186]$$

$$A(s_n) = \frac{1}{1 + \dfrac{1}{s_n}} \qquad [187]$$

$$mit \quad s_n = j\,\frac{\omega}{\omega_g}$$

mit

A *- Komplexe Übertragungsfunktion*

s_n *- Normiert komplexe Frequenzvariable*

ω_g *- Grenzfrequenz*

ω *- Zu analysierende Frequenz*

$$|A| = \sqrt{\frac{1}{1 + \left(\dfrac{\omega_g}{\omega}\right)^2}} \qquad [188]$$

$$\varphi = \arctan\frac{\omega_g}{\omega} \qquad [189]$$

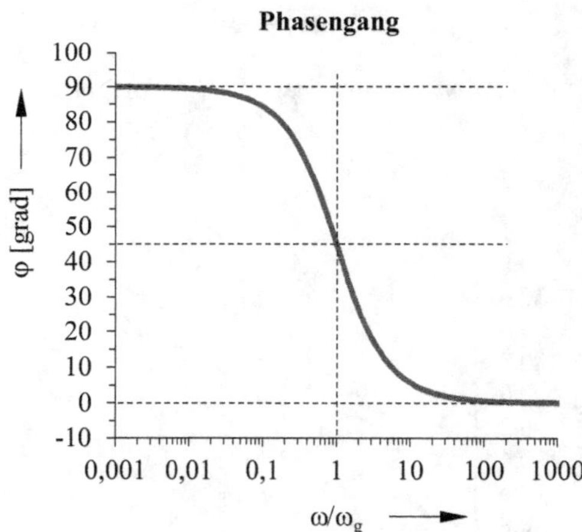

Abb. 8.7:   *Bode-Diagramm eines passiven Hochpassfilters 1. Ordnung*

Zeitverhalten

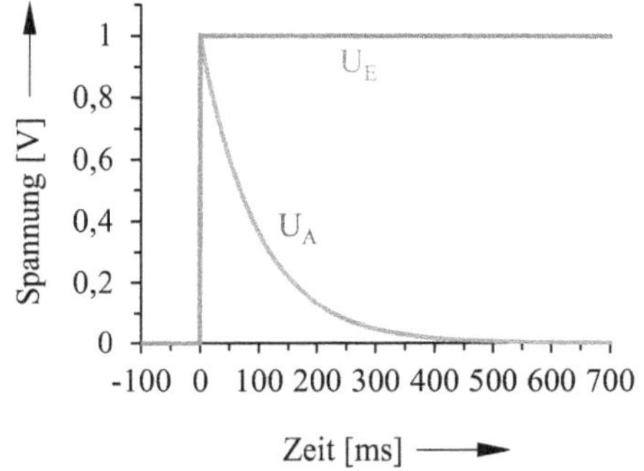

Abb. 8.8: RC-Hochpass

$$U_A(t) = U_E(t) - U_C(t) \qquad [190]$$

$$U_C = \frac{1}{C} \int I_C \, dt \quad und \quad I_C = I_R = \frac{U_A}{R} \qquad [191]$$

$$U_A(t) = U_E(t) - \frac{1}{RC} \int U_A \, dt \qquad [192]$$

$$U_A(t) = U_E(t) - \frac{1}{\tau} \int U_A \, dt \qquad mit \quad \tau = RC \qquad [193]$$

$$U_A(t) = \Delta U_E \cdot \left(e^{-\frac{t}{\tau}} \right) \qquad [194]$$

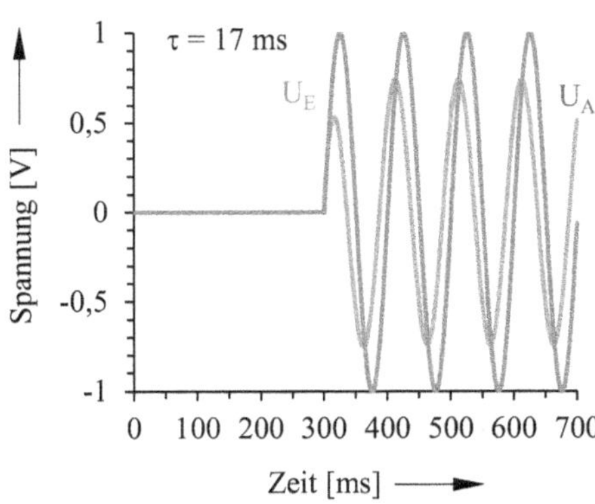

Abb. 8.9: Sprungantwort eines RC-Hochpasses mit $\tau = 100$ ms

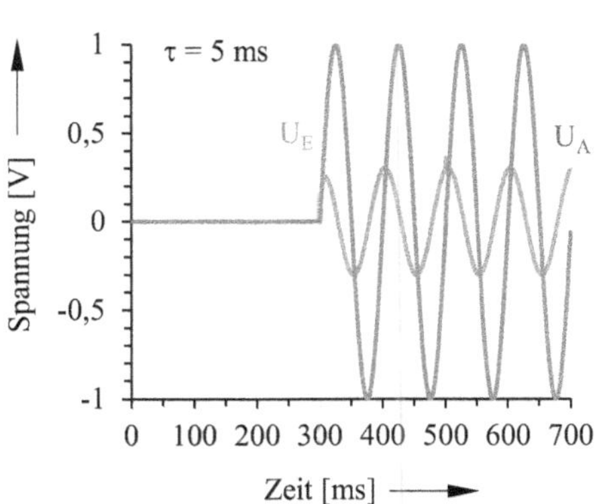

Abb. 8.10: Einschaltverhalten von RC-Hochpässen für sinusförmige Eingangsspannungen

Impressum:

Autor und Herausgeber: Prof. Dr. Dirk Zielke

Adresse: FH Bielefeld
                           Interaktion 1
                           33619 Bielefeld

Email   zielkes@arcor.de